U0279881

时装设计师
面辅料
应用手册

［英］盖尔·鲍 著

史丽敏 王 丽 译

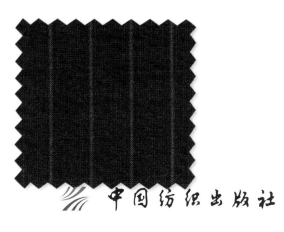

中国纺织出版社

内 容 提 要

本书通过100多种服装选材的案例展现了在服装设计过程中必须注意的环节与面料的功能特性，并同时展示了对于不同种类服装进行设计时所经常使用的面料范围，并将面料小样的高清图片一一展示出来。本书有利于时装设计师在设计服装时随时查阅，方便、实用，是时装设计师必备的应用手册。

原文书名：THE FASHION DESIGNER'S TEXTILE DIRECTORY

原 作 者：GAIL BAUGH

Copyright © 2011 Quarto Inc.

本书中文简体版经Quarto Inc. 授权，由中国纺织出版社独家出版发行。本书内容未经出版者书面许可，不得以任何方式或任何手段复制、转载或刊登。

著作权合同登记号：图字：01-2011-7510

图书在版编目（CIP）数据

时装设计师面辅料应用手册 /（英）盖尔·鲍著；史丽敏，王丽译. —北京：中国纺织出版社，2016.1（2019.3 重印）

书名原文：The Fashion designer's textile directory

ISBN 978-7-5180-1314-2

I. ①时… II. ①鲍… ②史… ③王… III. ①服装面料—手册 IV. ① TS941.4-62

中国版本图书馆 CIP 数据核字（2014）第 302653 号

策划编辑：张 程　　责任编辑：孙成成　　责任校对：楼旭红
责任设计：何 建　　责任印制：王艳丽

中国纺织出版社出版发行
地址：北京市朝阳区百子湾东里A407号楼　邮政编码：100124
销售电话：010—67004422　传真：010—87155801
http://www.c-textilep.com
E-mail:faxing @c-textilep.com
中国纺织出版社天猫旗舰店
官方微博http://weibo.com/2119887771
北京华联印刷有限公司印刷　各地新华书店经销
2016年1月第1版　2019年3月第3次印刷
开本：710×1000　1/12　印张：27
字数：283千字　定价：168.00元

时装设计师
面辅料
应用手册

［英］盖尔·鲍　著

史丽敏　王　丽　译

中国纺织出版社

目录

作者序

在我的记忆中，服装面料在任何时候对我都非常重要。我曾经在总部位于芝加哥的马谢尔百货公司规模较大的面料部工作，这项工作激发我得以完成纺织服装设计的学士学位，专业是服装设计领域的纺织品化学整理。

当我成为梅西（Macy）公司男装和女装的买手时，之前的教育背景令我受益匪浅。后来，我作为一名日本贸易公司的销售代理，参观了亚洲和欧洲的纺织厂，亲眼目睹他们的行为如何影响了当地的劳动条件和生活环境。2010年，我的硕士学位论文重点研究了消费者行为是怎样影响销售趋势以及服装的流行与消亡，以及又是如何影响了当地的经济和环境。

现在，当教授新生代的时装设计师和零售商时，我发现学生们十分渴望学习如何创造一个更洁净、更环保的时尚产业的知识。在面对气候变化的挑战时，我努力寻找和探索如何运用传统的纺织服装供应链创造出新的纺织品制造技术和生产加工方法。

仅以此书作为我对异彩纷呈的时尚产业所尽的绵薄之力，时尚产业更需要运用新的信息资源来实现新的设计理念。同时，此书的目的是为了激发服装设计师和零售商们的热情，他们的态度和决定将真正体现出社会和环境在时尚产业中的价值。

本书从视觉上指导面料的使用，它更关注如何训练设计师的设计与创新能力，而不是如何生产和加工面料。本书在指导面料如何使用的同时，为设计工作室开发新产品提供了技术支持，并首次提出在设计师进行面料选择时需着重考虑环境保护因素。

盖尔·鲍

关于此书

这本时尚纺织品应用手册包括四个部分：设计师角色简介；纺织行业的考察；针对设计师的纺织品详尽目录；系列清晰的图表。可以说，本书是设计师拓展面辅料相关知识的首选读物。

第一部分：责任设计
（第14～19页）

本节介绍了作为一名设计师对于保护生态环境的社会责任，以及时装设计师在设计作品时该为确保纺织行业的可持续发展应尽的行业责任。

第二部分：纺织品的设计语言（第20～47页）

本节讨论了设计师在时尚和纺织行业中扮演的角色，阐述了为更好地了解面料生产商和供应商以及加强与之沟通交流所需要了解的所有内容，包括纤维、纱线和织物的生产与加工过程，如染色和印花等后整理的相关信息。

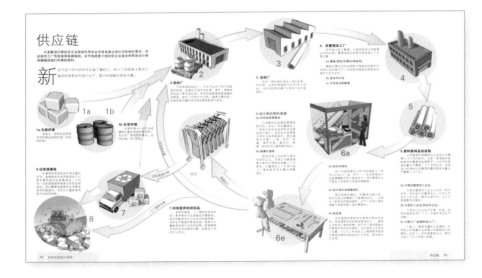

第三部分：纺织品目录（第48～287页）

纺织品目录包括从天然纤维织物到最新的科技化学纤维织物的全部种类，如天然纤维织物中的亚麻纤维和棉纤维。为了引导设计者更快地找到适合的面料，本书用五种颜色代表五个章节。

图标（见第13页）

放大：

此处提供相关织物的放大图。

时装摄影：

目录中的许多纺织品，通过T台上的服装彩色照片，展示其应用在服装上的具体表现。

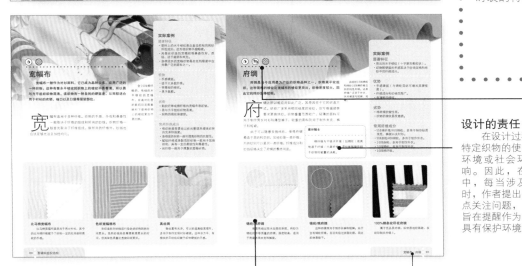

纺织品面料样本

纺织品有许多不同的展示方式，每种织物的特性展示涵盖了部分的展示方式。

颜色标志

目录中的不同章节用不同颜色标明。

第一章：
面铺料组织结构：通过塑型和缝合的线条使面料达到适体的状态。

第二章：
流动性：面料随着人体形态的变化而起伏。

第三章：
装饰性：细节的创建可以提升设计感。

第四章：
延伸性：夸张的服装造型。

第五章：
紧身性：根据净体形态，设计紧身服装。

在上述五个章节中，面料按照重量逐步从高到低排序编入目录。每个纺织条目都包含：纺织品特性的探讨、织物显著特征、优缺点和常见的纤维含量。文中通过一系列的织物样品的图片，提供织物相关信息，如每个条目中织物的幅宽以及用于时装的特殊纺织品的相关图片。

设计的责任

在设计过程中，有些特定织物的使用会对生态环境或社会环境造成影响。因此，在整个目录中，每当涉及此类话题时，作者提出很多生态热点关注问题，不论利弊，旨在提醒作为设计师应该具有保护环境的意识。

图标

每个纺织品条目中的图标使人一目了然地了解织物的重量和组织结构。它们也可以说明纺织品的任何特性，如防水性或吸水性。这些图标可以避免设计师为了解织物基本性能而必须进行大量的阅读。

继续 ▶

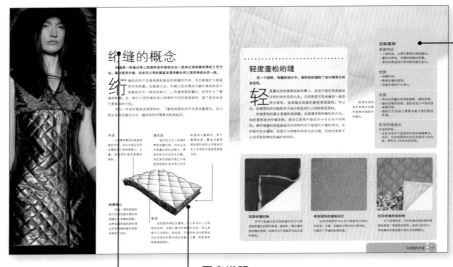

纺织品的概念

在整个目录中，重要的织物和服装结构设计，如绗缝、压褶和敷衬，文中都会一一解释，并以图片和图表形式形象地表现出来。

图表说明

对于有特殊技术的高品质织物，清晰的图表可充分说明纺织品的结构和功能。

显著特征

对于每个织物条目，都列有一个关于织物相关信息的清单，其中包括织物的显著特征，织物优缺点及通常的纤维含量。

第四部分：图表（第288～311页）

本章是一系列的图表信息，它把目录中重要织物的信息浓缩并展现在各功能表格中。例如织物组织结构，无论机织、针织或是无纺织物，表格中列举了各种织物的纤维含量、纱线类型、织物名称、重量、优缺点、后整理和织物最终用途等信息。这些图表同时也包括图标、所在页码、颜色标志信息，以便读者可以很容易地在本书中找到相关章节。

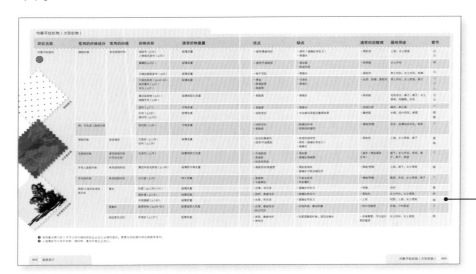

术语、参考文献和折叠页

在本书结尾处，你会找到重要术语表和参考文献列表，包括了拓展阅读、有借鉴意义的网站和相关机构。

颜色标志

图表中列出的每种织物的颜色标志都与目录中的章节内容颜色一致。

图标

图标在第一时间就可以表明织物的特性和组织结构。图标体现了织物的重量，织物编织方式——机织、针织或无纺布，以及织物的特殊品质，如起绒性、防水性、芯吸效应等。下图列出了所有重要的图标。

织物重量

 薄型织物(低于113g)
用于衬衫等各类上装以及柔软的半身裙、连衣裙。

 中等厚度织物：(大于113g，小于170g)
用于柔软的且结构变化较少的服装，如礼服、定制衬衫和轻便夹克。

 厚重织物：（大于170g）
用于合身的夹克、外套以及牛仔裤、休闲裤和休闲裙等。

织物加工方法

针织物加工方法

纬编针织物

 单面针织物

 双面针织物

 毛圈绒头

经编针织物

 拉歇尔经编针织物

 乔赛经编针织物

 毛圈绒头

无纺布

 非织造织物（纤维聚集体）

织物加工方法

机织物组织

 均衡平纹组织

 不均衡平纹组织

 方平组织

 斜纹组织

 缎纹组织

 提花组织

 多臂提花组织

 毛圈组织

 起绒组织

后整理

 刷洗/磨绒整理

 剪绒整理

 涂层整理

 层压

 拒水/防水整理

责任设计

本章将着重于探讨设计师在服装生产中的角色，尤其是责任设计和材料选择、服装生命周期的考虑以及面料生产的可持续发展。

面料生产加工的前景

在未来，当环境资源得到保护，并且从事服装行业的工人得到尊重时，服装产业才可能成为可持续发展的产业。

未来服装业的纤维和面料可持续发展，要求服装设计师们要充分理解纤维和纺织品产业的各个生产要素环节。

土地：用于原材料和纤维加工的可耕土地。

化学品：使用的化学品的数量和类型。

水：高耗水。

能量：高耗能。

废物：扔掉的纤维和纺织品；废弃的化学品和废水。

随着全球人口数量的增加，需要越来越多的服装。因此，设计师们需要更加高效地生产服装，同时减少对环境的影响。许多设计师和消费者有相似看法，有机纤维是解决围绕纤维和纺织品生产所产生的复杂的环境问题的解决之道。在未来，在天然纤维和化学纤维之间的选择，以及如何生产纺织品是必须要仔细考虑的。

天然纤维

自然而然，在20世纪60年代"嬉皮士运动"时期，考虑到纤维和纺织品的生产对环境的影响，天然纤维被认为是最好的选择，以至于拒绝化学纤维，支持诸如棉、羊毛等天然纤维，这种想法也持续影响今天的设计师。然而，在高性能纺织品的需求驱动下，纤维的创新以及其他的原料供应，使对产品纤维具有更多的选择。

天然纤维的积极性和消极性

积极性：可再生性；接触身体舒适性好，感官奢华。

消极性：过度使用化学品和水；化学品和废水被耕地吸收，大量的本来应用于种植作物的土地被用于生产纤维；大量的纤维和织物在生产服装产品之前被丢弃。

化学纤维

化学纤维的生产使用了各种各样的原料。20世纪50～70年代，纤维（涤纶、锦纶、氨纶、丙烯烃和聚烯烃）生产来自于石油。一个世纪以前，纤维（黏胶纤维和醋酸纤维）生产来自于植物原料，并且自20世纪90年代末开始，它们再次逐渐流行起来，像玉米纤维、竹纤维和其他等。化学纤维消费大量的能源并且产生大量的化学排放和化学废弃物。相比以前，许多创新使一些纤维生产方式变得越来越有效率并且产生更少的排放和废弃物。

在把蚕丝纤维从茧子中分离出来的时候，水浸茧是一个重要的步骤。丝纤维的加工需要能量与水，也是涉及到劳动密集型的过程，并且还未有其在环境影响方面的衡量。

化学纤维：积极性和消极性

积极性：从石油中获取的纤维(涤纶和锦纶)目前可以回收，然后制成高品质的新型纤维，这些纤维可以加工成高性能、功能性纺织品；再生纤维素纤维一般触感良好；新型纤维的开发几乎不会产生化学污染的问题；与天然纤维相比，再生纤维加工浪费较少。

消极性：这两种类型的化学纤维会产生化学排放物和化学废料，这些化学物质不仅对环境有害，治理成本也比较高。石油提炼纤维多使用不可再生原料。通常，当这些纤维被赋予吸湿性能时，纤维有良好的皮肤触感，不贴身。然而，大量的纤维和织物在服装生产前可能就会被丢弃，从而形成了一定程度的浪费现象。

考虑可持续发展

无论设计师在选择纤维时的观点和角度如何不同，都要考虑所选择纤维的未来可持续发展性。采取这种做法，对于传统纤维的选择必定受到挑战。设计师的角色决定了他们将通过建立新的途径来运用新型纤维和创新织物，他们的态度是接受而不是抵制。

土地、水和能源资源

设计师应该知道，服装制造业需要大量的土地、水和能源来生产面料和服装。设计师还必须告知目标市场在使用和保养产品的过程中应该如何节约能源。

土地

可再生纤维和用于纤维生产的可再生原材料占用本来用于生产食物和能源的土地。传统的天然纤维产品需要大量土地。新的、用于制造纤维的可再生的原料，如玉米、大豆和竹子等是生物能源生产竞争资源。因此，必须要考虑对用于生产纤维的土地进行充分利用。

水

随着全球人口数量的增长和气候变化的不确定性使传统的水资源成为一种不可预测的资源，甚至可以说"水是新时代的黄金"。设计师必须慎重考虑，水在面料选择和成衣后整理过程中的使用问题。例如，占全球纤维生产量近一半的棉纤维，无论是采用传统方式还是有机方式种植的，在其批量生产过程中都要耗费大量的水资源。

此外，现在服装生产商经常通过水洗整理为成衣制造出消费者所期望的柔软、破旧的感觉。牛仔服装在水洗过程中将使用大量混入化学物质的水，以达到期望的颜色、柔软度和外观效果。

上图：从大型水洗整理机中取出洗好的成衣。这些潮湿的衣服很重，需要依靠人力运送到烘干机里。

下图：沉降槽用来清除来自牛仔面料水洗后的废水里的固体废料(包括染料、树脂和其他化学品)。设计师应该考虑设计产品的用水问题，尤其是在发展中国家，在那里安全饮用水并不能满足当地人口的需求。

牛仔裤生产厂家通常建在发展中国家。在这些国家中，洁净的饮用水资源仅处于最低标准线。大量的用于牛仔面料水洗后的废水在重返水系统时，并不总是能够得到净化处理，这就使得安全饮用水不能满足当地居民基本的生活需要。设计师进行设计时必须考虑到如何使用水的问题，也应该意识到纤维、织物和服装洗涤方法的创新将会减少水资源的消耗。

除了用于服装生产外，另有大量的水资源被用于服装穿着过程中的维护保养。通过极具创意的洗护标签和营销方式，设计师可以鼓励消费者在护理服装时节约用水。

能源

温室气体的排放是全球气候变暖的主要原因，其通常以能量生产过程中排放的二氧化碳的形式出现。设计师需要有意识地使用纺织领域的创新技术以减少能源消耗。可回收利用的纤维，尤其是涤纶和锦纶，能极大地减少生产所需能源，建立一个新的供应链。现在，设计师们可以制造新的产品并在产品耗尽时，可以使之再生成为高品质的新纤维，从而达到节约能源的目的。了解这些节能的新技术并将之转化成为自己的设计，是设计师们的共同责任。

设计师应该积极采取服装自然风干（或吊挂晾干）的方式，这种方法不仅能够减少能源的使用，而且延长了服装的使用寿命。

以身作则

为了纤维、织物和服装生产的未来可持续发展，设计师应该以身作则来保护基础性资源，如有效使用土地、水和能

脱水后吊挂晾干织物在发展中国家很常见。这种方法几乎不消耗能源，但可能导致织物染色不均匀。因此，为防止织物或服装染色不均匀，大多数生产过程中的干燥处理可以通过滚筒式烘干机来完成，而这种烘干机在发热时会耗费大量的能源。

源，并减少使用化学品的原材料和设计。对资源的保护意识是设计师角色的一部分，而以身作则是通过产品的革新实验来体现的。

社会和环境得到尊重

设计师们有机会通过巧妙的设计影响时装业对社会和环境的责任。完善的劳工条例和适当的垃圾清理技术与污水处理技术都应在设计室里就已经被妥善地考虑进来。时尚产业的任何环节都应公平地对待工人和社会，并且对环境不构成危害，这些都将会有助于设计师意识到其设计的影响力。

智能设计

把设计创新转换成新产品是设计师的工作。裁剪零浪费、有效使用劳动力、选择持久性强和可回收的材料，像这类的产品设计并不包括在大多数的服装设计教育课程中，而将由设计师自己去寻找实现设计创新的具体方法。

- 有效使用劳动力。
- 选择耐用和可回收的材料。
- 裁剪零浪费。
- 设计可以重复使用的产品。

社会责任

公平对待工人的是时尚行业面临的一个重大挑战。寻找低成本的劳动力来迅速生产复杂的设计，鼓励供应商在发展中国家雇佣劳动力，这些成为设计师在进行创新设计时必须考虑的重要因素。设计师的设计应该考虑到伴随产品的生产将会产生多少废弃物，其中包括面料裁剪的废料和含有染料、漂白剂和其他化学物质的废水。同时，设计师也必须了解这些废弃物对于当地环境的影响。

环境责任

据美国环境保护署规定，所有的衣服，即使是捐助给慈善机构的，都会被处理到垃圾填埋场。所有的衣服，无论是有机棉或聚酯类的，除非它可以回收再生成新纤维，否则最终都会被废弃。因此，设计可以重复利用的产品是设计师们的责任。过去，"重复利用"的概念仅局限于那些无力购买新产品的人群之中。今天，"重复利用"意味着将产品从垃圾场转移，并以其他形式继续使用。因此，除了文中提到的需要考虑的废弃物，设计师还必须考虑到如何处理消费者已经使用完的产品。选择可以回收或再利用的材料是避免产品被用于垃圾填埋的方法之一。

上图：为单件牛仔裤进行仿旧处理的工人。
下图：服装厂生产流水线上的工人。保护服装工人的安全和健康也是设计师责任的一部分。

纺织品的设计语言

使用纺织行业专属名词进行轻松自如的交流，是成功的设计师需要掌握和具备的技能。本章将帮助设计师理解哪些问题是应该在拜访纺织品供应商之前必须预先准备好的，如设计的功能是什么，织物结构怎样，纤维含量是否重要，需要多大单位重量的织物，织物何时使用等。

供应链

　　大多数设计师往往无法有效利用专业术语来表达他们对织物的要求，而这些对工厂而言却很容易做到。本节将简要介绍纺织企业是怎样帮助设计师准确描述他们所需的面料。

新

生代设计师对纺织供应链了解较少，所以下列图表主要用于描述织物是如何进行生产、展示和销售的具体步骤。

1a  **1b**

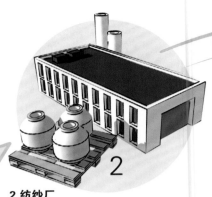

2.纺纱厂

　　不同类型的纺纱厂，可生产出近千种不同类型的纱线，如满足创造性的纹理、弹性、褶皱或其他设计要求的纱线。有些纱线能够被直接编织成服装，省去了织物生产过程。值得注意的是，纱线多是在编织成织物或服装前进行染色。

1a.天然纤维

　　牧场主、牧民和农民将天然纤维运送到纱线厂后纺成纱线。

1b.化学纤维

　　化学纤维——以石油或植物为基本成分的原材料，在化纤厂被制成纤维后，运往纱线厂用于纺纱。

循环再利用

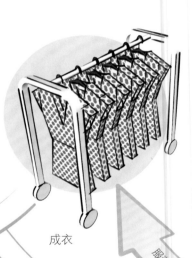

成衣

服装加工

8.垃圾填埋场

　　环境保护局忽视其纤维含量的区别，直接将纺织品和服装进行分类并最终送往垃圾填埋场。大约4%~5%的固体废弃物是与纺织品相关的。我们需要选择那些在消费者使用完服装后，仍旧可以重新使用或可回收的织物。

回收废弃衣物

工厂裁剪浪费

7.回收废弃的纺织品

　　丢弃的服装、工厂废料和其他纺织厂废弃物并不应该被运往填埋场。现在的新技术可以回收这些废弃物，用来生产新型纤维或纱线。选择可以重新使用或可回收的织物，能够维持未来纺织供应链的完整，这是设计师的行业责任。

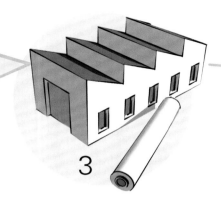

3. 纺织厂

纺织厂将纱线织造加工成针织物、机织物。此种织物被称为坯布(即半成品)，这时的织物还看不出是用于制作服装的。

4. 后整理加工厂

坯布经过加工整理，可转变成设计师能够识别的织物。整理或转化织物过程包括三个主要步骤：

4a.精炼(清洗)和漂白(待染色)

精炼和漂白后的织物称为待染色织物(PDF)或待印花织物(PFP)。织物制成服装后再染色则被称为成衣染色。

4b.染色和印花

4c.外观或功能整理

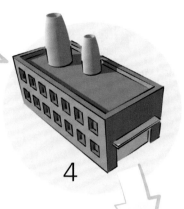

6.设计师的面料来源

6a.纺织品贸易展会

大多数纺织品展会都是国际性的。纺织厂和后整理加工厂把他们的纺织品带到这些展会进行展示，这些纺织品都是分别针对各类服装的。展会通常在巴黎、上海、纽约、科莫、佛罗伦萨、普拉托、香港、洛杉矶和汉堡等城市举办。

6b.销售代理商

跨国贸易公司经常代理许多纺织企业。贸易公司聘请销售代表和代理商来销售工厂的面料。后整理加工厂和流水线工厂通常都有其专属的销售团队。

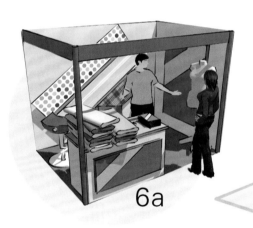

6c.样衣和样布

设计师选择面料大样(有时被称为"样衣(Hangers)"或"样卡")，并且想要进行试验看看能否用于服装设计。样衣需要在生产面料大货前展示给服装零售商。

6d.设计团队和销售团队

面料选择的确定。在最终定稿之前，样衣试制过程需要六个星期的时间。一旦选定了新系列的服装面料，生产人员将从面料销售代理商那里订购所需面料。

6e.批发商

这些重要的面料供应商购买剩余的织物，有轻微损坏的织物或被其他工厂、服装公司取消订单的织物。他们为小型的服装生产商提供有折扣的面料，这对那些正在寻找小批量、可以马上利用且比从零售商那里购买便宜的面料的新锐设计师而言，是非常好的资源。

5.面料新样品的试制

从纤维到织物最终加工完成大约需要5~6个月的时间，为新一季准备的面料新样本需要预备得更早。从坯布到服装批量生产需要1~2个月的时间，或者说从纱线经过后整理到最终服装批量生产需要3~4个月。

5a.大型后整理加工企业

大型后整理加工企业从纺织厂购买坯布，然后进行后整理加工，从而生产出令人关注的、富有创造性的、设计师期望看到的面料。

5b.大型加工企业(如化纤企业)

大型加工企业生产纤维、纱线、坯布和成品布(同一个工厂负责所有的生产功能)。

5c.小型工厂(如面料加工厂)

小型工厂通常很擅长开发面料，并有独立的销售队伍来展示和推销他们的面料。这些工厂往往是家族企业，期间历经了几代人的努力经营。

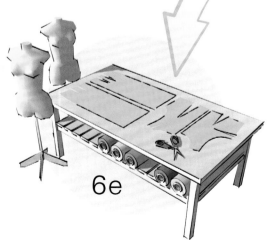

面料的方向

当设计一件服装时，设计师就像看地图一样，需要对面料的方向和布局进行解读。布纹方向很大程度上影响了面料塑造服装廓型，布局则会影响织物纹理、颜色和模式匹配。

我们必须了解这些基本的织物术语。此图表展示了在设计、试穿、裁剪和缝制过程中，面料是如何被一一解读的。

织物用于服装外部的一面叫作织物正面，设计师可以选择并清晰地标明面料正面。纺织厂应该了解设计师的设计意图，这样才能很好地得到预期的织物正面效果。用于服装里面的一侧则被称为织物反面。

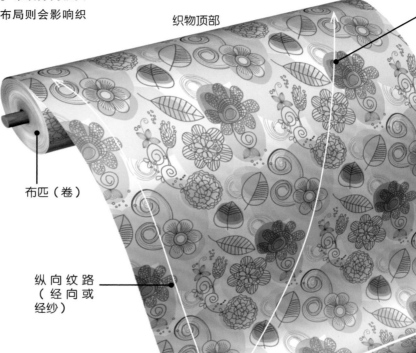

45° 角斜裁

织物顶部

布匹（卷）

纵向纹路（经向或经纱）

横向纹路（纬向或纬纱）

织物正面

布边

织物倒顺方向

• 了解织物倒顺方向对确定衣片的裁剪方向有帮助，拉绒或割绒的绒毛倒顺方向取决于织物顶部。

• 单向图案的织物在裁剪时，衣片裁片应保持相同的方向。确定织物顶端将会指导裁剪工在面料上如何放置衣片样板。

天鹅绒（底部是绒毛朝上，顶部绒毛朝下）

单向图案

术语须知

织物纹理指导设计师如何利用织物的特性来表达设计。机织物和针织物都有织物纹理——纵向、横向和斜向。

纵向纹路（直纹）

纵向纹路织物是最具有方向感，也是抗拉伸性和抗撕裂度最好的织物。设计师利用直纹布的强力，使其贴近人体。对机织物而言，直纹通常被称作"经向"或"经纱"，而在针织物中，多被称作"纵向"或"纵纱"。

横向纹路

横纹机织物在横向上会稍有"弹性"或轻微扩张，可以适应坐下或呼吸等动作导致的身体尺寸变化。织物在横纹方向将会远离而不是贴近身体。对机织物而言，横向纹路通常被称作"纬向"或"纬纱"，而在针织物中，多被称作"横向"或"横纱"。

斜向纹路

斜纹是一种很有创造力的布面纹理，它能使织物变

得富有弹性或垂褶。斜纹纹理通常与经向成45°角，是唯一的用于服装制板的对角纹理。斜纹纹理使织物以非常有趣的方式迅速远离身体。针织物和机织物中都会使用斜向纹理。

其他术语

"布边"是成品机织布的边缘。在针织面料中，织物的边缘可以是剪切边或类似于机织物边缘。在两种面料中，布边有助于稳定纹理，使得织物可以得到更加精确的裁剪。而在粗棉布的红色边缘，红色的纱线被编织到布边，然后布边变成设计的可见部分。

"布匹"指的是一卷织物。批量生产的面料，通常有50~100m（50~100gd），用卷筒芯卷成卷状。设计大样时，一般都是生产一匹布。"卷"或"布匹"这些术语常被用于织物出货。

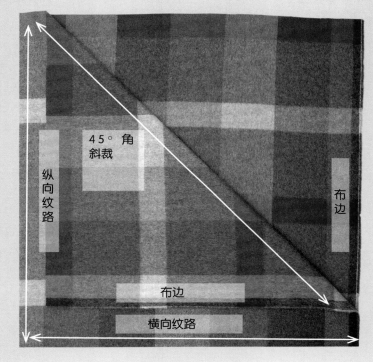

纵向纹路

45°角斜裁

布边

布边

横向纹路

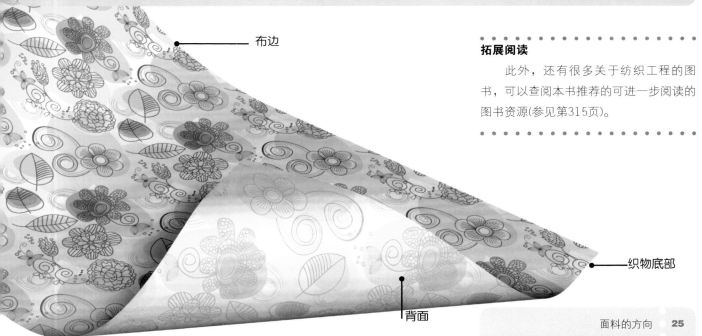

布边

背面

织物底部

拓展阅读

此外，还有很多关于纺织工程的图书，可以查阅本书推荐的可进一步阅读的图书资源(参见第315页)。

上图是卷曲状涤纶。卷曲是化学纤维仿制天然纤维的一种方法，如棉、毛。其他三个图都是天然纤维的来源：大麻、蚕丝和苎麻。

纤维

纤维又细又长，类似于毛发，是构成织物的基本元素。许多纤维组合在一起形成纱线和织物。

通 常有两种不同类型的纤维用于纺纱：

短纤维：例如，棉纤维最长可达到6cm，韧皮纤维（麻纤维）甚至更长一些。高品质的短纤维多是又细又长的，相比较而言，又粗又短的纤维质量就差一些。

长丝：指连续纤维。高质量的长丝通常极细，纤维强度又高，但纤维质量的好坏主要取决于纤维的最终用途。

纺织用纤维供应链是复杂的，分别包括了天然纤维和化学纤维所需要的来源。这种复杂性致使纺织工业对社会和环境问题的稳定性较差，在纤维生产加工过程中仍旧存在一些令人关注的问题尚未解决。

对社会和环境的影响

水资源的使用：棉纤维几乎占全球纤维生产量的一半，与其他天然纤维相比，棉纤维的生产耗费了大量的水资源。此外，大约棉花产量的三分之一是可用的，而大麻纤维、竹纤维和亚麻纤维生产不仅用水量较少，且纤维产量要高于棉纤维。

能源的使用：合成纤维在制造过程中消耗了大量的能源和少量的水，然而纤维的生产是非常高效的。

废气的产生：合成纤维在生产中产生的废气排放未经空气清洁监测器过滤，不利于呼吸系统的健康，而再生纤维的工厂废气则是经过过滤和调节的。

可持续的纤维供应

纤维创新设计中尤其令人关注的是该怎样节约已经生产出的纤维。设计师在设计时需要有意识地将这些因素融入创新设计中。

纤维再使用：我们应该多收集棉织物的裁剪废料，并把其制成新的纤维或织物，现在羊毛织物已经可以回收制成新的产品，达到回收再利用的目的。

回收利用制成新的、高质量的纤维：所有的涤纶和锦纶都可以回收利用。设计师应该生产可以很容易回收利用的新纤维制成的服装。

下图中，废弃的棉花已经装好袋用于垃圾填埋，但是如今我们已经有了新的方法，那就是收集废弃的纤维和织物用于纱线和织物的进一步加工。

这张关于两种不同纤维的显微图像显示了不同的纤维表面纹理和形状（浅棕色的是羊毛，红色为合成纤维），不同的外观特征导致纤维不同的特性，详见本页纤维图示。

短纤维

短纤维可以是天然纤维，也可以是化学纤维。短纤维通常都不超过6.4cm，其来源决定了纤维的特性。本页中的列表为设计师总结了这些纤维的特性。

大多数的植物纤维和动物纤维基本上属于短纤维。上图从上到下分别是：亚麻、波罗麻、安哥拉山羊毛(马海毛)。

天然短纤维	纤维特性	
纤维名称	优点	缺点
植物纤维（纤维素纤维） 种子纤维（来自籽皮） 棉纤维 木棉	**具有种子纤维的性能特征** 吸湿性强，湿强大，导热性好，耐磨性好，不起静电，染色性能良好，光泽柔和	色泽黯淡，原色不易去除，易皱，湿纤维增重，不易干燥，韧性差，易发霉虫蛀，燃点低，没有弹性，不耐日晒
韧皮（茎干） 纤维 大麻 苎麻 竹子 洋麻 葶麻 黄麻	**韧皮纤维的性能特征** 吸湿性强，湿强大，耐磨性优良，不起静电，染色性能好，抗皱性稍好，光泽自然、柔和、明亮，弹性差，不易霉烂，有些麻纤维抗菌，比棉易干	色泽黯淡，原色不易去除，褶皱处易折断，韧性差，不耐日晒，燃点低
叶子纤维 剑麻 凤梨麻 麻蕉	来源广	刚性大，手感粗糙，染色性能差
动物纤维（蛋白质纤维） 绵羊毛（从绵羊身上剪下的） 细羊毛 美利奴羊毛	**动物纤维的性能特征** 光泽柔和自然，耐磨性好，弹性回复性好，抗皱性能优良，透气排湿，染色性能好，色牢度好，热阻大	强力差，易拉伸，缩水，湿后重量增加，不易干，易虫蛀，羊毛毡缩整理
特等绵羊毛 马海毛（又称安哥拉山羊毛）	光泽感强，耐磨性能优异，纤维较细，抗起球性能好，同羊毛	价格高；同羊毛
特等羊毛 开司米羊绒（从动物身上梳理下来的绒毛） 驼绒 羊驼绒/羊羔驼绒	手感柔软，轻质保暖，染色好，色牢度好，抗皱性能优良	价格高，耐磨性差，强度低，易皱，易虫蛀

加工型短纤维

化纤企业也可以生产短纤维。几种常见的化纤短纤维纺成纱和织成织物时，往往难以与天然短纤维相区别。因此，如需明确面料纤维成分时，比较纤维间的性能特征很重要。

纤维混纺

由两种或多种不同纤维混纺成的纱线，或织物具有混纺纤维的性能特征。将棉与少量羊毛混纺可以得到无需化学整理就具有抗皱性能的织物，但是当清洗时，服装可能会出现缩水问题。涤棉混纺可以得到不用担心缩水问题的抗皱织物。纤维混纺可以通过以下方法完成：

紧密混纺： 在纺纱前，先混合短纤维。涤纶短纤维和棉纤维混纺时，要在纺纱前先将纤维充分混合。

复杂的纱线混纺： 将不同纤维成分的纱线捻合成一根纱线，如涤纶单纱、氨纶纱和棉纱捻合成为一根复合纱线。

混纺织物： 将几种单纱交织形成织物。

化学短纤维	纤维特性	
纤维名称	优点	缺点
再生纤维素短纤维（以植物纤维为材料，经化学处理） **黏胶纤维** 注：其他再生纤维素纤维也可以制成短纤维，如聚乳酸纤维	**两种再生纤维的性能特征** 外观无光，非常柔软，具有凉感，染色性能优异，色牢度一般，尤其是黑色调或深色调，耐磨性好，吸湿性能很好，不起静电，价钱中等，弹性差	弹性差，制造过程中有污染，危险化学品的废弃物，湿强差，不可机洗，易发霉
莱赛尔纤维	同上全部，可机洗，比黏胶纤维价格高一些	微弹，色牢度一般
合成短纤维（从石油中提炼，化学处理） **涤纶** **原纤维（新纤维）** **再生纤维（回收涤纶纤维或服装）**	**两种涤纶的性能特征** 热定形后仍然保持柔软，优良的弹性和回复性，快干，耐磨性良好，强度高，可加工成功能性纤维，易洗，不起皱，易与其他纤维混纺，可回收再造成高性能纤维，耐日晒，抗霉变，耐虫蛀	易起静电，不吸湿，易油污，易起球，熔点高
PET涤纶（塑料瓶回收再造） 注：一种新的常用纤维，'Triexta'（美国）是部分来自植物的涤纶，并且可回收，减少了提炼纤维对石油的需求，同时减少了能量使用和二氧化碳（CO_2）的排放。	快干，优良的弹性回复性，易洗，不起皱，混纺强度高，易与其他纤维混纺，可回收再造成同种纤维	同上，不规则低强纤维，必须与原纤维混纺才能得到合适的强度
锦纶 原纤维（新纤维） 再生纤维（回收锦纶、织物和服装）	**两种锦纶的性能特征** 强度很好，良好的耐磨性，易洗，不起皱，良好的弹性回复性，可回收，抗霉变，抗虫蛀	质地有点坚硬，不吸湿，在阳光下易泛黄和强力下降
腈纶和改性腈纶 （排放污染物和化学废物）	**两种纤维性能特性** 仿毛纤维，弹性回复性适中，易洗涤，耐磨性一般	不吸湿，易起球，热稳定性差，不可回收，起皱，丙烯腈纤维会释放致癌的化学物质

长丝

长丝是连续长度很长的丝条，类似毛发，以天然纤维的形式出现，并且是在所有化学纤维生产中的初始状态。

蜘蛛和桑蚕喷吐持续、光滑的长丝用以织造蜘蛛网和茧，人们模拟这种自然生产方法，通过喷丝孔挤压纺丝溶液织造化学长丝。

人造长丝纤维

化学纺丝溶液通过喷丝板制成人造长丝纤维。100多年前，为了满足因新型大规模服装生产而急剧增长的纤维供给量，人们开发了化学纤维。随着新型服装企业的扩大，需要相应的面料加工。化学纤维（再生纤维和合成纤维）研究的最初目的是模仿生产丝纤维，黏胶纤维就是开发的、新的"丝纤维"，用"丝纤维"织造的织物价格低，适合大众消费。

化学纤维制造过程

长丝的直径和形状往往决定了织物的手感、重量及功能。以下是四种常见纤维形状：

圆形：光滑、光泽感好；
叶形：明亮的光泽；
锯齿形：皮芯结构、光泽较暗淡；
中空：质量很轻。

超细纤维是由一根长丝分离成多根极细且富有柔韧性的纤维。现在超细纤维一般为涤纶、锦纶和腈纶。涤纶是常用的超细纤维，被用于吸湿排汗、快干的功能性服装。还有一些超细纤维用于超柔软、具有垂感的轻盈织物。

封闭的循环链：定义

人造纤维生产过程中产生的废物在从工厂向外排放前必须要进行中和或治理。在封闭的循环生产链中，几乎所有未使用的产品都被回收进入新的生产环节。但是，还是会有少量的废水产生，并被排放出去。

可回收：定义

纤维、织物和服装可以回收再制造成同等或更高质量的纤维。分解织物并且再制成纤维是一个化学过程。

化学纤维混合物通过喷丝板的极细孔洞的喷头喷出制成化纤长丝。

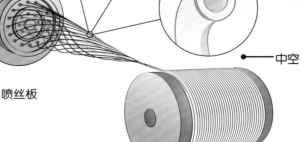

混合物

长丝的类型

锯齿形

两叶形

喷丝板

中空

再生纤维素长丝	纤维性能特征	
纤维名称	**优点**	**缺点**
纤维素长丝（以植物纤维为材料，经化学处理） 醋酯纤维	**再生纤维的性能特征** 光泽好，丝绸风格	吸湿性较差，耐热性差，不耐洗，不可回收，排放污染物
黏胶纤维	光泽好，柔软，凉感，染色性能好，尤其是黑色或深色调，耐磨性好，吸湿性好，不起静电，价格适中	弹性回复性差，排放污染，产生危险化学品废弃物，湿强低，不耐机洗，高温高湿下容易发霉，不可回收
莱赛尔纤维（封闭的纤维生产循环；化学试剂可在新纤维的生产中回收利用）	同上所述；可机洗	弹性回复性一般，色牢度一般，高温高湿下易发霉，不可回收，比黏胶纤维价格高
竹纤维（如果使用封闭的循环生产路线，这将会是一种可持续生产的纤维） 　注：如果竹纤维属于人造纤维，则竹纤维必须在其名字里加入黏胶纤维几个字	同上所述；抗菌，抗霉变，可再生的原料，弹性回复性一般	大多为长丝，如果使用黏胶生产方法，则不可机洗，不可回收
聚乳酸纤维（来自植物葡萄糖，尤其是农作物；封闭可循环的生产路线）	与莱赛尔纤维相似，易与棉纤维混纺	聚乳酸纤维对热非常敏感（此问题属于新的研究项目，正在探究中）
大豆纤维（来自豆腐生产废弃物的植物蛋白；封闭可循环的生产路线）	手感柔软，悬垂性好，强度一般，吸湿性好，染色性能良好，色牢度好	不易获得，耐磨性一般，湿强低，不可回收
注：越来越多的新原料被制成新纤维。设计师要与时俱进。以上表格包含了现在使用的新纤维		

　以上化纤人造长丝看起来各不相同，是由于它们的纤维形态和通过喷丝孔后的冷却方法不同而造成的。

　上图为大豆纤维，下图为再生竹纤维。

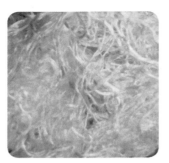

锦纶长丝可以制成超细纤维，也可以被制成类似于棉纤维，它的快干特性使其成为与棉混纺且用于轻量级户外服装的，最受欢迎的纤维。

合成长丝

纤维名称

涤纶
原始纤维（新纤维）
可回收纤维（回收涤纶或服装）

注：'Triexta'，以前又叫'PTT'，是一种新型再生纤维，部分来自植物的涤纶，并且可回收，减少了能量使用和二氧化碳排放，同时减少了纤维提炼对石油的需求

锦纶
原始纤维（新纤维）
再生纤维（回收锦纶纤维、织物和服装）

弹性纤维（也叫单丝）
氨纶
化学纤维（合成纤维），聚对苯二甲酸丙二酯纤维，杜邦公司的一种弹性纤维

金属纤维（单丝纱线）

碳纤维（向纳米纤维发展）

一些由涤纶制造的弹性纤维可以回收利用

纤维性能特征

优点	缺点
两种涤纶的性能特征	
热定形后仍然保持柔软，优良的弹性和回复性，快干，耐磨性良好，强度高，可加工成功能性纤维，易洗，不起皱，易与其他纤维混纺，可回收再造成高性能纤维，耐日晒，抗霉变，耐虫蛀	易起静电，不吸湿，易油污，易起球，熔点高
两种锦纶的性能特征	
强度很好，良好的耐磨性，易洗，不起皱，良好的弹性回复性，抗霉变，抗虫蛀，可回收再造成高新性能纤维	质地略硬，不吸湿，易起静电，不耐日晒
两种弹性纤维的性能特征	
弹性优良，弹性回复性能优良	吸湿性能差，强度低
光泽感强，金属外观，质量非常轻	弱纤维，耐热性差
质量很轻，高强，导电	价格很高

丝纤维，尽管产自于多种多样的蚕茧，依然染色性能良好，色泽漂亮。

天然长丝纤维

纤维名称

蚕丝（所有蚕丝一开始都是长丝，一些蚕丝下脚料会被制成短纤维）

蜘蛛丝（致力于研究基因改性蜘蛛丝——尚未推广到商业用纤维）

纤维性能特征

优点	缺点
富有光泽感，手感柔软，悬垂性好，吸湿性良好，弹性回复性适中，染色性能好	价格贵，色牢度一般，弹性一般
弹性优良，强度高，质量轻，可导电	弹性优良，强度高，质量轻，可导电

❶ **注**：Triexta纤维是由杜邦公司采用PTT可再生原料制造，具有出色的耐用性能和抗污性能，广泛应用于各种服饰纺织品及高级室内地毯上。

——译者注

纱线

纱线是由各种各样的短纤维或长丝或其他材料构成的连续的线。纱线需要具有一定的强度，以满足纱线间相互交织或以其他方式织成二维柔性织物。

短纤加捻缠绕在一起(这个过程又叫作纺纱)形成连续的纱线，长丝纱虽然只需要少量捻度(绞干)，但基本也是相同。纱线的捻度决定了纱线的强度（捻度越高，纱线强度越高），捻向则影响了纱线纹理。

以下是三种基本纱线：

短纤纱：指由短纤维经加捻纺成的单纱。长一点的短纤维纺成的纱线光滑、富有光泽（如优质棉纱和美利奴羊毛）。短一点的短纤维纺成的纱线表面粗糙，色泽暗淡（如劣质棉纱和PET短纤纱）。多数情况下，纺纱过程中有20%的短纤维会被浪费掉，即使它们是有机棉或廉价的涤纶短纤维。然而，这些"纤维粉尘"现在已经被收集并纺成劣质短纤纱。短纤纱中的短纤维既可以是天然纤维，也可以是化学纤维。

一般而言，优质短纤纱比劣质纱直径更细，光泽更好，这是因为优质短纤纱是由较长的短纤纺成的。短纤纱的使用是由纱线粗细指标——纱支来判定的，如一根12支的粗棉纱适用于厚重牛仔布，那么一根60支的细纱线则适用于精细的衬衫布。

可回收纤维

来自石油的某些类型的锦纶和所有涤纶都可以回收再制成新型优质纤维。涤纶占据着全球多于40%的纤维产量，但是受它的原料供应者（石油）影响，其产量正在逐渐减少。涤纶制成的纱线、织物，甚至是服装，都可以被回收再造。而且，来自塑料瓶的PET纤维也可以被回收再造成新的PET纤维。

天然纤维很难进行回收再利用，人们努力把棉织物裁剪废弃物回收，但再生后的纱线强度过低，只有与原棉纤维混纺才能增加纱线的强度。毛纤维世世代代都在循环使用，但这个传统在当今却没有得到广泛应用。

回收再利用的关键是回收的产品必须只含有一种纤维成分而不是混纺，而缝纫线应该可以与织物用相同的方法进行回收再造。

化纤长丝的改性

形态：长丝纤维形成后，让纤维"起皱"或扭曲，以模仿棉或毛的纤维形态。形态可以改变纤维特性，使原本没有弹性的纤维变成弹性纤维。

双组分纤维：通过喷丝板的挤压（见第30页），两种不同的纤维溶液组合到一起，形成了含有两根独立纤维的长丝。在一定温度下，由于纤维具有不同的热性能，因而可以形成各自独特的纤维形态。生产双组分纤维的其他原因还需设计师与供应商共同探讨。

性能：纤维可以通过改性加强水分管理能力，如吸湿排汗、透气、拒水、抗菌、缩水、抗污、防静电、保温以及降低水与空气的阻力。

纱线在织物中的重要性

纱线在很大程度上影响了织物的手感、悬垂感和外观特性。纱线是影响织物价格的重要因素之一，因此密切观察设计织物时该选用何种纱线对设计师，尤其是针织物设计师尤为重要。纱线主要有两个类别：简单纱线和复杂纱线，同时包含了短纤纱和复丝。

简单纱线

（只含一种纤维的纱线）

单纱：只有一股纤维束捻合而成的纱。

股线
（由两根或两根以上的单纱捻合而成的线）

两股纱
（由两根相同纤维成分的单纱合股成的线）

复杂纱线

（纤维和纱线的多重复合）

单纱：一根纱线
花式纱线（多种纤维/多种颜色）
竹节纱（纱线粗细不均匀）

股线
（由两根或两根以上的单纱捻合而成的线）
毛圈纱
雪尼尔线

弹力股纱
（用另一种纱线将弹力单丝纱包裹起来形成的纱线）
包芯纱（由短纤纱缠绕起来）
包缠纱（由膨体长丝纱包缠而成）

单丝纱：仅仅使用一根长丝作为纱线，如氨纶和金属纤维。

复丝纱：只使用长丝纤维，如蚕丝、涤纶或黏胶纤维。在复丝生产中几乎不存在纤维浪费现象。复丝纱的两个主要常用类型：

1.变形复丝可以是弹力纱、仿短纤纱、膨体纱或超柔纱。

2.光滑的复丝纱富有光泽感，有时纱线会发出闪耀的光泽。

高质量复丝纱的好坏取决于其纱线细度和纤维使用价值。大多数新锐设计师认为蚕丝比涤纶长丝性能更好，但是对于运动装设计师来说，差别化涤纶纤维的性能更具有使用价值。通常，纱线粗细指标——旦数，是用来衡量纱线的细度。15D的纱线适合用于制作轻量级内衣，100D纱线适用于背包用布。

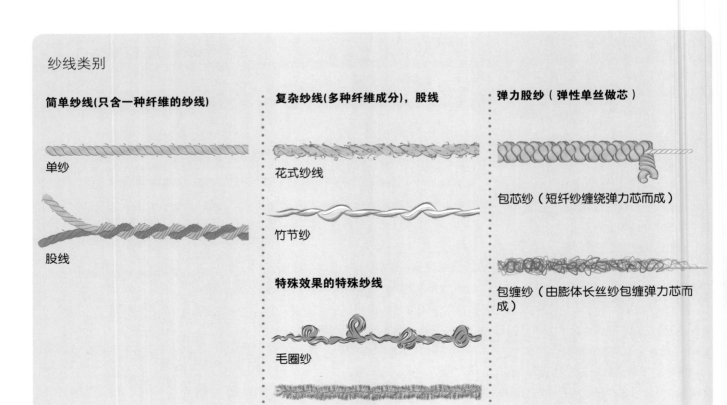

纱线类别

简单纱线(只含一种纤维的纱线)

单纱

股线

复杂纱线(多种纤维成分)，股线

花式纱线

竹节纱

特殊效果的特殊纱线

毛圈纱

雪尼尔纱

弹力股纱（弹性单丝做芯）

包芯纱（短纤纱缠绕弹力芯而成）

包缠纱（由膨体长丝纱包缠弹力芯而成）

织物

织物是一种媒介，通过服装设计师的设计，由二维柔性表面转化成三维立体形态。

掌握了织物的结构特征，就了解了面料是什么，以及如何在设计过程中展现其特点。尽管纤维和纱线可以决定织物的手感和悬垂感，但是织物的整体性能则主要取决于纤维和纱线在织造和后整理过程中的具体生产方式。通常，织物由以下三种方式进行生产：

1.无纺布：指纤维随机或定向黏合在一起形成的织物，这些织物直接来源于纤维而无需经过传统的纺纱过程。生产无纺布时需要了解纤维的性能特征和如何把纤维组合成一个二维的织物表面。纤维可以通过热缩法、熔喷法、纺粘法等方式制成无纺布。

2.机织：生产机织布要先有纱线，纱线的强度和结构决定了机织物的特性。

3.针织：针织面料的生产同样也需先纺纱，但纱线的强度可以略小于机织纱线。为了追求更强的纹理效果，机织物可以使用多种纱线类型。

环境影响

了解织物和纤维的生产对环境所造成的影响非常重要。短纤纱的生产产生了20%的纤维废弃物，因此面料生产需要专业机械、专业技术、纺纱厂的使用权以及劳动力的有效使用。纤维和织物的生产影响了可用清洁水、空气污染排放物、化学废物和能源的使用等各项环境因素。

工厂废料

不论是从织机中脱落的纱线，还是被认为是不可避免的布边裁剪时的浪费，机织都会比针织产生更多的废弃物。面对每年劳动布的产量，设计师应该询问工厂如何处理这些废弃物。

能源使用

纺织厂的电力使用量非常大，以此能够了解能源消费的产生原因，尤其在发展中国家进行大量的织物生产使这一问题显得更加突出。区域能源，如太阳能、风能、水能及其他能源的使用，应该受到鼓励，特别是在生产可持续纤维资源时，如有机棉或可回收涤纶。

纺织品的回收和循环

废弃织物的回收方法包括把织物或服装分解成纤维，并使用这些纤维制成毡子或纤维网织物。它是一种新兴的领域，设计师应该随时关注行业内的这些新发展。

织物加工方法1：无纺布（从纤维到织物）的性能特征

纤维集聚在平坦的表面，铺好纤维网(类似于造纸)来制成织物，这个过程中不需要纺纱。怎样使用纤维代替纱线织造更多的服装面料，目前此问题正在研究中。

加工方法	优点	缺点
毛毡（多使用毛纤维，有时与化纤长丝或涤纶混纺）	织物厚实，保形性好 可以通过蒸汽和压力变形	缩水，强度低
纤维网无纺布（通过多种方法连接在一起）		
针刺无纺布（干法生产过程；使用短纤维）	使用纺纱厂废料和可回收的短纤维	强力差，在织物生产过程中不使用水
湿法无纺布（使用短纤维）	使用纺纱厂废料和其他劣质纤维；织造过程中使用水，且水是可重复使用的	很少用于服装
纺黏无纺布（熔融长丝纤维）	不使用水，用于服装衬布	使用石油基纤维

织物生产方法2：机织

机织布是指两根或两根以上的纱线在织布机上成直角交织而成的织物。正是这个纱线成90°的角度结构使机织物区别于其他织物。在机织物中，经纱平行于布边，纬纱垂直于布边，大多数机织物是硬挺的，几乎没有拉伸性。

常用的机织物主要有四种组织结构：平纹组织、方平组织、斜纹组织和缎纹组织。除此之外，机织物还有多种其他特殊的组织结构，如提花组织和多臂组织。机织需要强度高的经纱，且比针织物生产慢。

织物密度或纱支，还有纱线其他的各项规格参数决定了织物的重量：

- 高密织物：单位面积内较多的纱线数=织物较紧密。
- 低密织物：单位面积内较少的纱线数=织物较稀疏。

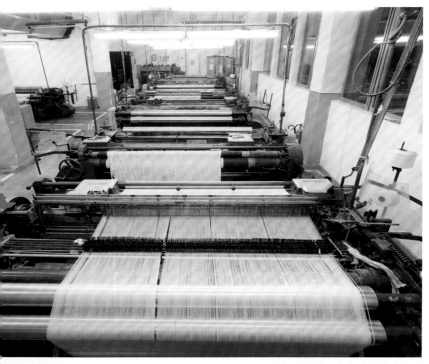

机织现在是一个自动化的生产流程，各种各样的织机以高速度生产着织物。在织布前，织机需要以强有力的经纱作为开始。

 平纹组织

平纹组织中，纱线一上一下地进行交织，有沉浮纱，布面平整，重平组织织物有横向凸条纹纹理。

平衡平纹织物 （也叫作方平组织）			不平衡平纹织物 （也叫作重平组织）
薄织的麻布	法兰绒	薄棉布	宽幅细毛织品
硬麻布	棉织法兰绒	玻璃纱	双绉
粗麻布	薄纱	透明硬纱	罗缎
薄型平纹毛织物	乔其纱	格子布	粗横棱纹织物
钱布雷绸	条格平布	阔幅平布	府绸
雪纺绸	土布/粗布	巴里纱	山东绸
中国绸缎	上等细布		塔夫绸
厚绉纱	马德拉斯棉布		
硬衬里布			

方平组织

一些方平组织织物虽然看起来有细微的差别，但仍然使用相同的织物名称。

平衡方平组织
（2经/2纬）
厚重帆布
中等厚重粗布
细纹粗黄麻袋布

不平衡方平组织
（1经/2纬）
厚重帆布
中等厚重粗布
牛津布/点纹牛津布
牛津布
粗帆布

 斜纹组织

斜纹组织的特点是织物表面呈现一定角度的斜纹线，构成斜纹的一个组织循环至少要有三根经纱和三根纬纱。斜纹有平衡斜纹组织与不平衡斜纹组织，但都简称为斜纹织物。

骑兵斜
丝光卡其棉布
斜纹布
华达呢
海力蒙
犬牙格花纹
哔叽
斜纹软缎

更多与斜纹相关的

因为斜向织纹，斜纹织物比平纹、方平或缎纹织物更加柔软，悬垂感更好。

所有牛仔面料都是斜纹组织，纱线的规格和质量将会影响最终的产品。

由于在2~4根纱线上有浮纱，尤其是当使用棉、大麻、亚麻、涤纶或锦纶织造织物时，斜纹组织被认为是最耐用的织物结构。

 缎纹组织

缎纹织物是由在五根或五根以上纱线上的随机浮纱构成的，织物表面平滑、光亮。当纱线较细而柔韧性好时，缎纹织物就会坚固一些。

婚服缎
查米尤斯绉缎
经面缎纹（经缎）

所有的经缎织物都采用光泽复合长丝织造。

纬面缎纹（纬缎）

所有纬缎织物都采用短纤纱，依靠有光泽的浮长线来达到平滑、光亮的表面肌理。

上图从上到下分别是：帆布、棉华达呢、婚服缎。

其他组织

机织物也包括了其他各种组织的织物：

· 绉纹棉布形成了紧密的卵石花纹的布面效果。

 · 提花布形成了织成的花纹设计图案。

 · 多臂提花形成了织成的小几何图案。

 · 毛圈织物（毛巾布）在织物正反面形成毛圈。

 · 割绒（灯芯绒、平绒、天鹅绒）形成一个柔软而丰厚的表面。

织物生产方法3：针织

与机织物不同，针织物是用一根或多根纱线通过线圈与线圈间的相互串套而形成。由于可用纱线种类繁多，因而针织面料的种类多种多样。同时，针织物也不需要如同机织物中一样的高强度的经纱。针织物有两种加工方法：纬编和经编。

针织物的优点：

· 同机织物比较起来，针织物的生产过程更快捷。

· 织机的创新使得针织加工更加有效，即使在劳动力成本高的国家也是一样。

· 线圈结构使得针织面料更加柔软、悬垂和贴身，并随身体自如活动。

· 织物表面肌理和纹样可变化多样。

· 织物或服装的生产具有灵活性，甚至可以生产无缝针织衣。

针织物缺点：

· 线圈结构导致针织物不防风。

· 线圈容易钩丝。

· 纱线结构和织物针距密度一定程度上影响了织物的延伸性和脱散性。

从上至下依次是：仿毛平针针织物；双罗纹空气层组织织物；细针距黏胶纤维罗纹织物。

纬编针织物的特征

在纬编织物中，纱线在线圈横列中（纬向方向）形成线圈，在纵行穿套。这种针织物加工方法最常用于套衫、休闲衫、雅致针织衫和手工针织衫。纬编针织仅仅使用两种针法：正针和反针。正针和反针的排列将会决定针织面料的名称和特性。

针织类型	优点	缺点
单面针织物（可以织成桶状织物或片状织物）		
平针织物（通常采用细致而且中等针距）	质量轻 价格不贵 容易生产	容易产生缩率 卷边 延伸性，易变形
跳花针织物（细，中等和较大针距）	种类繁多	延伸性，易变形
双面针织物（包括布边在内的尺寸稳定性好，可以织成桶状织物或片状织物）		
双罗纹针织物（硬挺的针织物）	尺寸稳定性好	织物厚重
罗纹针织物（正反针交替，形成罗纹纹理）	弹性	比平针织物贵
厚重双面针织物（两种针织物编织在一起）	厚重 适合裁剪	生产难度较平针大 价格高

经编针织物的特性

在经编针织物中，线圈沿垂直方向（经纱方向）排列，与布边平行，纬向或倾斜方向穿套。经编针织物常用于女士内衣、运动服装及室内装饰织物。经编不用双反面组织，纵向硬挺，弹性较差，并且仅使用复合长丝进行高速生产。经编主要包括两大类：特里科经编针织物和拉舍尔经编针织物。

经编类型	优点	缺点
特里科经编针织物（正反面线圈成90°角）	布面光滑 通常是小针距 织针细密 生产速度快	易钩丝
拉舍尔经编针织物（网状织物，有时是花边、类似网眼、方格纹理，正反面外观相似，不易辨别） **拉舍尔经编针织物**：网眼针织物 **拉舍尔蕾丝针织物**：仿手工蕾丝 **网眼布**：质地轻薄，几何形状网眼结构 **小网眼织物**：有许多网洞的针织物 **弹力网**：弹力网眼 **保暖针织物**：仿制其他蜂窝状凹凸质地	种类繁多	易钩丝

图中从上至下分别是：带有金属丝的克里特经编织物，拉舍尔花边，用于紧身胸衣的弹力网眼织物。

针织面料介绍

设计师通常关注于针织物表面的细腻或粗糙程度，并以此特征来评价织物的好坏。垂直线圈列（纵向线圈）的织针数决定了这个评价标准。单位长度内线圈数越多，织物越精细；相反，织物密度越小，即单位长度内线圈数越少，织物越粗糙。

其他经编和纬编织物

同机织相比，针织通常拥有更高效的生产过程，且与其有着非常相似的织物外观，所以许多织物的生产可以通过针织来完成。

毛圈针织(毛巾布)：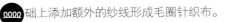在基本组织的基础上添加额外的纱线形成毛圈针织布。

割绒针织(天鹅绒、人造毛皮)：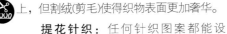同上，但割绒(剪毛)使得织物表面更加奢华。

提花针织：任何针织图案都能设计，不论是曲线还是几何图形。

注：设计师致力于创造新的针织面料，并且和针织衫设计师一起工作。这对时尚产业而言是一件令人兴奋的事情，但要创新就需要对针织物的生产有更充分的了解。

织物染色

织物染色本身就是一种艺术，设计师往往通过创造性地使用色彩或染色，又或是在织物表面印花，来满足他们的目标市场。在这一节中将讲解织物的染色方法，并帮助设计师初步了解织物的着色过程。

在纤维或织物完成染色（PFD）或印花（PFP）准备工序后，再进行染色。选择哪种染色方式取决于对颜色的预期结果、所用纤维类型、织物结构、色牢度要求（颜色保持能力）、染色成本以及水或能源消耗等问题。

色牢度主要分为三种类型：

耐气体色牢度： 由于环境变化而引起褪色，如由于干洗时的烟雾引起的褪色叫气体褪色或者烟熏褪色。

耐水洗色牢度： 颜色在水洗过程中褪去。

耐摩擦色牢度（干摩擦和湿摩擦）： 颜色因磨损（摩擦）而褪去。

根据不同的期望效果，染色可以应用在纺织品生产的各个阶段。以下是三种常用染料：

直接染料（通过化学键与纤维结合）： 这种染色方式需要水和染料融合配成的染色溶液，经固色、漂洗织物上多余的染料而完成染色过程。不同的纤维需要不同类型的染料，并不是每种纤维都有其合适的直接染料，而直接染料的色牢度高低取决于纤维种类、颜色种类、染色温度和使用的化学助剂。

分散染料（通过化学键与纤维结合）：

不需要水、固色剂与漂洗处理，借助高温和高压进行染色，仅适用于涤纶，用于织物染色或成衣染色，色牢度良好。

涂料（没有化学键结合）：

需要黏合剂在烘焙条件下结合颜料进行染色。这类染料仅适用于织物或服装上，且色牢度一般。在染色过程中，涂料染色只在制备颜料悬浮体时才需要用水，而涂料印花几乎不需要水。

注： 此外，还有很多关于印染的图书，在本书的后面可查看推荐阅读的图书资源（见第315页）。

染色对环境的影响

服装色彩设计是吸引目标市场的一个重要因素。为了做到对社会和环境负责任，需要严格控制纤维和坯布的生产过程。然而，织物染色对于环境的破坏却不可避免。染料和固色剂中含有高浓度的重金属和工业盐。染色过程中需要运用高温溶解染料，促使染料与织物结合。另外，无论是染色或印花，节能都会是个难以解决的问题。

染料：天然染料与合成染料

天然染料代替合成染料一直是行业内颇具争议性的问题。天然染料来自于植物和矿物质，合成染料则是由多种混合物组成的，其中就包括为提高颜色亮度而需要的重金属。合成染料可以染出鲜明的颜色，也就意味着设计师可以得到预期的染色效果。但是，当使用天然染料或者合成染料时，仍有几点问题需要我们考虑。天然染料更倾向于在发展中国家使用，由于那里缺少净化水资源的条件，因此大量来自固色剂和染料的废水被直接灌注到土壤和开发的水资源系统中。合成染料多用于大型印染厂，因为这些工厂会有更多机会在污水返回当地供水系统前对其进行净化处理。

大多数牛仔裤产品为达到柔软的手感而需进行成衣水洗。但是，棉织物对于深色调的颜色色牢度一般，过多的水洗处理将会让大量的染料进入水洗废液中。伴随着大量的牛仔面料产品的全球化生产，对于设计师而言，牛仔水洗设备如何处理这些污水就显得至关重要。

设计师可以指导经销商和生产加工团队在进行天然或合成染料染色时考虑以下几点：

· 避免使用含重金属的染料；

· 使用可吸收80%或更多的染料，从而提高废水清洁度的染色流程（在染浴中使用电将会降低成本）；

· 优化染色工厂的清洁管理，确保工人和社区的安全，节约用水和能源。

染料：天然染料与合成染料		
	天然染料	合成染料
是否大量使用	有时	是
是否需要使用固色剂	是	是
是否产生废水	是	是

染色：浸染

织物染色可分为以下五种方式。

染色方式	色牢度	数量要求	染色试剂	服装生产的可行性
原液染色(纤维制成前的喷丝溶剂染色) 喷丝前，在化学纤维的溶剂中加入染料，即纤维形成前就已经染色完成。	优异	同种颜色染色数量大	仅需要染料	染色效果差；需在纤维形成前染色
纤维染色(也称作毛条染色)，纤维成纱前的纤维染色。	良好	同种颜色染色数量大	仅需要染料	一般；在成纱前完成纤维染色
纱线染色(也称作纱束染色)，织造前对纱线进行染色。	良好	同种颜色染色数量中等	染料或颜料	一般；织物织造前纱线染色
织物染色(也称作匹染)，织物在制成服装前染色	一般	同种颜色染色数量较少	所有	好；织物染色，30天之内可以生产服装
服装染色(成衣后染色)	较差	一件服装一个颜色	低温	良好；成衣染色后可以立刻使用

混纺纱线、织物和服装的染色

纤维混纺较为常见，但是不同染料只适用于特定类型的纤维，因此，印染厂需调整染色工艺来满足混纺产品的染色，如素色或多颜色纱线、织物和服装的加工。

染色方法	纤维成分	染色试剂	染色效果
交染	两种或以上不同的纤维	只需染料	两种或以上颜色
混染	两种或以上不同的纤维	只需染料	单色

印花：在织物表面添加有颜色的图案

　　颜料印花用于混纺织物上，可避免交叉染色。闪亮或绒毛图像也可以通过印花技术表现在织物或服装上。印花主要包括四种可以批量生产的加工方法(手工印花不算在内)，见下表。

印花方法	色牢度	适用染色试剂	可染颜色数量	印花产品的数量要求	产品加工可行性
筛网印花（又分平网印花和圆网印花） 要求颜色分离（每种颜色单独印刷）	取决于染色试剂	所有	多于24种	数量平稳，偏高	效果好，30天之内完成
滚筒印花(使用有凹凸花纹的金属滚筒；要求颜色分离)	取决于染色试剂	所有	多于6种	数量高	效果好，10～30天可完成
喷墨/数码印花 直接在织物、服装或热转印纸上印花，如同打印机一般。不需要颜色分离，需要少量水或无水（用于蒸汽和清水），需要一定的温度。所有新型图案都可以使用数码印花	取决于染色试剂	所有	没有限制	从低到高能够印至1米	效果好，30天之内完成
热转移印花（也包括气相转移印花） 只需要温度和压力，可以使用颜色分离印花或数码印花，图像被印在特殊纸张上，再经高温、高压转移到织物或服装上。适用于聚酯类织物或服装	良好	仅分散染料	取决于印花方法	现有图案产量低，用于客户定制图案产量高	效果好，30天之内完成

纺织品整理

纺织品整理指对印染后的织物进行整理，其目的在于提升最终产品的市场认可度。部分整理手段是为了改善织物外观及织物给人的感觉，其他一些则是为了提高织物的功能性。

设

计师应该了解整理功能的耐久性，也需要掌握以下四种不同类别的耐久性整理。

暂时性整理： 经清洁或水洗可以消除。

半耐久性整理： 可抵挡较少次数的洗涤，但多次洗涤后，整理效果仍然会消失。

耐久性整理： 伴随织物的整个使用周期，但期间整理效果可能会减弱。

永久性整理： 一直存在，并且不会减弱。

新材料和新工序的应用，促进纺织品整理取得了重大的进步。为了使自己的产品具有市场竞争力，设计师们的设计也在与时俱进。在今天，纺织品整理的目的往往是模仿比其价格更高的某些织物的结构或外观特点，为市场带来比原来成本低的、受欢迎的面料。但是，了解这些整理过程给社会和环境带来的影响仍显得非常重要。

外观整理

外观整理可以改善织物的手感、外观效果和质地，其想法往往是设计师在寻求新方法来展示其视觉创意时设计出来的，下表为外观整理的种类。

外观机械整理

物理机械整理是利用温度、压力等物理机械热定形作用进行整理，而不是使用水或化学试剂。与化学整理相比，外观机械整理对环境污染较小。

整理种类	使用条件	整理效果	耐久性
压花	温度和压力	较强烈的光泽或印花图案，	可变
轧光	增加织物光泽(磨光)	光泽度好	暂时
蜡光（仅用于涤纶）	增加织物光泽(熔融)	光滑	耐久
云纹	温度和压力	木纹里外观	耐久
压褶/起皱	温度和压力	凹凸花纹	耐久
(多用于涤纶)	(热定形)	褶皱外观	耐久
皱缩	同上		
(多用于涤纶)			
刺绣	缝纫线迹	织物上的图案	耐久
起绒	拉绒/剪毛	柔软，绒毛感	耐久
植绒	砂洗		
平绒/灯芯绒			
丝绒			
仿麂皮/磨毛			
缩绒	蒸汽和温度	致密，柔软	耐久
(仅适用于羊毛)			
增光整理	温度和压力	光泽好，锤花外观	可变
(多用于亚麻)			

牛仔面料可以在制成服装前进行水洗整理，水洗后的牛仔面料可直接用于服装生产，而织物柔软的手感使得服装在完成制作后不必再进行水洗处理。

外观化学整理

外观化学整理是利用化学试剂和高温，有些还包括水，对织物进行整理。整理过程中会产生废弃的化学物质和污水，必须确保这些污水在重新返回当地水循环系统时已进行过净化处理。

整理种类	使用条件	整理效果	耐久性
丝光整理	化学试剂、高温、水	光滑，可染性提高，性能改良	耐久
硬挺整理			
上浆整理	化学试剂、高温、水	硬板、粗糙、脆	可变
抗卷边整理	化学试剂、高温、水	防止织物裁边卷边	暂时
压褶/起皱整理（用于天然纤维）	化学试剂、高温、水	天然纤维压褶	耐久
皱缩整理	化学试剂、高温、水	起皱外观	耐久
酶洗整理	酶、高温、水	手感柔软	耐久
石墨洗/砂洗整理	漂白剂、高温、水	手感柔软、去色	耐久
涂层整理	化学试剂、高温	新外观	耐久
硅胶整理	硅胶、高温、水	手感平滑	耐久
植绒整理	火、黏合剂、高温	绒毛表面	耐久
烂花整理	化学试剂印花	纤维在花型设计中被去掉	永久

纺织品功能整理

功能整理可用于提高织物的性能。功能整理工艺是通过技术创新，改变纤维原本的特性，以此满足特定的功能需求。例如，吸湿性好的棉纤维经功能整理后成为拒水纤维，不吸湿的涤纶经功能整理后成为具有吸水性的产品。自运动服装业发展以来，因其在赛事中表现出的优异性能，化纤面料得到了运动员们的一致认可，而纤维大多数的优异性能正是源于新型的纺织品整理技术。

除了起绒整理，所有功能整理均使用了化学试剂。就运动服装的设计师们来说，有关功能整理的探索和了解对设计能够起到极大的促进作用。设计师必须与面料和纺织品整理的供应商密切联系，以便于随时了解并掌握最新的功能整理技术。

防缩整理是对织物尺寸稳定和耐久

功能性物理整理

利用物理作用（有时利用热、压力），在不使用水的条件下达到整理目的，比起化学整理，物理整理对环境污染更小。

整理种类	使用条件	整理效果	耐久性
起绒整理 摇粒整理（涤纶）	刷绒或剪绒	隔热、保暖	耐久

功能性化学整理

利用化学试剂、热量，有时也会用水，达到整理目的。整理过程中会产生废弃的化学试剂和污水，这些污水在重新返回当地水资源供应链前必须进行净化处理。

整理种类	使用条件	整理效果	耐久性
抗皱整理	化学试剂、高温	提高抗皱性能	耐久
阻燃整理	化学试剂、高温	降低可燃性	耐久
抗油污整理	化学试剂、高温	降低吸湿性	半耐久或耐久
抗起球整理	化学试剂、高温	减少起球	耐久
抗静电整理	化学试剂、高温	减少静电	耐久
抗菌整理	化学试剂、高温	杀死细菌或减少臭味	可变
银粒子整理	银粒子、化学试剂、高温	杀死织物上的细菌	永久
防虫抗霉整理	化学试剂、高温	抗虫、抗霉菌、抗霉	耐久
防缩处理	化学试剂、高温	提高吸湿性	耐久
吸水整理	化学试剂、高温	吸收紫外线	耐久
防紫外线整理	化学试剂、黏合剂	吸收或反射热量	耐久
微胶囊整理		吸收或反射热量（调节温度）	耐久
相变整理			

性能很重要的一种织物整理。例如，我们会经常询问供应商织物的收缩率是多少，应预留多大的收缩量。

注：许多化学整理工艺往往用于抗虫蛀、易洗、医药、维生素和气味管理。

高性能面料

保持温暖干燥是高性能面料的一个重要性能。

保暖

通过减少空气流动来维持身体的热量（隔热）。织物保暖可通过以下三种方式实现。

绗缝：将两个织物层与中间隔热层缝合成一个单独的厚实织物。

• 填充羽绒、羽毛，纤维填充物，羊毛，棉或木棉纤维。

夹层服装：

• 摇粒绒内胆与外层防风夹克。

• 在上述服装中添加具有芯吸效应的内衣。

织物黏合或层压到一起：

• 一面保暖，一面防水。

保持干燥

水分不能从皮肤向外散发，这在有风寒冷的季节会危及生命。以下是三种水分管理类型：

芯吸导湿：水分沿着纤维表面结构从湿润区转移到干燥区，如异形吸水纤维。这类织物快干且质轻，能最大限度地减少皮肤擦伤对运动员带来的伤害。

防水：

• **拒水**：一个半耐久性整理，允许水分在织物表面凝结成水珠，然后抖落，但是如果水珠长时间停留在织物表面，则会被织物吸收。

• **防水透气**：耐久微孔薄膜，能够阻挡衣外水分进入，允许衣内水蒸气、空气通过，与外层防水织物复合。

• **防水**：不透气的薄膜，永久性防水。

吸湿

水分能够渗入纤维和织物，进而蒸发冷却皮肤，这可以降低体温，然而这种冷却效果在炎热的天气下却是件好事。湿而重的织物能够导致皮肤擦伤发炎，给竞技运动员增加负担。

图中滑雪服的面料经过了化学整理，能够阻挡衣外水分进入，允许衣内水蒸气排出，保证了儿童衣内温暖而干燥。在进行裁剪和缝制前，面料背面复合了一层防水透气膜或透气微孔膜。

外观整理和功能整理对环境的影响

纺织品整理的创新使得织物性能更加优良，保养起来也更加方便。消费者也已经发现服装穿着和洗涤起来比以往更加方便、更加快捷。但目前尚不清楚的问题是，随着时间的推移，这些新型整理技术是否会对穿着者或对环境造成怎样的影响。这就是为什么我们要在此讨论这些新型整理技术的原因。

穿着者的安全问题

大多数服装都是贴身穿着，面辅料上的化学物质或其他有害物质很容易被皮肤吸收进入体内，当服装贴身穿着一段时间后，这种影响就显而易见了。

漂白剂或其他用于牛仔水洗的整理剂

整理后的牛仔面料中保留了多种整理剂的剩余成分，然而各成分的具体含量有多少以及这些混合物被皮肤吸收的具体情况都是未知之数。

抗菌整理

在杀死织物上的细菌时，抗菌整理是否也杀死了皮肤上对人体有益的细菌？在抗菌整理剂中对使用人又会有什么样的长期影响呢？

纳米整理

一些极其微小的微粒常被用于改变织物特性。抗皱和抗油污的纳米整理技术中的纳米粒子，有潜在的被皮肤吸收的可能，其小于普通分子的直径使得纳米粒子比其他分子更容易被吸收进体内。至今为止，有关纳米整理对人体的长期影响的研究尚未获得较为深入的突破。

微胶囊整理

纺织品整理的新领域充分展示了其在医疗、军事、运动和普通消费领域应用的大好前景。而微胶囊整理中使用的黏合剂和微胶囊中的其他物质，对人类和环境的长期影响至今仍未得以全面研究展现。鉴于这些含微胶囊的织物将要贴身穿着，因而人们对胶囊里所含的各种各样的物质都应该有一个全面而深入的认识。

关注环境

为了满足市场需求，织物性能被不断强化，设计师们不断设计制作出各种高性能服装。但是，当消费者废弃服装时，曾经用于织物整理的化学试剂就会对环境产生影响，而这些影响的具体表现尚在研究之中。例如，服装的使用周期曾得到广泛研究。然而，当这些经化学整理（特别是纳米整理和微胶囊整理）后的织物最终被废弃时，其对环境的影响依然是个未知数。我们必须对这些整理技术的使用寿命建立起更深入、全面的了解。

纤维回收技术的发展将会要求对那些已经添加到织物里（尤其是棉织物）的化学整理剂进行分析。怎样更加有效地对棉纤维进行再利用的问题目前尚在研究阶段，但是当学习怎样回收和再利用棉纤维产品时，曾用于棉织物的整理技术则一定要被考虑进来。

作为一名设计师，你能够提出关于最新整理技术如何影响环境这些重要问题，同时也要对这些问题保持警惕，因为它们足以影响纺织产业如何对自己的行为负责。

服装保养

我们每个穿衣服的人几乎都会有过服装水洗和烘干的经历，其中有些人还会把服装送去干洗。

据统计，织物、服装生产和使用过程中所消耗的能源和水，其中将近80%是用于消费者清洗服装。为消费者提供简单、有效的洗涤、保养说明，从而尽可能减少能源和水的消耗，这是设计师义不容辞的责任。

消费者服装保养对环境的影响

现在是时候重新思考设计师该如何指导消费者怎样保养服装才能更加节约能源和水资源这一重要问题！设计师需要引导其使用生态产品，尽可能地减少被排放到水供应链和环境中的废弃化学物质。

服装的洗涤

· 使用凉水，减少能源消耗。

· 减少水的消耗——除非有绝对需要，否则不洗涤服装。

· 避免使用含有不必要的染料与香料成分的洗涤剂和肥皂，因为这不仅对提高清洁效果毫无益处，染料和香料还可能会刺激皮肤，引发哮喘。婴幼儿服装和老年人服装尤其要避免使用含有染料、香料的洗涤剂或肥皂，同时也要避免含氯漂白剂。

洗涤后的干燥

· 尽可能避免使用滚筒式烘干机，尤其是干燥牛仔面料衣物时。

· 可以使用萃取器去除湿的服装中的水分。

· 吊挂晾干或平铺晾干。

另一种洗涤——干洗

服装干洗有害人体健康，所以要尽量减少使用。干洗适用于那些用水洗涤会受到损害的织物，但是干洗所用的化学试剂会对工作人员及干洗服装穿着者产生危害。

· 减少干洗次数或使用对环境无害的干洗剂，如二氧化碳"冷"干洗剂或其他美国环保局批准的干洗剂，避免使用含全氯乙烯化学物质的干洗剂。

· 鼓励那些可以水洗的服装尽量都进行水洗，避免干洗。

· 建议消费者避免在封闭空间存储干洗物品，如不通风的壁橱或房间。

· 避免在婴儿和老人周围使用含化学物质的干洗剂。

注： 工厂提供的服装保养标签，为消费者的使用提供了指导。然而，决不要认为这些保养标签的信息完全可靠，因为大多数保养标签并没有得到定期分析是否有更好的服装护理方式能够被应用其中。

服装护理标签应该建议消费者在护理新服装时减少水、化学物质和能源的使用，也许标签上注明二氧化碳的减少量，将有助于消费者清楚他们能够为减少碳排放所作的贡献。

环境因素

服装主要有两种清洗方式，每一种方式都会对环境产生一定的影响，设计师在设计服装时需加以考虑。

1.水洗（水，常温）

清洁剂
· 肥皂（天然成分，但对涤纶、锦纶、氨纶、腈纶织物效果不明显）。
· 洗涤剂（含化学合成物质的清洁剂，能够有效去除化学纤维或混纺织物上的污渍、沾色）。

漂白剂：
· 含氯漂白剂或不含氯的漂白剂。
· 荧光增白剂（可掩盖污渍）。

柔软剂： 使织物手感更柔软，减少烘干过程产生的静电。

水洗服装干燥：
· 滚筒烘干机烘干：需使用能源。
· 悬挂晾干或平铺晾干：不需要使用能源。
· 可能需要对洗涤后干燥的服装去皱。

2.干洗（化学试剂，高温）

我们需重新审视用于清洗服装的化学试剂：
· 全氯乙烯（PERC）（可致癌）。
· 不含全氯乙烯的化学试剂。

干洗剂释放的有害气体在干洗店可以受到控制，但是在家里却不可以。不仅如此，用于干洗服装的高温及高压也应该重新审视。

纺织品目录

　　服装设计师的工作就是从二维平面中创造出三维立体的结构。就好像画家在画布上使用颜料一样，织物就是服装设计师的颜料，而人的身体就是画布。清楚地理解了这一点之后，我们就可以开始"为设计选择最好的面料"的旅程了。

目录简介

设计师用富有感情的词语来形容他们的设计作品，并且所用到的面料必须能够反映出他们的设计意图。在设计师与纺织业间总会有这样一些疑问："根据'高科技舞曲'你想表达什么？""'尖锐'是什么意思？""解释下'新锐'"。

设计师以外观、廓型以及好的构思来设计服装，而不会为了让纺织企业能够理解这样的设计而轻易转换他们的设计。因此，一个设计师完成他们的设计理念，然后从面料供应商那里寻找适合的面料，沟通上的分歧也有可能随之产生。

本部分的内容就将解决这类分歧，以便设计师能够将面料作为媒介，进而更好地表达设计理念。本书的目的是为设计师提供一些面料选择上的专业知识，从而在向供应商采购面料时表现得更加自信。

本章将向设计师介绍五大类面料，从而帮助他们获得良好的设计外观及服装廓型。为了方便设计师应用，这五部分内容分别以面料的重要程度进行划分，以彩色图标作为简明标注，从而满足了设计师的面料选择诉求。

服装结构本身就是在身体之外构型并运用线条来塑型，以及在细节处的缝合。

军装夹克

这是一种富有结构和剪裁要求的外套，它的门襟配有装饰用的金属拉链，但同时也是出于一种功能需求。

服装的流动性是指面料能够随着身体的运动而表现出像水一样流畅且富有韵律的动感。

结合

动感的、贴满亮片的针织束腰外衣与飘逸的乔其纱短裙，再搭配与其形成鲜明对比的、挺括的定制大衣，整体搭配呈现出一种色彩与质地的动态结合。

装饰物是设计师用来点缀细节并强化设计使之更具吸引力的重要部分。

夸张的外形是一种不依托人的身体而适当夸大外轮廓的设计手段。它可通过扩大服装的轮廓来达到改变体型的效果。

挤压身体是达到塑型目的的有效手段之一。设计师通过收缩和舒展身体以得到预期的设计效果。

繁复的细节

这款黑色与红色搭配的连衣裙，通过将漂亮的装饰物整齐地镶嵌在轻柔、透明的面料上，从而营造出一种精致的细节之美。

扩大外轮廓

本款红色长裙通过面料来达到扩大裙身外轮廓及收紧上身线条的双重效果。

整体效果

这套服装将塑身衣以及裙摆处有镂空设计的紧身裙与质地上有鲜明对比效果的定制夹克相搭配，借以营造整体的穿着效果。

第一章　面辅料组织结构

无论你是否是一名新入行的设计师还是想要获得新突破的设计师，在纺织世界中，面料无疑是为你提供丰富的面料组织结构方面的重要支持。然而，对于设计师来说，与选择过于有限相比，拥有太多的选择也同样困难。

许多面料能够提供必要的组织结构，其中有两个关键点对于设计师来说尤为重要，即面料表面肌理的丰富及如何实现它，这对于设计师与顾客间情感的沟通联系尤为重要。全球纺织博览会通过将面料按照不同的面料组织而分门别类，进而稳定了这种沟通联系。"法国第一视觉面料展"就开发了特定职业装和休闲装部分来展示大部分有特定组织的面料。纤维含量对于面料用途尤为重要。例如，羊毛含量在职业装中可作为重要的指标，而棉纤维含量则是休闲装的重要指标。对于设计师而言，设计中最重要的便在于选择面料，其所选择的面料组织必须能够充分展示服装的视觉效果。

如何应用织物的组织结构

织物组织是服装设计的身骨，其本身就可以造型，并且需要特定的织物特性以实现服装轮廓造型所需的褶裥和重量感。

褶裥：织物必须被固定在一定的部位，而不可以随意改变原有造型。这就要求织物通过缝纫线来达到这一目的，而这也意味着缝纫线是设计中的基本要素，如牛仔夹克中的缝纫线。机织物有较好的保形性，这也意味着在一般情况下，机织物要比针织物

造型感强的连衣裙

用于这条长裙的面料是一种不易随身体运动、手感较硬挺的面料。当模特运动时裙身基本不会随之而动，而袖子却能紧贴于臂膀。这种枪灰色金属质感的面料赋予这条连衣裙一种挺括的独特气质。

手感更硬挺。针织物一般易起皱且保形性差。减少褶裥的方法有很多，本书中也将就此做一定的介绍。

　　重量：在设计中，织物必须有足够的重量来衬托服装的造型。中等重量乃至特别厚重的织物是设计中最常用到的。因此，轻薄型及透薄型织物一般不作为结构感强的设计选择。对轻薄型织物增加重量，就像本章中提到的那样，可以一定程度上提高塑型的效果。

结构型织物多种组织形式

　　在设计中，对于织物组织形式选择的关键是要了解纤维的组成，纱线及根据面料所要表现的外观而选择实现的技术。另外，为展示用于造型的面料，本章将向设计师介绍如何把一块面料设计成能够用于造型的面料，以获得设计想要达到的视觉效果。

在纤维方面的革新及织造技术

　　织造技术在如何使面料更加富有结构特点方面起到了越来越重要的作用。织造费用的不断增加使得越来越多的纺织工厂将注意力从纤维组成和面料本身转移到功能性的开发，特别是结构型织物的开发。设计师选择纤维组成和面料，然后在设计中使其富有一些结构造型方面的功能。

定制外套
　　这款大衣外套是一款典型的结构型设计，它采用平整光滑、富有光泽感的面料，并且展示出极其细致的缝线。门襟的暗扣突出了大衣外套的对比感强烈的板型设计。

结构

　　左页的图中，炫目的金属外观的袖口设计与轻薄透明的针织物相拼接，质感对比强烈。右页图中，硬质的边缘与腰臀处层叠的设计是这件作品的设计重点。在这里，腰部挺括的面料外观与上装柔软的面料质感形成了鲜明的对比。

上等细布

上等细布有时也被称为棉细布（采用棉纤维）或亚麻手帕布（采用亚麻纤维）。

该面料质地轻薄、表面光滑、结构较为紧密，纱线之间留有空隙，可以透过光线和空气。因此，采用较细纱支的纱线是设计开发漂亮且透气性良好的面料的关键。

由于上等细布面料质轻、导热性好，因而在炎热的天气中深受广大消费者的喜爱。尽管接缝处容易缝合，但是如果缝纫张力得不到监测和控制，那么就会造成缝合处出现褶皱等不平整现象。

细支棉纤维经常被用来加工成加捻均匀的纱线，从而产生光滑的表面；丝光处理可以提高面料的光泽和强度。另外，细麻纱线会产生竹节表面，其面料手感比棉纤维更硬挺、更爽滑。细纺涤纶纱具有与丝光棉面料类似的效果，但其悬垂性非常好。涤/棉或涤/亚麻混纺纱线可用来降低生产成本和提高织物的抗皱性能。

白色麻布面料在炎热的天气更加受欢迎。该面料质地轻薄、结构疏松，更适合制成给人以凉爽感觉的浅色织物。

亚麻手帕布

注意织物由细支竹节纱（不规则形状）形成的竹节效应的外观。这种不规则的形状是由主体纤维的粗细不同造成的。

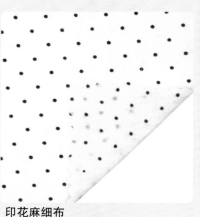

印花麻细布

针点形式的图案被印在了这种中等品质的麻细布上。

印花棉细布

精致的印花图案在这种高品质的棉细布上得以完美体现。

棉印花布

　　这种质轻、廉价的面料，有时被称为塑料布，经常被用于制作低成本的印花纺织品。一般的普梳纱（廉价的棉纱）就可以形成较平整的表面。该面料正面有轻微的毛羽感，手感较硬，主要是由于该面料是由粗支的、普梳的低品质纱线纺制而成。

这种面料实用、流行，主要应用于童装、廉价的衬衫和家居装饰领域。由于其成本低，因而颇受客户欢迎。

　　该面料通常是由100%的棉纤维纺制而成，但涤棉混纺可降低成本，改善其抗皱性能。但是如果是混纺，印染过程必须使用涂料，这可能会增加面料手感的硬度。请参阅第81页中未漂白棉布。

该印花面料效仿了一种色织格子布的方格图案外观。绿色涂料增加了面料手感的硬挺感。

请参阅第81页中未漂白棉布。

实际案例

显著特征
· 表面光滑，有轻微的绒毛感。
· 织物手感略微生硬。
· 几乎都是采用印花工艺，通常为涂料印花。

优势
· 质地轻薄。
· 低成本印花面料。
· 保形性好。
· 如果采用棉/涤纶混纺会具有更好的抗皱性。

劣势
· 经过一次洗涤后通常会缩水，硬度降低。
· 印花图案的颜色很容易褪色或渗透。
· 如果是100%纯棉面料，更容易起皱。

通常纤维成分
· 100%棉。
· 涤纶/棉混纺。

给设计师的建议：用于棉/涤混纺印花布的涂料中需要添加黏合剂，在加热（固化）时，将色剂固着在织物表面。织物表面的涂料耐磨性差，经过多次穿着和洗涤后，颜色会慢慢褪去。如果经过改良，涂料黏合剂会较长时间地存留在织物上，并不会明显地使织物变硬，但成本较高。

匹染（面料染色）棉布
　　印花布通常都是由棉纤维纺制而成，由于棉纤维并不能很好地长时间地结合染料，所以染色牢度不高。

湿法印花棉布
　　将金色涂料印在已有花纹图案的棉布上面，是湿法印花的一个例子。这种金色经过多次穿着或洗涤后会慢慢褪去。

高密度织物

自20世纪80年代以来，采用涤纶超细纤维纱生产的高密度面料用于制作功能性户外服装已有多年。这些织物穿着舒适，是因为其透气性好，而且在小雨天气能够防水。

由于超细纤维的成本已经降低，所以近年来时装一直采用这种面料。该面料具有以下功能：

· 大量细支的超细纤维纱紧密地交织在一起。

· 纱线如此紧密地交织在一起，以至于水分子太大不能轻易地通过纱线之间的空隙，而较小的空气分子则可以通过。

· 织物无需后整理即可防水渗透。

高密度织物的概念源于防钻绒织物的设计，它能够阻止织物内部的羽绒钻出织物而产生不适感和造成保暖羽毛的减少。现今大多数防钻绒面料都采用棉花或蚕丝纤维，而这两种纤维

高密度织物通常表面光滑。该面料质地轻，当用于雨衣或防风夹克等功能性用途时，可以将层压材料叠压在该织物背面成为中等质量的织物。

高密度织物内纱线紧密地交织在一起，以至于水分子太大而不能通过，但水蒸气小分子却可以通过。

 织物

 皮肤

都不能防水。目前，起初用来仿蚕丝的涤纶超细纤维成为高科技功能性户外运动服装面料的首选。超细纤维织物质轻，但可以抵御恶劣的风雨环境（这是多数厚重织物具有的特点），仍能保证穿着者的舒适感，这归因于该织物的"呼吸"功能（能够帮助人体散热）。

高密度棉织物

用于寝具和含绒夹克的高密度平纹防绒棉织物（可防止细小的绒毛钻出织物）。

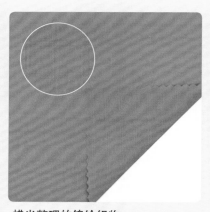

蜡光整理的锦纶织物

黏合在其他织物背面的锦纶平纹织物。蜡光整理是一种高光的、长效的织物整理方法（参见第66页）。"Eco-Circle"是一种典型的、高密可循环的涤纶超细纤维织物。

蜡光整理的锦纶平纹高密织物

涤纶超细纤维织物"Eco-Circle"是由废弃的涤纶外衣处理得到的。另外，蜡光整理也可用于处理织物背面。

显著特征
· 一般为平纹。
· 和其他功能性拒水织物相比，质量较轻。

优势
· 质轻。
· 抗皱。
· 有光泽、手感光滑。
· 柔软、悬垂性好。

劣势
· 可能起球。
· 缝制时，缝纫张力难控制。
· 接缝处的皱纹难以控制。
· 由于控制缝纫张力花费的时间较长，因此缝制时所耗成本也较高。
· 在雨量较大或下雪的天气时很难拒水。

常用纤维成分
· 锦纶和涤纶超细纤维。

设计师小贴士：作为重要的服用拒水高密度织物，有些国家却缺少相应的规范其分类的资格认证。因此，织物背面的蜡光整理可以用于判定织物的拒水性能。

自行车冲风衣
　　左图为能使自行车车手感到干爽和舒适的轻便型高密度自行车冲锋衣。

宽幅布

宽幅布一般作为衬衫面料，它已成为品种众多、应用广泛的一种织物。这种有着水平棱纹的织物上的棱纹不易看清，所以易与方平组织织物混淆。该织物有一种自然的硬挺度，从而较适合用于衬衫的衣领、袖口以及口袋等服装部位。

宽幅布适用于多种纤维。织物的手感、外观和悬垂性一般取决于纤维的组成和所用的纱线。织物价格一般首先取决于纤维组成。除所用的纤维外，纱线也应该足够光洁且加捻均匀。

含100%棉纤维的、有细的水平棱纹的宽幅布，在高对比度的数码印花图案映衬下使得织物上的棱纹更加不易分辨。

比马棉宽幅布

比马棉宽幅布通常用于男士衬衫，其中的比马棉纤维赋予了织物一定的光泽感和柔软的手感。

色织宽幅棉布

在织造前对纱线进行染色使织物固色时间更长。虽然纱线染色需要耗费更长的时间，但其染色质量比直接印花更好。

真丝绸

蚕丝富有光泽，可以织造高级宽幅布，多用于制作定制衬衫裙装。这种非方平、有棱纹的平纹组织赋予织物硬挺的手感。

府绸

　　府绸是当今应用最为广泛的织物品种之一，织物属平纹组织。这种面料的棱纹比宽幅布的棱纹更突出，织物密度较大，因此它的纬纱显得较粗。

府绸之所以能应用如此广泛，其原因在于它的织造方式。纺织厂多采用相同细度的经纱，但可根据顾客要求更换纬纱。织物重量范围较广，轻薄的面料可用于制作男女衬衫和薄型裤子，较重的面料则用于制作夹克、裤子和短裙。

　　由于可以随意变换纬纱，使得府绸最适于混纺和交织，如经纱是一类纤维，而纬纱则可以是另一类纤维。纤维成分和纱线规格决定了府绸的最终用途。

由经纱100%锦纶和纬纱100%棉纤维交织的纯色府绸。这类府绸广泛用于外衣、休闲裤装和短裤、短裙。

设计贴士

　　棉纤维与不吸水纤维（如锦纶）或其他速干纤维（大麻纤维）混纺能够降低烘干织物时能量的消耗。

实际案例

显著特征
・突出的水平棱纹（十字菱形颗粒状）。
・织物略硬挺的手感取决于纱线规格和纬纱中的纤维成分。

优势
・手感硬挺（与锦纶混纺可增加其硬挺度）。
・纤维成分和价格范围广。
・有清晰的棱纹。

劣势
・棉府绸抗皱性差。
・织物的棱纹易受磨损。

常用纤维成分
・55%棉纤维/45%锦纶，多用于制作轻质夹克、裤装以及衬衫。
・55%涤纶/45%锦纶，多用于制作外衣。
・100%涤纶，多用于制作外衣。
・100%锦纶，多用于制作外衣。
・100%棉纤维。

锦纶/棉府绸

　　背面有经过拒水处理的涂层、纬纱为锦纶的中等质量的府绸，强度较高，适用于男装休闲夹克和裤装。

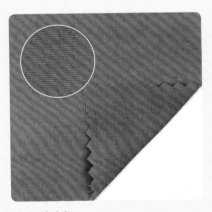

锦纶/棉府绸

　　这种府绸常用于制作长裤和短裤。由于含有锦纶纤维，且没有经过涂层处理，因此织物易晾干。

100%棉条纹印花府绸

　　属于低品质府绸，织物质地较稀疏，条纹印制在府绸上。

格子布和格子呢

由几何图案和不同颜色排列组合的织物称为格子布或格子呢。

格子布通常有两种颜色，格子呢有三种或多种颜色，且组合更为复杂。这两种格子都是从最初的纱线阶段进行染色，再经过织造而成的。但是，这个过程需要的时间较长，而且限制条件也较多。目前，格子布可通过交染的方法或传统的染色方法得到。

传统的色织织物，包括最早来自于印度的马德拉斯格子布，目前仍旧在劳动力成本低的国家进行生产。然而，由于染色过程中的污染问题，越来越多的低廉织物开始采用涂料印花的方法生产格子布或格子呢。这种格子布不需要高强度的劳动力和过度消耗的水资源，产量低。格子色织物一直用于男装衬衫和高端女士

这种马德拉斯格子布是由许多格子通过机械连续循环拼接在一起的。它上面的格子既相互统一又各自不同，且这种不同带有一定的随意性。

衬衫。对于低端市场，则一般采用印花技术来制作格子布。

给设计师的建议：

·格子布和格子呢在成衣设计中必须注意接缝处的匹配，以防出现不平衡或脱节错位的外观而造成的视觉混乱。

·有彩色图案的织物经过清洗和摩擦后出现脱色是一种很普遍的现象。在织造这类织物前先对纱线进行染色，是提高织物染色牢度的重要途径。

彩色格子布

由两种颜色、四方形交织的轻质或中等重量的彩色格子布。

交染格子布

由三种不同纤维的纱线织造而成，当同时放入同一染浴后，由于每种纱线的上染程度不同，从而使织物呈现出一种多元色彩的格子效果。

色织的窗格花纹

色织斜纹法兰绒有窗格花纹的图案特征。

实际案例

显著特征
· 图案醒目可人、有多种颜色组合。
· 格子可为正方形或长方形。

优势
· 设计图案丰富。
· 可使用多种纤维和纱线。
· 图案灵活——可通过织造或印染的方式
　生产格子布。

劣势
· 可能会脱色，这取决于生产这种面料的
　方法。
· 格子之间务必匹配与吻合。
· 长方形格子布不适用于斜裁服装。

常用纤维成分
· 适用任何纤维或纱线种类。

相配与不相配的格纹布
　　右下图为拼接有不同斜纹和竖条
纹理的格子图案的男士外套。为了使
格子协调，在处理织物时必须采用与
单色织物不同的处理方法。重要的
是，所设计的格子及其排列方式务必
能使设计的服装外观效果更加突出。

牛津布

牛津布是最流行的一种衬衫面料，特别适用于男士衬衫。这种面料采用重平组织，纬纱较粗且与多根较细的经纱交织。

津布一般较重，多用于裙装。它易裁剪、接缝处缝合较好且易于正面明线缝合。这类传统的织物一般适用于男装，尤其是休闲男装和领圈带有纽扣的男士衬衫。

尽管这类织物一般是单色（大部分情况是白色或粉蜡笔色），但其经纱染一种颜色而显得较粗、较重的纬纱则多染为白色，这使得织物呈现出一种"条纹"效果，从而比单色织物减少了正式、刻板的视觉感受。

牛津布的品质取决于纱线规格，纱线越细，织物品质越高。针点牛津布的纱线为较长的棉纤维纺制而成，故使得其纤细且富有光泽，进而使针点牛津布成为一类高品质的织物。织物表面光

放大图

该款条纹牛津布采用红色与白色纱线的精梳棉制成。织物表面光滑，有光泽感。这种外观效果是由于后整理技术加工后形成的。

泽感强且织物中的纱线被紧密地交织在一起。虽可使用同样的方平组织，但牛津布表面光泽感更强且织物手感更柔顺，这是由于所使用的纤维为高品质的棉纤维。

条纹牛津布

牛津布有时是色织条纹，如上所示。条纹牛津布是由不同颜色的纱线排列织成，经纱线都是彩色和白色。纬纱总是用白色的纱线给予条纹效果。面料正反面相同。

牛津条纹布

该织物使用蓝色与白色的纱线交错而成，产生了带有条纹的外观。单色牛津布是可以织成的，但大部分牛津布是条纹交织的。

点织条纹牛津

该织物必须使用高质量的棉纤维，这样才会手感光滑且视觉效果奢华，极富视觉吸引力。此款牛津布采用了精致、高捻的棉纱线。

实际案例

显著特征

- 织物为粉笔色或两种颜色交叉的条格色效果，有一种灰白色调的纹理外观。
- 与纯白色相比，粉笔蓝色的牛津布同样非常受欢迎。
- 通常为不平衡的方平织物，一组经纱与一根较粗的纬纱交织。
- 针点牛津布的经纬纱规格相同，但所用纱线较细，织物表面富有光泽且手感丝滑。

优势

- 价格合理。
- 容易辨认。
- 在男士衬衫面料中，针点牛津布价格较高。

劣势

- 棉/涤纶混纺的牛津布起球现象明显。
- 低品质的牛津布易在接缝处脱线。

常用纤维成分

- 100%棉纤维或棉/涤纶混纺。

牛津布衬衫

　　此类织物能被很好地按压并进行正面明线缝合，在设计中，这使得服装的缝线边缘干净整洁，很适合用于制作男士衬衫。

表面光亮整理：蜡光整理和轧光印花

光泽是织物所必须具备的特点之一，它关系到织物的价格和品质。通过蜡光或轧光整理来使织物获得那些高贵织物所具有的光泽感，对于设计师来说，这是一种性价比高且效果显著的整理方法。

面光滑的平纹棉织物，如上等细亚麻布或白棉布，可通过这种轧光整理来使织物获得富有光泽感的面料外观。但这种轧光整理是一次性的，只能经受一次洗涤。价格低廉的白棉布可通过光亮整理来提升价值，然而在一次清洗后，这种光泽便会消失。持久性更强的轧光印花整理目前已经得到应用，但价格要比之前更贵。蜡光整理只适用于涤纶织物，可使其光泽感更强，这也使得织物好像"湿润"了。与轧光整理相比，这种蜡光整理后的效果可持续很久。

低品质的红色棉织物，但通过轧光整理获得了更富有光泽感的外观，与此同时，也使织物手感更加硬挺，从而提高了面料的品质感。

实际案例

显著特征
- 经过整理的棉织物光泽感更强、手感更顺滑。
- 经过整理的涤纶织物呈现出"湿润"、顺滑、光泽感更强的外观。
- 处理后的织物手感更挺括。

优势
- 富有光泽感的面料外观。
- 手感挺括。
- 蜡光整理持续时间更长。

劣势
- 轧光整理是一种临时的处理手段，只能维持一次水洗或干洗。
- 缝制时的张力难于控制，因此缝合处易起皱。
- 处理后的织物不能二次缝合，因为第一次缝纫时留下的针孔可能会留在织物表面。

常用纤维成分
- 100%棉纤维——轧光整理。
- 100%涤纶纤维——蜡光整理。

背面经过蜡光整理的叠纹织物

蜡光整理可用于几乎所有的光滑的涤纶织物表面。织物表面有木材的纹理，而其背面经过了蜡光整理。

金属处理

表面经过金属热传导处理的黏胶纤维/棉织物。为了更好地应用，建议与涤纶或锦纶进行混纺。

轧光印花

图为经过临时轧光整理的平纹印花棉织物，但经过一次洗涤后，这种光泽就会消失。

表面起皱：泡泡纱和泡泡绉

泡泡纱特殊的皱缩外观，通常是条纹或格子图案，一般用于制作气温较高时的夏季服装。

尽管大部分泡泡纱织物是100%棉纤维，但却基本上不需要熨烫与抗皱整理。此类织物通常是条纹的，但也会有格子图案，沿竖纹方向起皱。涤纶/棉混纺泡泡纱比100%棉纤维泡泡纱价格便宜。中等质量的泡泡纱适用于夏季服装，如上装或裤装。

另一类起皱织物——泡泡绉，是一种可模仿高档泡泡纱的织物。泡泡绉属轻型织物，常用于夏季服装。平纹织物，如上等细布或床单布，通过热处理或化学整理可获得皱缩的织物外观。泡泡绉通常用于制作儿童服装和低廉的女士上装。

上图为用于制作夏装或裙装的多色条纹泡泡纱。皱缩的织物表面易于裁剪，与此同时也增加了织物结构方面的性能。

实际案例

显著特征
· 织物表面呈泡泡状，通常为竖条纹状。
· 泡泡纱通常是色织的条纹或格子织物，又或者是多色的格子印花织物。
· 泡泡绉通常是一类较厚重的素色或印花织物。

优势
· 无需熨烫的、皱缩的织物外观。
· 手感挺括。
· 织物外观十分受消费者欢迎和喜爱。
· 由织造本身而产生的皱缩不易随时间而消失。

劣势
· 经化学整理的100%棉或棉/涤纶混纺泡泡纱表面的皱缩易随时间流逝而消失。
· 涤纶泡泡纱热敏感性强，特别在高温天气条件下会使穿着者感到不适。

常用纤维成分
· 100%棉纤维或棉/涤纶混纺泡泡纱。
· 100%棉纤维、棉/涤纶混纺或100%涤纶泡泡绉。

用于西装的中等质量泡泡纱

用于西装的、典型的、中等质量色织条纹泡泡纱。

100%棉纤维泡泡纱

经过化学整理的上等亚麻细布，收缩处的印花条纹使其获得一种皱缩的效果，但这种效果可能会随时间流逝而消失。

格子图案泡泡纱

由四种或四种以上的色纱织造而成的格子泡泡纱，其所用格子图案必须吻合设计意图和织物组织。

多臂提花织物

　　由织物组织织造出纹理的织物。纱罗组织通常会在织物表面留下一定的小孔（见左下图）。

此类织物通常用于夏季服装，但由于其织造过程比较繁琐，所以相对于其他基本织物来说，多臂提花织物价格往往会更高一些。多臂提花组织由几个小型的组织复合而成，在织物上会产生小型的几何图案。例如，一种织物可以由平纹组织、缎纹组织和重平组织一起复合组成具有特定组织结构变化的缎纹多臂提花织物。

　　多臂提花织物组织种类丰富，为形成表面的几何纹理结构提供了很大的创造性，尤其广泛应用于制作高档男、女衬衫上。虽然多臂提花织物的组织结构不容易辨别，但是它常常能创造出丰富的表面纹理。多臂提花织物只能通过机织来实现，针织则无法做到。

放大图

　　此种白色条纹提花织物是由缎纹与成组经纱垂直排列形成的平纹共同组成。在条纹图案中是值得注意的表面纹理结构。

白色纱罗提花织物

　　适于轻质夏季衬衫的纱罗提花织物。

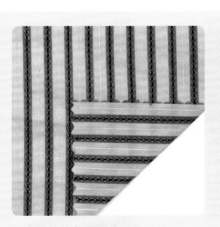

含金属纱的条纹提花织物

　　在高档衬衫面料中应用广泛的条纹提花织物，该样品中添加了金属丝。

钻石图案提花

　　有几何图案的条纹提花织物，多用于男士或女士休闲衬衫。

显著特征
- 通过小型几何图案能创造出丰富的质地和肌理。
- 可通过不同的组织形式设计织造出众多风格迥异的织物。
- 表面纹理凹凸，富有变化。

优势
- 组织纹理图案丰富。
- 颜色繁多，可通过色织或印花创造出品种多样的织物外观。

劣势
- 棉/涤混纺织物，起球明显。
- 实用性有限，尤其是高品质的棉提花织物。

常用纤维成分
- 100%棉纤维或棉/涤纶混纺，多用于制作衬衫。
- 100%涤纶或与锦纶混纺，多用于制作衬衫或质地柔软的上装和裙装。
- 为满足不同需求而加入特殊纱线，进而使织物获得不同的外观效果。

有高低阴影纹理的提花织物

    这种有高低阴影纹理的提花织物由多种组织构成。深浅不同的颜色赋予这类厚重型织物一种丰富的颜色效应。

塔夫绸

　　塔夫绸是大众所熟知的织物种类之一。它质地细密，采用十字状重平组织、摩擦起来有"沙沙"声。塔夫绸的织物密度大，通常由简单的复合长丝织造而成。由于此类织物质地挺括，因此是制作裙装的理想面料，同时也适用于制作其他正式场合的女装。

塔夫绸极具视觉吸引力的重要特征是其颜色的变化多样，可用于制作女士正装、裙装以及外套。尤其是彩虹色的塔夫绸面料具有独特的闪光效应，这也是其流行的原因之一。这种彩虹色是由不同色彩的经纬纱线交织而成，类似于牛津布（参见第64页）。明亮的复合长丝织物对光角度的变化而反射出不同光线，就好像如果织物移动，其颜色便会随之变化。图中所展现的便是一种有彩虹色闪光效应的塔夫绸。

放大图

　　由两种不同颜色的纱线（黑色和深紫红色）织造而成的塔夫绸，优雅高贵，适用于晚装礼服。塔夫绸与众不同的挺括外观特别适合于表现服装的轮廓造型和折叠的细节设计。

　　塔夫绸也类似于府绸（参见第61页）。在纺织业中，塔夫绸通常由复合纱制作而成。较明亮的纱线用于制作女士正装，较暗的纱线用于制作运动服和其他形式的外套。

有条纹设计的塔夫绸

　　塔夫绸可设计为条纹或格子图案，一般为色织。

用于滑雪服的塔夫绸

　　由于塔夫绸是一类细密的织物，因此它可具备防水的功能，可用于制作滑雪服或滑雪夹克。用于这类服装的纱线要比用于女装的锦纶/涤纶混纺纱线手感更柔软且颜色更暗，从而使织物更柔软、"沙沙"声也相对减弱。这是一种称为"Eco-circle"的涤纶塔夫绸。

起皱处理的塔夫绸

　　通过热整理技术得到的起皱的塔夫绸，其上的褶皱除非遇到高温，否则不易随时间流逝而消失。

实际案例

显著特征

- 质地细密、重平组织，光泽感强。
- 手感硬挺，尤其是锦纶混纺的塔夫绸。
- 随织物移动，有典型的"沙沙"声。
- 多用闪光色。

优势

- 挺括，是夸张轮廓设计的理想面料。
- 光泽感强、重平棱纹状纹理，闪光色，特别适合于制作女士正装。
- 织物纹理使其光泽更好、棱纹图案富有变化。
- 涤纶/锦纶混纺织物特别适用于制作外套类服装。

劣势

- 织物发出的"沙沙"声，一般不太为消费者所喜爱。
- 不适用于较多分割线的设计。
- 易起皱。

常用纤维成分

- 最初用蚕丝，而目前更多地使用涤纶和锦纶，这使其更实用且功能性和保形性也更好。
- 涤纶超细纤维纱线常用于制作运动服或户外服装，"沙沙"声有所减少。
- 醋酸纤维也常用于织造塔夫绸。

塔夫绸夹克

　　深色塔夫绸夹克，突出了织物的光泽感。由于塔夫绸质地一般比较僵硬，因此由其制作而成的服装一般不会太贴身。

菲尔绸和罗缎

菲尔绸与塔夫绸类似（参见第70页），但它的十字横棱纹更加明显。罗缎与菲尔绸类似，但其横棱纹比菲尔绸的略宽。

菲尔绸常用复合丝作为经纱，纬纱较粗且数根分为一组，并与经纱交织形成一个棱纹。通常无论菲尔绸用何种纤维织造而成，都被认为是适合制作裙装或正装的面料之一，这是由其显著的棱纹及其硬挺的手感决定的。

由于类似塔夫绸的光泽外观及挺括手感，菲尔绸便成为定制服装的最佳选择，如西服套装和有塑型效果的服装。然而，菲尔绸并不像塔夫绸那样流行，因为其明显的纹理可能会给设计造成困难，如拼接。此外，由菲尔绸结构的稀疏而导致的易滑脱性也是其适用性较弱的重要原因之一。

菲尔绸横棱纹效果较明显，不仅因为其较粗的纬纱，还因为其经纱中加入了其他颜色的纱线。棱纹较粗的织物比棱纹较细的织物手感更硬。

实际案例

显著特征
· 明显的十字棱纹纹理、织物比塔夫绸稀松，棱纹更明显。
· 织物富有光泽感。
· 手感硬挺。
· 无明显"沙沙"声。

优势
· 面料挺括，是表现夸张轮廓设计的理想面料。
· 光泽感强、横棱纹纹理，具有闪光色，特别适合于制作男女正装。

劣势
· 明显的棱纹会导致拼接时的困难。
· 接缝处易脱线，因此对轮廓设计有所影响。
· 易起皱。

常用纤维成分
· 经纱用蚕丝，纬纱用棉或羊毛。
· 涤纶/锦纶/醋酸纤维/黏胶纤维混纺纱作为纬纱。
· 复合纱常作为经纱。

拼接平衡效应

织物纹理拼接时相对平衡，即对于观察者来说，移动时的织物沿水平线按同一韵律运动。

拼接不平衡效应

在设计时务必确保菲尔绸的纹理保持相对平衡。

山东绸

　　用于山东绸的纱线是不规则形状的纱线，这使织物呈现出"竹节"效应外观。类似于塔夫绸（参见第70页），它们主要的区别在于这种特殊的纱线外观使织物所呈现的纹理不同。

最初用于织造山东绸的纱线是蚕丝，而现在则多用涤纶、醋酸纤维和黏胶纤维。竹节纱的使用使得织物手感变硬，但却适于表现强调服装结构与外轮廓的设计。由于织物上有"竹节"，因此十字横棱纹纹理也更清晰。竹节是随机存在的，所以拼接时也就不存在对称问题，但是否能保持平衡性仍旧是织物做拼接处理时要考虑的重要问题。双宫丝，指由一对蚕卵吐丝形成的不规则形状的长丝，用于织造较厚重的山东绸。

　　由竹节（不规则加捻）纱织造而成的山东绸，100%蚕丝，手感略硬，富有光泽感。

竹节布在接缝处要使角度保持平衡

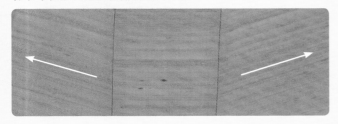

拼接平衡效应

　　尽管不能将不规则厚度的竹节纱面料完美拼接，但笔直的棱纹必须保持视觉上的平衡感。

拼接不平衡效应

　　由于棱纹角度的不同，如图所示，接缝处纹理呈现出视觉上的不平衡。

实际案例

显著特征
- 有竹节、十字横棱纹纹理。
- 易辨识，尤其是其由蚕丝织造而成的外观特征。
- 富有光泽。
- 手感硬挺。

优势
- 挺括，是展现夸张轮廓设计的理想面料。
- 竹节纹理、光泽感强，特别适于制作男女正装。

劣势
- 明显的竹节纹理可能造成拼接时的困难。
- 接缝处易脱线，因此对轮廓设计有所影响。
- 竹节会给缝制带来困难，并且有可能影响织物的牢固性。
- 易起皱。

常用纤维成分
- 用蚕丝或蚕丝废料制成的不规则的纱线。
- 蚕丝与涤纶、醋酸纤维、黏胶纤维的混纺纱。
- 用涤纶或黏胶纤维可模仿竹节的织物外观。

多色蚕丝山东绸

　　多色、色织山东绸给织物一种延伸的感觉，由于颜色的多样而使得其光泽感并不明显。

横贡缎

横贡缎织物常用转杯纺纱线，织物富有光泽、表面顺滑，辨识度高。

较 高捻度的纱线比低捻度纱线的表面更富有光泽。厚重型的横贡缎虽然易得到，但其价格也较高，这是因为其所用纱线规格较细。大部分横贡缎一般为中低厚度的织物，并且用于较柔软但在一定程度上强调外轮廓塑型的服装。棉横贡织物，由于其富有光泽感及风格较正式的织物外观，故常用于制作定制的西服套装或裤装。

印花横贡缎花纹清晰、颜色生动、光滑且富有光泽。

设计师小贴士： 为避免钩丝和漏针，通常选用锋利的、包覆有树脂或圆珠笔笔尖材质的缝纫针。同样，如果横贡缎织造不紧密也会导致在接缝处出现脱线现象。

实际案例

显著特征
- 尽管织物上的短纤维的毛羽感明显，但其表面仍光滑且富有光泽。
- 手感柔软，但沿十字垂直方向略硬。
- 适于拼接缝制的细节设计。

优势
- 光泽持久。
- 保形性好。

劣势
- 100%涤纶或涤纶混纺的横贡缎易起球。
- 易起皱。
- 由于漏针而导致的浮线可能使得织物牢固性变差。

常用纤维成分
- 适用任何纤维。
- 100%棉，如果是丝光棉织造横贡缎，则光泽感和手感都会被强化。
- 涤纶与棉混纺常用于降低成本和提高抗皱性。

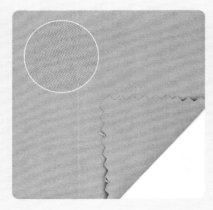

横贡缎
正面浮线为涤纶、背面为棉纱的横贡缎，这也是为什么背面看上去颜色较暗的原因。

染料印花横贡缎
典型的染料印花横贡缎，背面没有花纹图案。

丝网印花横贡缎
丝网印花横贡缎，在织物保持湿润时候进行印花，背面有花纹图案。

婚服缎

缎子的织物表面有长浮线，而婚服缎的浮线较短且织物密度较大。

婚服缎常用复合长丝纱线，其面料光泽柔和、浮线较短、织物密度较大。它易于在最小支撑力的条件下进行足够的外形设计，且保形性好，是理想的婚礼礼服或其他正式裙装的理想面料，同时也适用于夹克面料。

- -

设计师小贴士：织物上的长浮线易造成生产过程中的阻碍，尤其是在缝制过程中。因此，缝制过程中采用锋利的、包覆有树脂或圆珠笔笔尖材质的缝纫针是必需的。同样，顺滑的树脂针脚也十分必要。

饱满的婚服缎常用来制作如雕塑般的服装廓型。此类织物表面有光泽，但不刺眼。这块粉红色的婚服缎对于制作夹克、宽下摆裙子和设计细节要求不多的服装来说是一个不错的选择。

实际案例

显著特征
- 尽管织物上的短纤维毛羽感明显，但其表面仍光滑且富有光泽。
- 手感柔软，但沿垂直方向略硬。
- 适于拼接缝制的细节设计。

优势
- 光泽持久。
- 保形性好。
- 半紧身设计的理想面料。
- 织物光滑且富有光泽。

劣势
- 织物上的长浮线易造成缝制过程中的阻碍。
- 缝制时一旦出现失误，不易被更改。
- 易起皱。

常用纤维成分
- 涤纶复合长丝，或涤纶超细纤维。
- 蚕丝复合长丝。
- 醋酸纤维。

象牙白婚服缎

浮线较短，密度较大的婚服缎，与其他普通缎子相比，缝制过程中的阻碍较少，给人以充实、牢固的感觉。

直贡缎

轻质淡蓝色缎子，所用纱线比婚服缎细，经过树脂整理后使得织物手感略硬，类似于婚服缎，但比婚服缎价格便宜。

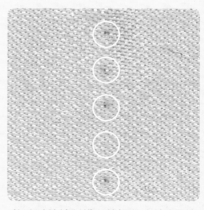

修改过的缝制错误的缎子（放大图）

如果织物被二次缝制，则织物表面仍会留下之前的缉缝孔洞和已破坏了的浮线痕迹。

法兰绒

法兰绒是粗梳毛纱织造的一类柔软、平纹、方平组织，适用于西服套装和裤装的面料。织物正反面经过轻微的拉绒整理，使得织物有一种毛绒的效果。

织物重量取决于纱线规格和织物密度。其中，薄型呢绒是一类夏季西服面料，与法兰绒是同样的织物组织，但没有经过拉绒整理。许多颜色和图案都适用于薄型精纺呢绒和法兰绒。

法兰绒是一类均匀的、有温暖手感的织物，适合初学者使用。此外，对于缝制时出现的失误，法兰绒可以起到很好的遮盖效果，而不会在视觉上显现出织物的瑕疵。

设计师小贴士：厚重型法兰绒通常是细的斜纹织物，而非平纹，同样经过拉绒处理，但这种处理仅限于织物正面。

典型的蓝色厚重型法兰绒织物，其织物表面有轻微的拉绒，适于制作夹克和冬季裙装、裤装。

实际案例

显著特征
· 方平组织明显。
· 纯羊毛织物或羊毛混纺织物表面经过均匀的拉绒处理。
· 用细纱织造的薄型呢绒色泽比法兰绒暗，并且没有经过拉绒处理。

优势
· 正反面外观一样。
· 易于缝制和裁剪。
· 广泛适用于羊毛纤维或其他混纺纤维。
· 手感柔软。
· 保形性好。

劣势
· 薄型呢绒从名称上易与法兰绒混淆。
· 除薄型呢绒外，法兰绒只适用于冬季面料。

常用纤维成分
· 羊毛或羊毛混纺织物。
· 涤纶/黏胶混纺，尤其适用于未经过拉绒处理的薄型呢绒。

格子图案的法兰绒

格子图案的斜纹法兰绒，最初多用纯羊毛织造，发展至今，随着可用于法兰绒的纤维日益增多，已不局限于羊毛纤维。

夏季典型的轻薄型西服面料

用于夏季西服面料的条纹涤纶/黏胶混纺法兰绒，最初多用高品质精纺羊毛以满足轻质的夏季服装需要。

适合所有季节穿着的西服面料

比普通条纹薄型呢绒密度略大，适用于所有季节的涤纶/黏胶混纺织物，尽管只是一类较薄的府绸，但仍归类于薄型呢绒。

绒布

绒布与法兰绒有着相同的组织，但所用纤维为棉纤维，并且只在织物正面进行拉绒整理。

绒布可用来仿制价格较高的法兰绒，可用粗梳棉纱，织物价格低廉。柔软的绒布适于制作婴儿服、睡衣、女士上装以及童装。

虽然拉绒整理可赋予织物柔软的外观，但却使得粗梳棉纱的牢固性变差，也降低了织物熨烫时的收缩变形、撕裂强度以及耐磨强度等各项性能。

注意： 绒布易燃性极高，若用于儿童睡衣，则必须对织物进行阻燃整理。

经过拉绒整理后得到的印花绒布，多用于睡衣或其他低档上装面料。

实际案例

显著特征
· 织物柔软，仅正面拉毛。
· 棉织物手感。
· 常为印花织物。
· 价格低廉。

优势
· 柔软的棉织物手感。
· 体感舒适。
· 易于裁剪和缝制。
· 价格低廉，易得到。

劣势
· 易收缩。
· 拉绒整理会减弱织物的耐用性。
· 易起球。
· 经过拉绒整理的100%棉纤维绒布易燃性极高。

常用纤维成分
· 棉纤维。
· 涤纶/棉混纺。

设计师责任：

当为儿童设计服装时，其安全性最为重要，因此务必对面料进行阻燃整理。然而，这些整理也会使儿童更多地处在各种化学物质和重金属危害中，因而此类长期的、不明显的危害还需进一步调查和研究。与此同时，整理剂中的化学物质和重金属还会对环境造成一定程度的危害。

纯色绒布
正面经过拉绒整理的纯色绒布，但其背面未经拉绒处理。

色织格子斜纹绒布
色织格子斜纹绒布，类似于羊毛格子法兰绒。格子是一类很有趣的图案，如果应用在斜纹织物上，则更有利于发挥设计师的创造性。

亚麻平布

由亚麻纤维织造的粗黏胶纤维仿亚麻布，是春夏季节的流行面料。

亚 麻纤维是韧皮纤维，纤维长、硬且形状不规则。这些不规则的纱线包含部分结节，从而致使亚麻布的织物外观较为粗糙。纱线越粗，其表面的竹节和不规则程度就越明显。纱线规格和织物密度将决定织物的用途。

目前，亚麻布多用于制作西服、裤装、裙装和夹克。它手感硬挺，适用于制作定制服装。与此同时，可对其进行柔软整理，以使其获得柔软的悬垂感。然而，亚麻布弹性差，因此设计时必须考虑起皱问题，需通过抗皱整理来解决这一问题。另外，若用仿亚麻布（使用人造纤维仿造亚麻布），则起皱问题也能够得以解决。

手感挺括、但织物密度却不大的白色亚麻布。这就意味着在设计服装时，需考虑织物的半透明度，如果织物太透，则必须在服装内部加有内衬。

设计师小贴士：亚麻平布一般是指100%亚麻纤维或至少50%亚麻纤维混纺的织物。通常，黏胶纤维仿亚麻布是指用黏胶纤维模仿亚麻织物外观生产而成的仿亚麻织物。

亚麻织物

亚麻织物比以上所示的织物重量都轻，并且通常用于短裙和短裤面料。另外，轻质亚麻布一般都要经过柔软整理以获得格外柔软的手感。

仿亚麻织物

通常所说的平纹厚亚麻布并不是完全采用亚麻纤维，而是100%黏胶纤维，涤纶纤维或涤纶/黏胶纤维混纺，其织物外观与亚麻布类似。

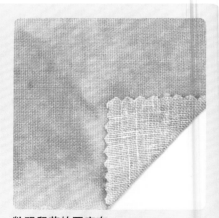

数码印花的亚麻布

尽管经过数码印花的亚麻布有着不规则的织物外观，但仍可在其表面印制精细的复杂图案。

实际案例

显著特征

- 经纬纱有竹节。
- 由于纱线形状不同，织物呈现出不规则的外观。
- 富有光泽，尤其是经过压光机处理后。
- 刚刚制作而成的织物手感硬挺。

优势

- 有竹节纹路。
- 手感挺括。
- 耐久性好。
- 多次洗涤后，手感会变得柔软。

劣势

- 抗皱性差。
- 折叠的边缘易磨损和断裂。
- 作为春夏织物，其价格较高。

常用纤维成分

- 亚麻纤维，或与黏胶纤维、涤纶混纺。
- 100%黏胶纤维，涤纶或涤纶/黏胶纤维混纺。

设计师责任

亚麻织物以及所有茎皮类织物都有很好的抗虫性，因此，无需杀虫剂和除草剂，也无需灌溉且产量巨大。

斜裁的亚麻布西装

图为斜向裁剪、边缘未经整理的亚麻布西装，但已经过柔软和漂洗整理。手感较硬的面料经过传统的数次洗涤便可变得柔软，而今商业上可通过酶和树脂加速这种柔软整理的过程。

宽幅平布（被单布）

高密薄纱

宽幅平布是目前普遍应用于休闲装中的一类织物。它通常表面较光滑，采用均匀加捻的纱线织造而成。

高支纱为上衣创造出更轻质的织物，虽然印花棉布（大部分为印花）和纯色之间区别不大。高级密织棉布常被用作描述床上用品面料，纱线支数越高，织物质地就越紧密。低支纱线可以织造出质地厚重的织物。

经过抗皱整理的中等质量的宽幅布，适用于刺绣和装饰用织物，以获得丰富的外观效果。

上图为由低品质粗梳棉纱织造的、低档的100%纯棉格子布织物，经多次洗涤后的织物表面变得光洁、柔软，可成为理想的女士休闲衬衫面料。

实际案例

显著特征
· 正反面外观一样。
· 表面光滑柔软。
· 在织物表面，所有纱线看上去基本相同。
· 棉织物手感。

优势
· 易于裁剪。
· 手感柔软。
· 耐用性好。
· 若与涤纶混纺，则抗皱性较强。
· 适于多种整理技术。

劣势
· 当使用低质纱线时，织物耐用性较差。
· 洗涤后易收缩。

常用纤维成分
· 100%棉纤维或与棉纤维混纺。

经抗皱整理的宽幅平布

抗皱整理是轻质和厚重型宽幅平布的常用整理技术。

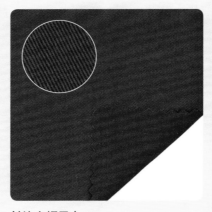

斜纹宽幅平布

常用于床单制作的斜纹宽幅平布，其织物外观丰富，多由竹黏胶纤维织造而成，具有抗菌性。

棉/涤纶混纺宽幅平布

上图为低档的混纺宽幅平布，但比纯棉宽幅平布快干性好，若用机械设备对织物进行烘干，则这类混纺织物比纯棉织物更节能。

未漂白棉布

设计专业学生最初的专业学习都是从棉白坯布开始的。这类织物品种从中等重量到轻质的棉布都可实现，是表达设计理念的理想面料。

选择未染色的织物，是为传达服装视觉效果而采取的一种中立的做法。棉白坯布是一种半成品织物，因此会在熨烫或蒸汽作用下收缩，这在设计过程中应予以注意。此类织物手感略硬，如同经过树脂整理一般。

已经预缩处理的棉布常用于服装的里层，然而，由于收缩问题，这一用法并不推荐。可参见第57页的棉印花布。

上图为经过树脂整理后得到的中等重量的未漂白棉布。设计专业的学生应当注意避免织物在熨烫或蒸汽作用下的织物收缩问题。

实际案例

显著特征
- 织物质地均匀、平整。
- 未经漂白的自然颜色，通常在织物表面可看到废棉疵点。
- 经树脂整理后，织物手感略硬。

优势
- 易于缝制和裁剪。
- 在设计过程中可做打褶设计。

劣势
- 在蒸汽熨烫过程中，易收缩。
- 由于织物不是成品，因此具有易伸缩性。

常用纤维含量
- 100%棉纤维。

用于裙装的未漂白棉布
在设计过程中使用未漂白棉布来表达设计师理念是设计的第一步。

帆布

厚重帆布、轻质帆布

　　帆布是一种较粗糙、厚重的面料，常用于制作休闲裤、夹克、工作服、箱包、鞋、家具遮盖布、窗帘和遮阳篷等。

帆布面料是一种不平衡的方平组织面料，经向采用双股细纱线，纬向使用较粗的纱线。粗纬纱决定了面料的刚性强度和重量。

　　虽然"帆布"是此类方平结构面料最常见的名称，但其可分为两类：厚重帆布和轻质帆布。

　　它们外观相似，都坚牢且耐磨。在服装设计中，帆布可代替牛仔布（参见第86页）。例如，使用轻质帆布制作的夹克、牛仔裤或其他种类休闲裤，比用牛仔面料拥有更轻的重量和更低的成本。因此，如果设计师希望有一种用途与牛仔布相似的面料，但要有不同的颜色和纹理结构，那么轻质帆布可以作为一个有趣的选择。

　　帆布有着自然、硬挺的手感，所以很适合于缝制和缉面线。帆布表面十字交有颗粒感纹理，通常在缝制后再经过普通水洗使得面料变得柔软。水洗后的织物外观有做旧的效果，再经柔软处理和涂料染色后，极具时尚感。

帆布面料

　　该面料质地在三种面料中最轻，常用于制作普通服装。

帆布面料

　　该面料质地在三种面料中最重，常被用于制作箱包或其他耐久性产品。

再生棉帆布

　　帆布比厚重帆布纱线细，质地紧密且厚重。此样品是用再生棉纤维和腈纶混纺织造而成的，加入腈纶是为了增加强度。由于棉纤维已有颜色，所以它不需要再进行染色。再生棉纱质量不高，但使用此方法可以使能源和水得到循环再利用。

帆布鞋
　　帆布类服装表面质地平整、挺括，可在设计时使用很多的接缝细节。帆布是休闲鞋、背包和海滩服等服饰品种类的标志性面料。

设计师责任

　　大麻纤维应用于帆布有着重要的历史意义，几乎所有的船帆布都是由大麻制成的。大麻纤维具有快干性并且能够抗菌抵制霉变和防水损害。在记忆中，我们只知道棉纤维通常用于制作帆布服装。然而,伴随着新的麻纤维变得更加柔软，使其在帆布产品上的应用范围逐渐扩大，甚至成为一种比棉纤维更加实用的替代品，从而改善了棉纤维慢干和不抗霉变的状况。

火姆司本土布（钢花呢）

火姆司本土布是一种常见的使用大量纱线织造而成的粗糙平纹手工面料。

对于火姆司本土布来说，无论使用什么纤维，相比较使用高支纱和质地紧密的组织结构的面料，其结果看起来总是不够精致。然而，手工织造的面料制成的西服和外套常常被看作是最有价值的。

火姆司本土布是一种很粗糙的面料，非常耐用。它常用于制作休闲服装或者职业装。通常，它粗糙的表面纹理限制了可以作为设计特色的缝纫线。要知道，在这种粗糙的面料上使用太多的缝纫线将会使面料显得更加厚重。

100%的棉纤维手工纺织呢是典型的平纹编织织物，织物外观蓬松。最初的手工编织面料保持了硬挺的手感，这对于结构型面料是非常重要的。

棉土布

即使缩水仍是一个问题，但棉土布仍可以用于制作休闲、松散的裤子和夹克。此样品表面上有刺绣。

涤纶/黏胶纤维土布

涤纶与黏胶纤维混纺往往可以取代羊毛土布而用于同类产品中，如花呢、西装上装和长裤等。

羊毛土布

这种羊毛手工纺织呢多使用粗纺纱，有着粗糙的手工编织的外观，也有纱线纺制的色斑点。羊毛土布是一种质朴的面料，在视觉上也难登大雅之堂。

板司呢

　　羊毛纤维的板司呢是一个平衡的方平结构，具有优良的质地。

板司呢常用于男装，适合用来创造一种不同于法兰绒或者斜纹表面纹理的质地。席纹粗黄布在春夏季节最为流行，最初是用来装载生产啤酒的啤酒花，但现在方平组织面料常用在精细的西装、夹克和长裤上。方平纹理不像普通的平纹或斜纹编织那样质密，因此透气性更好。

染色的羊毛纤维方平结构质地紧密，常用于休闲男装、运动夹克或大衣。

亚麻席板司呢

　　这是一种更传统的面料，显示出亚麻纤维带有光泽的特征。注意方平组织的纹理。

精纺羊毛板司呢

　　由于是精纺毛纱，这种紧密编织的方平纹理带有光泽感。然而，由于细支纱线的使用，这种席纹面料有着更加精致的表面。

羊毛板司呢

　　这种质朴的羊毛纱有一种粗糙的手感，类似于土布，可编织成一种平整或不平整的方平纹理。

牛仔布

牛仔布已经成为当今最重要的服装面料种类之一，其普遍的吸引力超越了文化和传统的界限。

虽然牛仔布是在法国发明的，但它却被视为20世纪60年代美国最流行的一种面料。牛仔零售商在20世纪80年代登上顶峰，那时在全球范围内，牛仔裤代表了独立的个性和品质。

设计师现在把牛仔布看作是与帆布风格相似、地位相同的面料品种。各种各样可用的牛仔整理技术超越了其本身的应用范围，为设计提供了一种与众不同的表达方式。

正是由于牛仔布十分重要，本部分将着重介绍这种面料，讨论各种牛仔布的类别和纤维含量，也提供了社会和环境对于牛仔裤产品信息以及整理技术的影响。

牛仔布独特的对角线表面纹理可以有左斜纹和右斜纹之分。尽管纹理可以有不同角度和不同密度的编织形式，这也将改变面料的重量，但几乎所有的牛仔布都有着极其类似的外观。所用纱线的支数可以影响牛仔面料的手感和悬垂性，但斜纹编织方向却不能改变面料的柔软程度。面料手感的柔软程度几乎可以在整理过程中得到控制，这将在第88～89页中进行讨论。

牛仔布是一种极其耐用而且有弹性的面料，多用于制作服装。一种临时的树脂整理技术增加了它的硬度。

- 表面颜色相对较深，背面颜色较浅。
- 第一次加工后的产品手感较硬。

优势
- 坚固耐用，尤其是抗磨损性能极佳。
- 洗涤许多次后会变柔软。
- 斜纹纹理有助于增加面料的悬垂性。
- 抗皱性比帆布要好。

劣势
- 靛蓝染料易染色。
- 穿着后迅速有折边。
- 面料硬挺，如此厚重的面料要求具备特殊缝纫机装置，如"Walking Foot"能够缝制两层以上的面料层。

常用纤维成分
- 100％的棉。
- 棉/氨纶混纺。
- 棉与大麻或亚麻混纺。
- 100％的大麻或亚麻（可能在以后的牛仔面料中使用得更多）。

设计师责任

设计师渐渐认识到棉纤维对于牛仔布来说是最好的选择。生产棉纤维产品是高成本的，因为此种农作物的生产量取决于大量的水资源，而且受虫害影响较大。大麻纤维是一种天然抗虫害且耐旱的作物，可替代棉纤维。使用大麻纤维可以保护水资源，又可以降低化学农药的使用，有助于支撑供应链的有效循环。

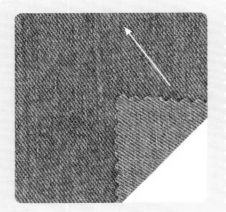

左斜纹

右斜纹

再生棉牛仔布

这种牛仔面料是使用切碎的回收废棉纤维面料生产而成的。通过将这种下脚料纤维重新纺制成新纱线，蓝色的纱线以备编织，白色的纱线也同样是回收再利用的棉纤维。如此一来，纱线通过避免重新再染色，从而有效地避免了对各种能源的浪费。

大麻条纹或蓝色牛仔布

厚重的斜纹面料只染成一种颜色被称作"Drill牛仔布"。这种产品是由棉化的大麻纤维生产的，它和棉纤维有相同的手感，常用于牛仔布产品制作上。

牛仔布红布边

这种牛仔布红布边是美国的一种传统，现在转移到日本牛仔布产品上。这种布边有时会作为一种设计元素使用，但也不一定必须是红色。

牛仔裙

时尚牛仔在洗涤过程中达到了设计的整理要求。作为设计师的作品，这些面料的一些部分被"做旧"了。图中牛仔裙的口袋为了实现某种特定外观而进行了"做旧"处理。

牛仔布后整理

很多设计师已经深入参与到牛仔布后整理的创新或采用了新的后整理技术。一般来说，设计师的目标就是创造一个能够反映当前流行趋势的潮流。最新的牛仔布整理技术中，设计师需要考虑对社会（劳动力密集）和环境（水和化学污染物）造成的影响，这也是设计师的责任。

牛仔布的外观和柔软的手感是由一种独特的混合水洗工艺所产生的结果，它经过了化学物质（尤其是漂白剂）、机械磨料以及热量等因素的处理。这些化学整理技术常是有专利的，像一个秘方被紧紧守卫着，其后整理的结果也往往被定义为一种牛仔品牌的重要特征，并可能成为顾客仍然忠于该公司牛仔裤的重要原因。

当设计师需要对牛仔布进行特定的后整理以制造出产品的设计外观时，建议采用以下措施以减轻对工人和环境的影响：

· 如果使用漂白剂，可以选择非氯漂白而不是氯漂白。氯漂白是有毒的，尤其是对工厂里的工人会产生极大的危害。

· 使用酶漂白或其他替代方案，这样达到要求的效果往往需要更长的生产过程，但这对当地的工人和供水系统有着重要意义，可以减少对人员和环境的影响。

· 使用的水越少越好，这就意味着牛仔需要有着更深的颜色。尽量避免浅颜色的牛仔，因为它意味着更多的洗涤次数和更多的染料将要离开面料而进入当地的污水处理系统。

牛仔布标准中强调了牛仔的坚实性能，因此了解各种基本重量是否能承受整理的过程是非常重要的：

· 227g/m²——制作短裙和连衣裙。

· 283g/m²和340g/m²——制作质轻的长裤。

· 这些面料不能承受如此的砂洗处理过程，它们很容易磨损。多数情况下，水洗时使用单纯的柔软剂是最好的选择。额外加入研磨剂则需要经过实验测试。

· 397g/m²以上是可用的，但是较少用。

这种特制织物的重量广泛用于水洗等后整理技术。由于这个过程，最终的牛仔装将失去原有的织物重量，经过化学品的处理和完成洗涤后，织物重量将变得更轻。

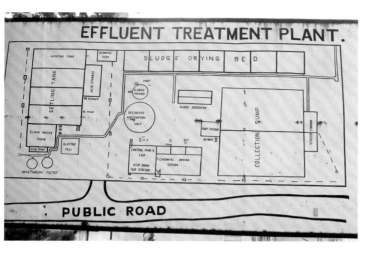

牛仔洗涤类型

牛仔洗涤的秘方是被看作有知识产权的信息。某一种特定顶级化学剂与手艺应用、机械应用常用于完成特定的外观和面料手感，并且生产过程是被保护的，它是制造商的商业秘密。

浅蓝色洗涤

牛仔洗涤常常需要使用额外附加的化学剂来褪色和增加柔软度。大部分的染料在这个过程中会被洗掉，但从污水里出来后必须进行再次清洗。

污水处理

这个工厂已经安装了简单的污水处理设备来清洁离开牛仔洗涤设施的污水。设计师应该询问供应商关于他们如何管理污水，并且要求产品团队亲自检查厂商对水和废物的管理。

手绘——在牛仔上漂白

许多牛仔洗涤是劳动力密集型的工作，并且在洗涤前可能需要手工涂上一些化学剂。设计师需要了解为了生产那些专有的、最新的牛仔洗涤外观所需要劳动力的数量。

中色洗涤

较少的染料被褪去，并且洗涤的时间常比浅蓝色时间短，这意味着一定量的染料和漂白剂依然必须通过污水转移。

深蓝色洗涤

只需要轻轻洗涤，目的是洗去面料上的树脂浆料并且让其变软。在成衣洗涤过程中，只有很少的染料能够被洗掉。

> **设计师责任**
>
> 以下涉及牛仔后整理技术的重要内容：
> · 新的树脂整理减少了水的使用。
> · 后整理印刷标会使用激光印刷而不使用水。
> · 不漂白整理。

华达呢

华达呢是一种质地紧密的面料，表面呈现出清晰、细致、紧密的斜纹结构，具有一定的防水性。

羊 毛华达呢是用精纺毛纱织制，是一种很好的外套面料选择。无论是何种纤维含量的华达呢都有良好的悬垂性、抗皱性，它易于裁剪与缝制，可以按照设计师要求的设计细节进行裁剪。华达呢的活络性可以制造出漂亮的青果领和翻领、旗袍裙，也可以在裤子上打两条平行的褶。它是所有面料中应用较为普遍的一种，适用于外套、运动衣、半裙、连衣裙和其他裁剪方式的服装。

华达呢是使用光滑、高质纱或者混纺复合长丝制成，其质地紧密、结构精细，在裁剪过程中很容易操控。

· ·

设计小贴士

由于华达呢表面平整光滑，因而需要使用一块烫布置于其上来避免过度熨烫，以防止缝纫线显露在表面。

这是一种白色精纺羊毛华达呢，有着光滑且带有光泽的表面。这是因为它是精纺高支纱并且表面结构编织紧密。精纺羊毛华达呢悬垂性好，适用于制作运动衣和裤子。

实际案例

显著特征

· 精致斜纹表面，有时很难辨认出表面是斜纹。
· 质地紧密。
· 良好的悬垂性。
· 无论采用何种纤维含量，有抗皱性。

优势

· 结实，尤其耐磨。
· 抗皱性好。
· 质地紧密，具有轻微的防雨功能。
· 在高级西装里有一种较具吸引力的精细斜纹结构。

劣势

· 通常比法兰绒和基础府绸要贵。
· 涤纶或者涤纶黏胶纤维混纺易起球。
· 必须借助烫布进行熨烫，否则缝纫线容易显露在表面。

常用纤维成分

· 100%高品质羊毛，有时与马海毛和开司米混纺。
· 100%涤纶长丝。
· 50%涤纶/50%黏胶纤维混纺成仿羊毛纤维。
· 棉和棉/涤纶混纺。

棉华达呢

细致的斜纹表面，使用高捻度、高品质的精梳纱线，适于制作夹克和裤子。尤其是图中所展示的人字形图案，极具时尚感。

莱赛尔纤维华达呢

可持续的莱赛尔纤维生产过程是一个闭合的生产过程。这种斜纹面料选择这种纤维生产出了一种柔软得像羊毛一样且带有弹性的织物表面，是一种四季均可穿着的面料。

精纺羊毛人字形斜纹华达呢

这种轻质精纺羊毛面料通常用于制作男士西装，另外，人字形斜纹在女士西装中是非常流行的一种。

丝光斜纹棉布

一种流行的斜纹，丝光斜纹棉布常常是由棉纤维制成。不同于华达呢的质密精细，它的斜纹更加显而易见。

丝光斜纹棉布是一种应用于男士裤装的流行面料，为设计师提供了一种可替代羊毛混纺华达呢的面料选择，多用于制作裤装，其斜纹组织使面料比帆布和轻质府绸更具悬垂性。

面料的特性取决于面料编织的密度。面料编织得越紧密，那么其表面的斜纹越细致；面料编织得越松散，其表面斜纹越粗糙。粗丝光斜纹棉布比质地紧密的斜纹棉布价格要便宜。

丝光斜纹棉布多用于生产裤子，缝制完成后，为了便于护理和保养服装，可进行免皱、免烫整理。发展至今，大部分的丝光斜纹棉布服装需要依靠水洗来获得柔软的手感。斜纹棉布常常被看作和丝光斜纹棉布相似。

这种灰色的丝光斜纹棉布在男士休闲裤中很流行，它能在从高尔夫球场到商业会议的任何场合穿着。它光滑的表面和悬垂的质感对于做休闲夹克、休闲裤和裙子来说都是十分理想的选择。

实际案例

显著特征
· 精致的斜纹表面结构。
· 悬垂性好。
· 表面光滑。

优势
· 坚牢，尤其耐磨性较好。
· 应用性较强。
· 易裁剪。
· 悬垂性好。

劣势
· 松散的编织不坚牢。
· 裁剪前需要进行预缩处理。
· 深色会褪色。

常用纤维成分
· 100%棉。
· 棉/涤纶混纺。

设计师责任

通过提供服装纳米整理，使男士和女士丝光斜纹棉布裤更加流行。这一技术的使用，使裤子更容易保养。然而，有关纳米整理技术是否会对环境和穿着者产生危害的研究尚未取得实质性的进展。

高品质斜纹棉布
这种急斜纹棉布结构是一种更细致、紧密的类型，图中的样品已经过了缩水整理。

更明显的棉布斜纹
这种松散的面料编织方式使用了更粗的纱线来扩大斜纹之间的距离空间，生产出一种比左边样品品质更低的丝光斜纹棉布。

哔叽

哔叽常用于制作高品质的羊毛西装。它表面编织紧密，要求使用高品质羊毛纤维纺织成精梳毛纱线。

哔叽面料表面细致的斜纹创造了一个光滑且略带光泽的表面，多应用于男士和女士高品质西服套装、运动服、裙子和裤子。该面料手感硬挺，其中部分哔叽有着更加清晰且不同于华达呢面料（见第90页）的斜纹表面。

哔叽能通过不同颜色的纱线生产出不同的条纹，常被称作针纹纹，如以下图片所示。针条纹哔叽是一种常用于制作保守的商业服装的面料类型。

图中的哔叽是一种理想的、适于制作男士西服套装的面料，有着紧密的急斜纹编织表面。哔叽是一种坚牢且易于裁剪缝制的西服套装面料。

实际案例

显著特征
· 细致斜纹表面。
· 光滑、爽脆的手感。
· 悬垂性好。
· 有时表面略带光泽。

优势
· 易裁剪，易成型。
· 优良的耐磨性。
· 易于裁剪。

劣势
· 表面易形成极光。
· 价格昂贵。

常用纤维成分
· 100%细羊毛。
· 高品质羊毛混纺，有时会和开司米混纺。

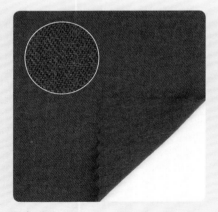

混色哔叽

混色哔叽需要在纺纱前进行纤维染色。有时，将几种不同颜色的纤维纺织成一根纱线，就可以在一种面料表面形成一种混色效果。

针条纹哔叽

使用一种更浅颜色的经纱，从而产生一种条纹效果，被称作针条纹哔叽。这种面料有着爽脆的手感且易于裁剪。

条子细棉哔叽

条子细棉哔叽是一种平整的斜纹结构类型，这个样品是由羊毛纱制的，有时也会使用复合绉纱。

骑兵斜

骑兵斜面料常被用于制作骑士制服，这也是其名字的起源。

急 斜纹凸起的斜纹效果与织物凹进去的表面形成明显对比。该面料有着惊人的柔软性和悬垂性，穿着起来更加舒适。

骑兵斜通常用于制作骑装裤子，或者其他风格独特的夹克和裤子。这种凸起的急斜纹结构支撑了其丰满的形状，打造出更多夸张的轮廓，但有时也可用于制作套装。

这种骑兵斜的高低斜纹结构被称作简单的设计。它柔软的手感和悬垂性适合运动，而且有着漂亮的裁剪细节。

羊毛骑兵斜

羊毛骑兵斜有着柔软的手感，而且具有精细的高低斜纹结构。

棉骑兵斜

棉骑兵斜常用于制作有特色的休闲裤子和夹克，它有一种可触的手感并且如果衣服被洗，其表面结构将变得更加柔软一些。

两种颜色的骑兵斜

这类两种颜色的棉骑兵斜不像羊毛那样柔软，但是形成了一种有趣且极具动感的外观。这显著的高低表面结构是使用两种颜色的纱线制作出来的。

显著特征
· 机织方形、有浮雕感的图案。
· 较重纱线纵横交错产生一种轻微的硬挺手感。

优势
· 耐久性优良，强度大。
· 极具趣味性的方形结构。
· 如果是使用棉纤维，那么十字形的阴影线比锦纶和涤纶面料更夸张和庞大。
· 锦纶和涤纶格子布对于做裤子和夹克来说，是一种既轻质且强力又好的面料。

劣势
· 锦纶和涤纶面料在防撕裂布面料中使用有限。
· 纯棉格子防撕裂布不易应用于商业用途。

常用纤维成分
· 100%棉，棉/涤纶混纺。
· 100%涤纶。
· 100%锦纶。

防撕裂布

　　防撕裂布面料被设计用于防止撕裂。它因其优良的坚牢耐用性而在军事上得到了广泛的应用，常用于制作制服、降落伞、帐篷和放置在其他有耐久性要求的装置上。

这种通用的面料多用于露营装置和服装上，也可用于背包和其他对坚牢强力和耐久性有一定要求的产品上。这种方形的编织类型有一组额外的经纬纱设置，要比其他的经纬纱更粗，从而创造了一种额外加固以防止撕裂的功能。防撕裂布除了有其传统的军事用途，也已经发展成为一种极耐磨的服装面料。设计师发现，方平组织比通常的牛仔布的斜纹组织（参见第86页）或者帆布（参见第82页）的起棱外观更富趣味性和变化性。

这种黄色的防撕裂布有一种爽脆的手感，这归因于其编织紧凑的纱线组织。防撕裂布面料常用于制作轻便、休闲的夹克或配件。

格子耐磨防撕裂棉布

　　格子耐磨防撕裂棉布通常用于男士休闲裤和马甲背心的制作。它是一种非常耐用的面料，当用于休闲裤子上时，格子布的方平结构会与通常的斜纹或者帆布形成一种织物外观上的对比。

有轧花的防撕裂格子布

　　这种涤纶格子布通常用于外套的制作，其面料表面的圆形轧花结合方形编织为织物增加了一种额外的纹理。这是一种轻质、背面有涂层防水功能的面料。

可回收再利用的聚酯防撕裂格子布

　　这种细旦丝的面料是完全可以回收再利用的。织物中的聚酯微孔膜，既防水又透湿，并且是由回收的涤纶织物生产而成的。

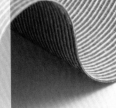

粗横棱纹面料

粗横棱纹面料有显著的横棱纹理，它是由细旦丝的经纱和几乎全是复合长丝的粗支纱交织形成的。

细旦丝经纱上下并排与粗支纬纱交织，这样的质地特点表现出大量起棱，但是表面光滑且略带光泽的外观特点。粗横棱纹面料的棱状和光泽有不同大小，但均有硬挺的手感。

粗横棱纹面料通常用于家具装饰用品业，偶尔也用于女士套装或时尚单品夹克。硬挺的手感决定着粗横棱纹面料常用于表现有雕塑感的不贴身板型，而并不适合于表现紧身合体的轮廓造型。面料可能会有滑移现象，这取决于面料起棱的宽度大小。

粗横棱纹面料因为有大量横向起棱结构，所以有坚硬的手感。它在家具装饰中很受欢迎，有时也用于夹克和外套。

如何协调粗横棱布

如此夸张的棱面结构要求服装风格的搭配与协调。

上面的图片显示了侧幅没有随着正面的棱纹一起剪裁，而是产生了一定的角度。当缝制完成一件服装后，这些棱纹的方向性与体积感将会影响服装的合体性。

进行服装设计时，需要有计划地利用分割线来更好地表现粗横棱纹面料的面料特点。

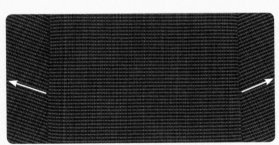

协调

不协调

印花粗横棱纹面料

印花粗横棱纹面料的生产过程是一个湿印花的过程。染色时，面料表面是湿润的，然后用化学方法迅速固色并且漂洗掉多余的染料。在这一过程中，需注意如何将图像浸透到面料背面。

多臂提花组织套装面料

多臂提花组织面料多用于制作套装，已经逐步形成了大量形式多样、风格独特的机织花型。该面料结合了不同的编织方法，并使用不同类型和颜色的纱线创造出不同的几何图案。

与衬衣类的多臂提花织物相似（参见第68页），用于制作裤装的中厚面料在织物面料表面都有极富趣味性的纹理和图案。设计师们通常被这些时尚、优雅、正式的提花织物西服套装所吸引。

中等厚度的多臂提花组织面料常用于制作男士西装、女士西装、考究的夹克、礼服和裤装。这些面料常常将质地粗糙的表面和光滑的表面进行对比，然后融入设计。多臂提花组织面料综合了缎纹组织、平纹组织、斜纹组织的结构特点织造出表面纹理或者花型，并且使用不同种类和颜色的纱线来进行设计织造。

放大图

多臂提花组织面料可分为有光泽和无光泽两类，并且两者有着对比鲜明的外观效果。

维康条结子面料

维康条结子面料提供了一种由不同型号纱线交错编织而成的表面结构。这种面料与香奈儿品牌惯用的套装面料相似。

针状提花西服面料

针状提花面料多用于制作西装，常会使用灰白纱线以创造针点状细节，强调面料本身的织法结构和颜色表现。

斜拼接条子缝制设计

条纹设计能搭配角度拼接缝制出V形的几何形状。设计师们常将条子提花面料与斜拼接手法相结合以满足所需的设计要求。

实际案例

显著特征
- 极具趣味性的几何图案和表面纹理结构。
- 整个面料保持织物的轮廓剪影。
- 悬垂性较好。

优势
- 易于裁剪。
- 优良的弹性。
- 不同织法结合创造出各种各样的纹理结构。
- 可以设计为特定的几何结构。

劣势
- 面料有时不易获得。
- 该面料结构纹理易钩破。
- 价格昂贵。

常用纤维成分
- 细旦100％羊毛。
- 羊毛/丝混纺。
- 高品质的羊毛混纺，有时为涤纶或黏胶纤维。
- 100％涤纶或涤纶/醋酸纤维混纺。
- 黏胶纤维和醋酸纤维/黏胶纤维混纺。

女士西装采用多臂图案的花呢面料

这种优雅的，有光泽和无光泽的几何图案是通过缎子、平纹织法交替组合而使得相邻的平纹编织显得无光泽。

花呢

　　花呢所指的不是一种织法。花呢看起来像各颜色纤维的混色，被不规则地纺成纱，然后再将这种纱织成面料。

有　　关花呢的描述也能被应用于（混色，不规则纺纱）跳跃性针织纱线。它有可能会使用固定颜色的纱线和特定的编织花型，如人字纹（见上图）。它是一种破斜纹（或者颠倒的斜纹），但如果是羊毛混纺或仿毛混纺制成的则被称作人字纹。

　　尽管最初的斜纹看上去与英国的传统风格相类似，但实际上这种外观的花呢面料在很多国家都能进行生产。有着花呢外观的面料包含多种纤维含量，经过微妙的组合后，在表面产生一种混色效果。

　　一些花呢实际上是由花式纱线（通常是羊毛或羊毛混纺）编织而成的千鸟格子。设计者应该具备辨识千鸟格和格伦格子花呢这两种著名花型的能力。尽管从工艺上讲，格子呢不是一种花呢，但它常与花呢纱线结合生产出方形或长方形的多色花型。

　　这块面料是由75%的再生棉纤维和腈纶混纺生产而成的，加入腈纶是为了增加强力。这种纤维已经经过了染色处理，因此编织完成后无需再次染色。使用再生的棉纤维不需要进行额外的染色，可以节约能量和水资源。

花呢图案是斜纹组织使用混色花呢纱线织造而成。

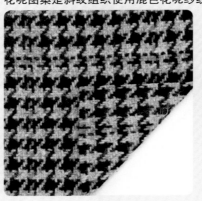

千鸟格呢

　　千鸟格呢是一种高辨识度的面料，通过一种固定的颜色搭配组合和花式纱线织造而成。

多色的格子呢

　　一种格子呢的经典案例，由各种固定颜色和花式纱线交织而成。

传统的厚型夹克花呢面料

最适合于定制的西装和外套的制作。这些面料剪裁漂亮并且有自己独特的风格。

使用多种色彩的花式纱线使面料达到一种整体的花式效果。

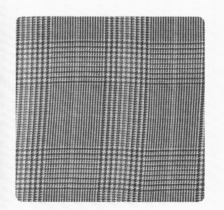

格伦格子花呢

格伦格子花呢是另一种高辨识度的面料。

多尼盖尔粗花呢

多尼盖尔粗花呢要求生产出多种色彩的花型，采用不规则的纺纱平纹编织而成。

普通意义上的花呢

尽管不是一种典型的花呢面料，但这种面料能够显示出两种花呢特征：五光十色的混色纤维纱线和多种颜色的纱线共同编织出一种形态微妙的花型。

提花织物

提花织物是到目前为止组织最复杂的一种织物。该织物以错综复杂的弯曲倒弧编织为特征，常使用不同颜色的纱线。

服装工业在使用这些面料时需要付出极大的精力与物力对其进行爱护和保养，因为它们的生产过程缓慢且生产成本高昂。以下是三种主要的提花织物编织类型。

挂毯： 机织挂毯常模仿手工挂毯外观平整、质地紧密、纹理错落以及纬向使用不同颜色纱线的特点，来创造织物的外观效果。

织锦： 高低编织的细节设计形成图像，其织物表面与刺绣极其相似。有时，大量的金属丝纱线也会被用在织物的制作上。

这种织锦使用了提花编织技术，展现了织物的光泽感和各种各样的花型与结构，是提花编织技术的一个重要特点。

锦缎： 通常采用一种或几种有限的颜色，图像则是由缎子和平纹起棱编织组合形成。锦缎常使用大量细巨纱，其目的是在织物上编织出有光泽感的图像。织物上所展现的图像多是花卉图案，然而在一些有光泽感的锦缎织物上，有时也会采用条纹。

设计师小贴士： 面料上的图像可以在确定位置后沿同一个方向使用，被称作顺向设计。面料位置的确定对于服装的和谐和搭配甚为重要。

挂毯

机织制品的代表。

织锦

织锦的织物表面细节设计与刺绣极为相似。但它比锦缎重，比挂毯轻，当然也存在部分个别现象。

锦缎

锦缎是表面带有光泽感的织物的典型代表之一。

挂毯和织锦服装

　　左图中，挂毯面料在长裤的设计中表现为夸张的编织设计，该面料被应用于每个裤腿处。右图中，银的锦缎面料被用于整套服装上，金属纱线的弯曲弧形设计在夹克与裤子的应用上形成鲜明的对比。

实际案例

显著特征

· 在外形上易弯曲，在织物表面上能够编织出复杂的图像，以模仿刺绣和手工编织面料的外观效果。外表上看起来有光泽、易辨识，常用于高档产品的制作。

优势

· 漂亮的编织图案是简单款式的一个必要条件，这意味着其加工过程会减少一些复杂的缝制工艺。
· 面料本身就是设计亮点，因此服装设计常常是第二位的。
· 提花面料底层坚固，非常好地支撑了面料的缝制需求。

劣势

· 不适当的裁剪会使面料变得不结实，有时接缝处甚至会滑裂。
· 除非是质地紧密的挂毯编织，其他的织物都不耐磨，尤其是缎纹组织的部分更加不耐磨。
· 价格昂贵。
· 接缝处很难搭配与协调。

常用纤维成分

· 100%羊毛或羊毛混纺。
· 丝和羊毛、黏胶纤维或棉混纺。
· 棉和黏胶纤维、丝或涤纶混纺。

设计师责任

　　提花织物体现在服装上给人一种典雅和奢华的感觉，它比常用面料昂贵且几乎从不应用于价格相对较低的快时尚产品中。使用提花面料很可能对消费者传递出的一个信息就是织物是有价值的，并且值得保存和继续传递下去。基于这个原因，消费者可能会将衣服保存下来以作他用而不是丢弃它。

放大图

平绒

这种奢华的面料，有一层稠密的绒毛表面，它是通过切割纱线的表面末端形成的，也称作割绒表面。由此工艺可以创造出一种像天鹅绒一样的表面，但表面绒毛比植毛绒短（参见第186页）。

切 割纱线或修剪表面是一个完整的程序，因此平绒被看作是奢华的昂贵织物。它常用于制作夹克、半裙、连衣裙和裤子。当光反射在割绒的表面，绒毛有时是平整的。

绒毛和颜色

当选择平绒面料进行设计时，一个要了解的很重要的观念就是绒毛倒向将影响面料表面的颜色。绒毛的位置方向在切割过程中将决定织物表面的颜色。绒毛好像能反射，反光的表面颜色较浅（颜色浅一点），或者吸光的表面颜色较深（颜色深一点）。

定位整匹的图案，确定都使用相同的绒毛方向将保证缝纫完成后的衣服全是同一种颜色。

绒毛的位置、切割过程中的方向将决定缝纫完成后服装的外观颜色。经向的绒毛能使织物表面反射光线（从而使织物表面颜色看起来比较浅），或者使织物表面吸收光线（从而使织物表面颜色看起来比较深）。

平绒有个无光的表面，但是割绒则强调光如何被吸收或反射。这种深颜色的对比产生了一种奢华的外表面和柔软的手感。

植绒面料

植绒面料是模仿平绒面料制作而成的，如下所示：细小的纤维，常常是黏胶纤维，被附着在方平纹棉底布上。由此可以形成与平绒相似的光滑、柔软的表面手感。植绒价格便宜，表面易磨损、易脱色，其外观多为深色的或深色调的。不建议水洗。植绒面料没有绒毛方向，因此用于产品设计中应该非常节约。这些面料可以替代平绒被用于同类型的产品上。

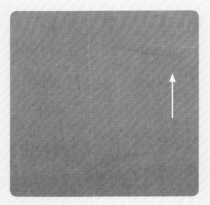

绒毛顺向

穿着后服装呈现较深的颜色，面料表面看起来较粗糙，这是由于绒毛的方向是自下而上的。

绒毛逆向

穿着后服装呈现较浅的颜色，面料表面看起来较光滑，这是由于绒毛的方向是自上而下的。

两种色调的平绒

两种色调的平绒样品展现了不同的外观效果。此款样品较单色的平绒外观风格更休闲。

实际案例

显著特征

- 奢华的、深的、平整的割绒（绒毛）表面。
- 通常是生产一种固定颜色，多为深色调。
- 由于是绒毛表面，所以有厚重的手感。

优势

- 深色，奢华，割绒表面。
- 面料结实。
- 易获得。

劣势

- 表面不耐磨。
- 成本高，生产周期缓慢。
- 绒毛方向对于产品的设计与制作过程很重要。因为调整绒毛方向将对图案布局产生很大的面料浪费。
- 洗涤过程可能会破坏堆积绒毛。
- 绒毛在穿着过程中较为松散。

常用纤维成分

- 100%棉（通常是高品质的棉）。
- 棉混纺，使用棉短绒和涤纶/棉背面。

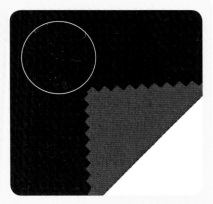

植绒

利用植入的过程模仿平绒的外观形态。纤维被附着在底布上。可见，植绒是一种价格更便宜、和平绒外观也更相似的面料。

平绒夹克

这种长款暗门襟式夹克强调了平绒的奢华特征。面料绒毛的逆向裁剪加深了深棕色调。价格低廉但外观相似的面料也可以使用植绒面料来取代平绒面料。

成大图

灯芯绒

灯芯绒是一种割绒织物，它常被用于制作裤子和裙裤。

灯芯绒是由割断规则间隔浮长线，经起绒刷绒、表面创造纵向绒条生产而成的。横条一般是经向，因此绒毛方向在服装设计和产品上应该予以着重考虑（参见第102页，平绒）。

灯芯绒面料上的绒条数量决定它的外观和使用。单位面积内绒条越少，面料越笨重；反之，单位面积内绒条越多，那么条宽越细且面料的重量越轻。灯芯绒绒条设计的种类繁多，最常见的包括：

- 8~10条：用于制作外套、夹克和休闲裤。
- 16条：用于制作裤子、夹克、半裙、马甲。

这是一种22条的灯芯绒，它是由人造竹纤维制作而成的，有一个柔软、有光泽的表面。

- 21~22条：有时被称作细棱纹灯芯绒。用于衬衫和裙装或者软轮廓的短裙；它常常是有光泽的绒条。

大部分灯芯绒面料常被用于制作具有柔软、舒适手感的休闲服装。为了获得更进一步的柔软手感，灯芯绒服装将在零售铺货前进行洗涤处理。洗涤过程可以是简单的洗烫过程，也可以是为了特定的外观效果而采用的专有的"秘方"洗涤。

8条式灯芯绒

8条式灯芯绒是最常用的灯芯绒，常用于制作男士裤子和夹克。组织结构所形成的两种色调为面料外观增加了更多的休闲意味。

5条式灯芯绒

5条式灯芯绒多用于制作男士裤子。它的柔软性是由于它的宽绒条为其增加了一种天鹅绒一样的手感。

稀密条式灯芯绒

灯芯绒结构多种多样。稀密条式灯芯绒所展现的，就是一种极具代表性的绒条多样化的灯芯绒形式。

男士灯芯绒外套

　　这种细绒条的灯芯绒面料常用于制作近似于天鹅绒外观的外套，但是它也保持了休闲、纯朴的手感。此类外套的设计形式多是利用绒条添加纹理或通过织物的卷边性增加装饰感，常与牛仔裤相搭配。

拉绒面料

　　不同于割绒面料，拉绒面料是为了创造一种有绒或者绒毛的立体感而使光滑的表面变粗糙的效果，被称作起绒面。拉绒面料触感温暖，可见这种整理的功能就是为了追求一种温暖的手感。

拉　绒，或者起绒，不同的处理手法可能会形成几种不同类型的整理结果，其中一些面料处理手法是最近发展起来的。

　　拉绒整理：面料被拉绒，并且产生不规则的绒毛表面，这种整理在摇粒绒（参见第182页）或者牛仔布（参见第86页）以及绒布（参见第77页）中很受欢迎。

　　磨毛整理：面料经过磨毛处理并且修剪成短的起毛表面，其整理的要点是模仿桃子的外观效果。这种整理方式是20世纪80年代在日本发明的。

　　磨毛或者起绒织物多具有柔软的手感。该棉织物已经过磨毛整理用来模仿麂皮织物的外观效果。有时用"砂纸"来进行磨毛整理也可以达到模仿麂皮织物的目的。

　　剪绒和拉绒：在起绒组织被修剪（或割断）以后，割断的纱线被刷毛，产生了一种平整纤维独立分开的起绒整理方式。灯芯绒（参见第104页）和平绒（参见第102页）都是先割绒再刷毛以达到预期的单面起绒整理。

　　仿麂皮整理：它是由很好的金刚砂滚筒生产制作而成的，开始使用一种细密的结构和使用细粒的金刚砂滚筒。纤维常常是被分割成更细的片段来打造一种非常柔软的表面，常被应用于厚重和中等重量的面料。斜纹面料经过纱质打磨后会有一种特别的吸引力，这是由短的浮纱所造成的。

　　抓毛布：抓绒布起球严重。100%棉质的抓绒布最易着火。当生产一种棉质手感的抓绒布时，涤纶几乎是常常和棉混纺以降低棉纤维刷毛时的可燃点。

抓绒布

　　抓绒布起球现象严重。100%的棉质抓绒布易燃性较强。当生产一种棉质手感的抓绒布时，为了达到与棉混纺以降低棉纤维刷毛时的可燃点的目的，涤纶往往是最佳选择。

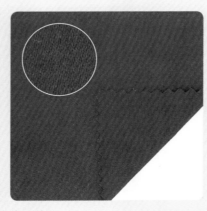

磨毛整理

　　磨毛，一种拉绒的整理方式，其表面为了模仿桃子的外观而经过剪毛处理，现在主要应用于棉混纺面料、黏胶纤维和涤纶超细纤维面料上。

背面拉绒的帆布

　　背面拉绒的帆布具有涤纶的表面，以及为了达到柔软的手感而被拉毛整理的棉纱背面。

拉绒的棉马裤

棉质、仿麂皮面料被选用于制作马裤风格的男裤。这种拉绒的表面使面料显得丰满，且有利于保持裤子宽大的轮廓造型。

覆盖起毛织物的套装

这种夹克套装使用质感对比鲜明的起绒面料，为服装外观提供了一种有趣的设计感和柔软的纹理效果。面料类似于麂皮，但又是相比之下更轻质的面料，常用于表现柔软、悬垂性好、挺阔的外套。

无纺面料

毡制品和其他无纺布

直接来自于纤维的面料被称作是无纺布。这种分类方式也将无纺布（大量纤维）与毡制品的区别作为重要的参考因素。

毡制品与纸的生产方式相似，纤维大量聚集在一起，应用湿、热、压力等外力进行处理；另外，纤维收缩致使大量纤维纠缠在一起。纤维在中等重量上常是坚固的和体积庞大的。

羊毛是最常用于生产毡制品的纤维，使用蒸汽和压力能将羊毛面料塑造成帽子和其他立体的形状。

尽管100%羊毛最利于塑造形状，但有时黏胶纤维的混纺则可以增加柔软度。热塑性纤维，特别是涤纶，常用于生产无纺衬、无纺包装袋和其他工业用途的产品。这些面料可以只通过加热和加压来制作，再通过轻微的热熔来进行表面定形。现在，纺织品设计有了新的发展，我们可以使用毡制品或大量纤维聚集技术，进行加热和加压处理，并且加入其他纤维以增加面料的强度。

毛毡呢，如这块粉色织物，可以在蒸汽处理下成形或者很容易缝制成立体的形式。另外，面料边缘也不会散开。

麂皮绒

麂皮绒的大量纤维聚集结构有助于塑造其像皮肤一样的手感。这个样品是使用大量纤维聚集的原理，加热、加压并且研磨起绒生产而成的。

聚酯无纺布

这种实验性的面料是使用回收利用并且切碎的塑料袋在面料表面来增加颜色和纹理产生的。针穿孔能够使面料触感柔软。

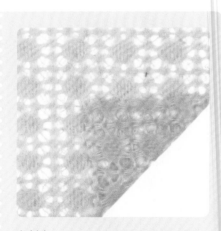

水刺布

通过纤维聚集在一起可以创造出开放、有趣的花边样。这些面料耐久性较差，但能够提供一种创造新花样的创造方法。

实际案例

显著特征
- 坚硬、笨重的面料。
- 使用蒸汽和热量能塑造出三维立体形状。
- 正反两面均可使用。

优势
- 各种各样的纹理，都展示了一个不定向的表面。
- 一些加工完成的无纺布强度非常大，并且耐磨性较好。
- 如羊毛混纺等面料，可被塑模。

劣势
- 悬垂感差。
- 大部分毡制品强度较低，不耐磨。
- 缝纫针孔使面料更脆弱。

常用纤维成分
- 100%羊毛或羊毛/黏胶纤维混纺。
- 100%涤纶。
- 涤纶/黏胶纤维/烯烃混纺。

设计师责任

这有一些实验性的、在纺织品设计上使用的再生纤维，特别是羊毛和涤纶混纺，创造了新的毡制无纺布类型，这些再生纤维多来自于二次利用的衣服。现在，二次利用纤维的想法只是一种概念，但是这种用已经消费过的服装生产无纺布的想法却引起了人们极大的兴趣。

毡帽

毡制品能被塑造成类似于这种舞台时尚帽的三维立体形状。在一个帽子模子上运用压力蒸汽，这顶帽子就能被重新塑造成另外一种造型轮廓。

麦尔登呢

　　麦尔登呢常用于制作冬季的外套和大衣。它质地厚实，是理想的防风、防水面料。

麦尔登呢多为轻微拉绒并且剪绒，这种整理方式是为了获得一个平整且无光泽的表面。另外，麦尔登呢的一个很重要的特点就是稠密、厚实。这种紧密的机织结构，可以是平纹组织或者是斜纹组织，面料也已经经过了全预缩加工。面料的细致、紧密使其在视觉和触觉上类似毡。可以说，麦尔登呢是制作大衣、外套的理想选择。

　　麦尔登呢现在多为羊毛混纺，普遍使用黏胶纤维、开司米、羊驼毛，有时也用涤纶和锦纶。密度常常是区分面料的主要特征。大部分面料会被染成一致的颜色，部分麦尔登呢也会被染成杂色效果。

　　麦尔登呢是一种通用的外套面料，它易于缝纫裁剪。麦尔登呢是秋冬季节里一种常用的厚实、温暖的面料。

中等厚度的麦尔登呢

　　这种中等厚度的麦尔登呢正反面都可以使用。它坚牢并且温暖，纤维在纺纱之前已经被染色，因而显示出一种极佳的混色效果。

双面的麦尔登呢

　　这种麦尔登呢正反面颜色不同，是一种双面面料。

质地细腻的麦尔登呢

　　这种面料常使用新的羊毛纤维，而不是那种常用于麦尔登呢的再生羊毛纤维。样品使用质地紧密的结构，并且表面有细致的起绒。

实际案例

显著特征
· 光滑、质地紧密的面料。
· 普遍为同一种颜色。
· 羊毛或羊毛混纺。

优势
· 厚实、紧密的面料，相当坚牢耐久。
· 易裁剪。
· 光滑，拉绒并且剪绒的表面。
· 高度符合时尚审美标准的中等重量面料。
· 可以很好地展现缝纫线等设计细节。

劣势
· 面料表面常常会出现水印。
· 表面易破损。
· 缝制时需要用非常锋利的圆头针等，这样可以避免刮破面料。
· 必须使用不粘连的缝纫压脚来避免面料刮破。
· 尽管十字形的结构稍硬挺一些，但面料手感仍较为柔软。

常用纤维成分
· 100%羊毛或羊毛/黏胶纤维混纺。
· 羊毛和开司米或羊驼毛混纺。
· 羊毛/涤纶/锦纶混纺。

设计师责任

　　用于制作麦尔登呢的纤维可以是再生羊毛纤维，经处理后，纤维被纺成新的纱线。编织以后，面料被染成统一的颜色并进行预缩处理。经以上处理后，面料质地显得紧密且温暖。直到1940年，再生羊毛纤维才得以回归并且被编织成为新面料，这些新面料常被用于纺织工业。麦尔登呢可使用再次利用的羊毛衣服进行生产。

有形的麦尔登呢

　　麦尔登呢是一种理想的、有形的冬季服装面料。这种面料易于裁剪，并且其紧密的组织结构为服装提供了一种优良的、防风、防水保护。水手们穿着的厚呢短大衣是由海军发明的，它是由相同的深蓝色面料生产而成的。

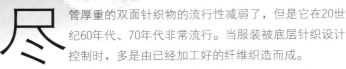

双面针织物

底层单珠地

该仿旧双面针织面料体现了20世纪70年代末的颜色和感觉。它是一种耐久性的针织面料，不能过度拉伸，因此常用于定制夹克或者休闲裤。

　　双面针织物是由底层面料通过针织同时实现双面效果的面料。它常常是纬编，多是以码数生产，而不是像衣片那样稍后缝在一起。

尽管厚重的双面针织物的流行性减弱了，但是它在20世纪60年代、70年代非常流行。当服装被底层针织设计控制时，多是由已经加工好的纤维织造而成。

　　针织底层面料常用于裁剪套装、裤子和夹克，双面针织是非常有弹性和结实的面料，甚至像梭织面料般硬挺。这些面料能在表面形成一种有趣的结构，如珠地或者其他结构。羊毛纤维非常快地被复合长纤涤纶所代替，并且通过与腈纶混纺来模仿天然羊毛纤维。如今，双面针织面料仍然被使用且大部分是涤纶面料。双面针织面料的所有图案基本上都是使用提花技术进行生产。使用染色的纱线可以生产出几何和弯曲的表面效果。正如第100页中提到的那样，与机织面料相比，这是很重要的区别特征。

　　双面针织物悬垂性较差，但是易于裁剪和缝纫。面料非常坚牢并且在裁剪时不易卷边。卷边是单面针织面料常见的一个问题（参见第150页）。圆形针是避免割破纱线的最佳选择。另外，双面针织物的缝制细节和衣服熨烫也能被控制得很好。如上所述，加工好的面料是否易于洗涤主要依赖于服装结构和裁剪细节。

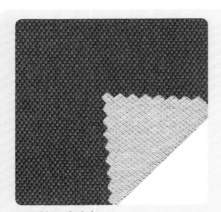

双面针织珠地布

　　双面针织珠地布对于休闲装来说有一个堪称完美的结构，常用于中等重量的服装。这个样品展示了两种纱线，一种是被染色的，一种是白色的，多用来制作双面针织。值得注意的是，白色的纱线常只用于背面，而有色的纱线常用于正面。

双面针织单面珠地

　　这种罗马式的双面针织有相同的颜色，并且有平坦的表面，易于裁剪。它正反两面的外观效果相同。

提花型双面针织

　　这种针织设计既能表现为曲线，也可以表现为几何设计。所有的针织设计都可被归类于提花针织。

实际案例

显著特征

· 结实，但触感柔软。

· 多变的表面结构，从光滑平整到结构明显均可实现。

· 抗皱，弹性较好。

优势

· 紧密针织面料看起来像一种厚重的梭织面料。

· 非常有弹性。

· 易裁剪，易缝制。

· 可以得到多变的表面结构。

· 依赖于面料设计可以得到多种设计效果。

劣势

· 易刮破，这一点和其他很多针织面料一样。

· 大部分使用已经加工好的纤维用于生产，特别是涤纶纤维。

· 不易获取。

常用纤维成分

· 100%羊毛或羊毛/涤纶混纺。

· 100%涤纶。

· 腈纶或腈纶/涤纶混纺。

20世纪70年代的双面针织套装

双面针织套装的穿着体验非常舒适，但发展缓慢，它是一种易裁剪的优质面料。

涂层面料

　　面料能用其他材料做涂层，来改变面料原始的特征属性。例如，一种棉府绸（参见第61页），它不防水，通过增加一种特殊的涂层可将其改变为防水面料，如增加一层蜡涂层。

使用涂层可出于不同目的，耐久性常常是涂层的一个重要考虑因素。涂层作为一种在面料表面展开的液体；加热并固化使其黏附在面料表面；面料仍然保留一定的柔韧性以便于缝纫和保证穿着的舒适性。油脂、蜡、液体橡胶都是天然的可应用于面料的涂层（多用于平纹梭织面料）。这些涂层使面料具有广泛的防水性并且防护持续时间较长。一种聚氨酯涂层附着在面料背面，充当了一种填充料并且具有绝缘的作用。

　　这种印花面料正面有一个清晰的涂层，可用于制作活泼风格的雨衣。这种面料涂层增加了轻质棉宽幅布的强度。

　　涂层能改变面料的结构、手感和重量。一般来说，涂层面料柔韧性差（有硬挺的手感），会加大面料重量并且表面带有光泽感。涂层面料几乎只用于制作外套类服装：雨衣、滑雪装和其他户外服装。

颜色对比鲜明的涂层

　　这种塔夫绸上的泡沫涂层是一种不透明的涂层，它能为服装增加颜色对比鲜明的设计细节。由于这种涂层是无孔的并且具有较好的防水性能，因此一些泡沫涂层面料常使用涂层面作为正面。

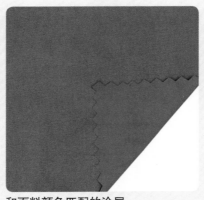

和面料颜色匹配的涂层

　　这种泡沫涂层与面料颜色相同。颜色匹配涂层是一种既能够保证服装具有精致的外观效果，又能使其依然具有良好的防水性能的设计概念。

蜡质涂层府绸

　　蜡质涂层府绸如果受外力挤压，极易产生折痕。正如棉府绸面料表面所产生的折痕那样，一些设计者恰恰可以将其转化为自身设计的亮点所在。

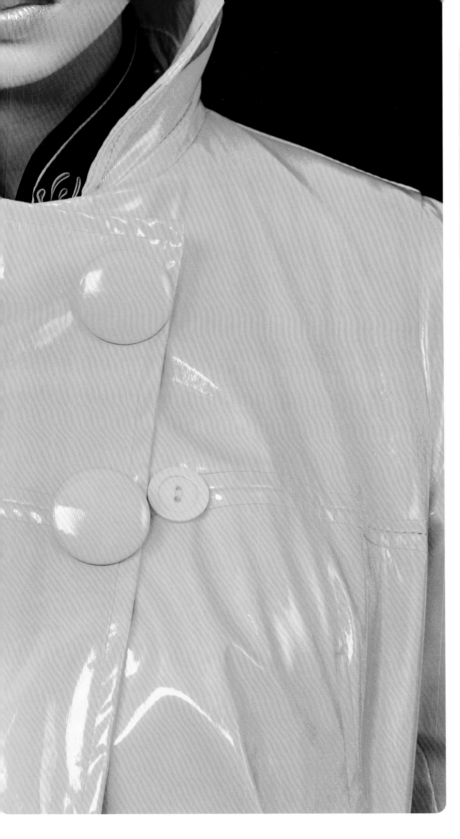

实际案例

显著特征
- 挺括、硬挺的手感。
- 有镜面光泽。
- 大部分情况下具有防水性能。

优势
- 涂层选择范围较广。
- 增加了价格便宜的面料的重量。
- 非常优良的季节性防护面料。

劣势
- 硬挺的手感使设计细节在缝制过程中操作困难。
- 缝合线迹明显。
- 不透气，因此皮肤感觉不舒适。
- 耐热性较差，面料表面干燥且易破裂。
- 易产生褶皱。

常用纤维成分
- 底布常是涤纶或者表面采用涤纶涂层混纺。
- 涂层可以是液体材料在面料表面扩展后，再在表面固化后形成，如液体橡胶、油脂、蜡、PVC聚氯乙烯液体或泡沫。

设计师责任

聚氨酯泡沫涂层胶为棉质底布提供了一种防水功能。蜡，油布和液体橡胶是防水的，但是不能过度生产——聚氨酯泡沫便是以此为基础。

涂层选择常常以耐久性为基本考虑因素，聚氨酯涂层耐久性极好。另外，涂层选择还要考虑环境因素的影响。

雨衣

图中柔软、易弯曲的雨衣外观是涂层应用的结果。这种涂层是作为液体应用，在针织底布上扩展蔓延成一种不透明的涂层，最后形成柔软且略带柔韧性的面料特性和富有光泽感的外观形态。

微孔层压面料

热衷户外运动的人大多拥有一个梦想，就是生产出一种既能防水又能透湿的面料。其实，这种面料30年前已经被研究出来，并且被称作多孔层压膜面料。

种不吸水的外层（壳）面料复合一种聚氨酯防水膜（其微孔大小不足以使水分子通过但又可以使水蒸气通过），这就使面料既防水又透湿（可允许空气透过）。这种户外服面料的创新极大地影响了滑雪服、雨衣和外套等户外服装。微孔薄膜结合面料提供了一种兼具防水、透气功能的面料，它创造了一种轻质而且舒适的功能性面料。

该面料是采用不吸水的纤维制成的轻质紧密纺高性能面料。该夹克类面料的背面复合了一层微孔膜，增加了重量和水分管理的功能。

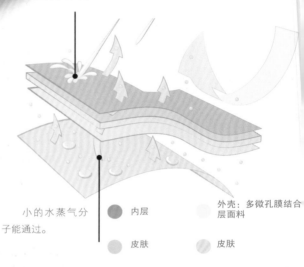

大的水分子不能通过这种微孔膜。

小的水蒸气分子能通过。

| 内层 | 外壳：多微孔膜结合层面料 |
| 皮肤 | 皮肤 |

塔夫绸/多微孔膜

塔夫绸是一种经常与多微孔膜结合使用的面料。这种样品分为三层：塔夫绸面料、多微孔膜以及一种经编衬里。这种Eco Storm面料，只使用涤纶材料，是可回收再利用的Eco Storm涤纶纤维。

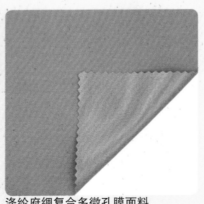

涤纶府绸复合多微孔膜面料

新型的多微孔Eco Storm面料完全是由涤纶材料生产而成的，并且现在可以在服装丢弃后被循环再利用到高品质的Eco-Circle纤维上。

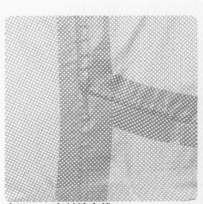

高温——密封缝合线

这种夹克可用于户外活动，其结构包含有功能性的缝合线，通过高温密合技术来预防水分从缝纫线针孔进入。这一技术需要专用设备来进行缝合。

多微孔膜面料被设计出多种水平的防水功能，徒步休闲和极限运动两者都可适用。结合多微孔膜的面料常常是轻质且质地紧密的塔夫绸、府绸或者斜纹布，偶尔有缎纹布。层压黏合膜要求面料表面必须光滑、平坦。

多微孔层压膜是高温粘贴在面料上。层压面料对热非常敏感，不能放置于热烘干或者热水中。热能够使面料降解并且引起面料分离。

设计小贴士：当提到这种功能性面料时常使用"防水会呼吸"这类语言进行描述。记住，多微孔不仅能够防水，还具有防湿的性能。

单板滑雪/滑雪穿着
防水会呼吸的多微孔膜面料是轻质的，并且不会增加身体的负荷，是参与冬季运动的理想选择。

薄膜面料

塑料薄膜

薄膜，通常是由塑料，而不是纤维生产制作而成的。尽管和其他面料一样仍然是平面结构，但它既不渗水也不透气。

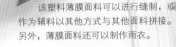
该塑料薄膜面料可以进行缝制，或作为辅料以其他方式与其他面料拼接。另外，薄膜面料还可以制作雨衣。

由于这种面料缺少透气性，进而导致所生产的服装内部会被无法排出的汗液浸湿，穿着的舒适性较差。设计者需谨慎使用这些没有孔的薄膜面料，可以考虑在里面增加吸附水分的面料。

薄膜面料常常用于制作浴帘、配饰、鞋类和雨具，大部分材料采用聚氨酯或者聚氯乙烯材料（PVC）。除此之外，乳胶——种天然的橡胶材料，也常常被使用。

复合面料常常是薄膜与另外一种面料相结合的功能性面料种类。例如，薄膜与棉印花布（参见第57页）经层压处理后，使面料具备了防水功能，可运用于儿童雨具的制作上。这种泡沫状层能和经编斜纹毛织布层压复合以增加面料的重量和隔热功能。

另一种是使用薄膜做出浮雕状的表面来模仿皮革面料的表面或其他织物表面。这些轧花表面结合面料背面，但也常被用于面料正面。在第124~125页可以看到人造革和仿麂皮面料的更多信息。轧花薄膜面料是一种普通的复合面料，常用于配件、手提包、鞋靴和夹克的制作。

最后，薄膜面料能和多种不同的面料，如网格、平纹梭织和经编针织物复合。但是，它却不适合与纹理高度明显的织物相复合。

类似牛仔面料的薄膜轧花

这种像斜纹样的轧花通过复合在轻质的面料上来增加重量。轧花处理可以增加僵硬的塑料表面的弹性。由于它有着无孔的薄膜，因此一种能吸附的纤维里料被推荐与之结合使用。

薄膜复合层上轧花

注意这种轧花结构是模仿梭织表面而形成的。这种薄膜多与针织双面布构成复合面料。

羊绒织物上清晰的薄膜

这种无光泽的表面适合与柔软的开司米面料复合来创造一种防水的表面，并且其里面柔软，可以用于制作设计风格新颖的外套。

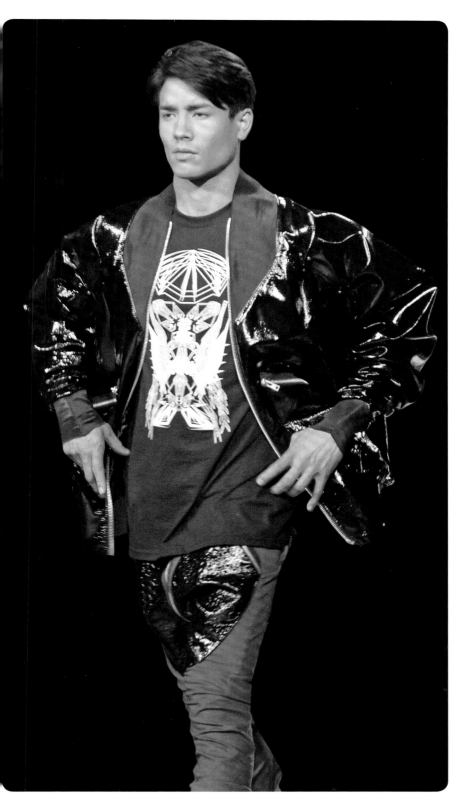

实际案例

显著特征
· 非常硬挺，触感类似于塑料材质。
· 能进行轧花处理，可分为有光泽感和无光泽感两种外观效果。
· 防水、防渗透。

优势
· 种类繁多的薄膜表面选择。
· 复合能使薄膜表面更强韧。
· 非常好的气候适应性。
· 使用泡沫涂层能提供隔热效果。

劣势
· 硬挺的手感为设计细节的工艺处理增加了难度。
· 针脚孔不可避免。
· 舒适度较差——接触皮肤的一面不透气。
· 大量针孔降低了面料的强度。

常用纤维成分
· 底布常常是涤纶，尽管偶尔也会使用棉和锦纶。
· 薄膜的纤维组成可以是聚氨酯或聚氯乙烯，涤纶薄膜也是建议使用的，因为它可以被回收再利用。

设计师责任

　　大部分薄膜面料是不能被回收再利用的。这些来自塑料材料的薄膜常常与面料结合以至于不能被回收再利用。此类面料选择是有限的，只有当发展特殊设计时，再次利用相对容易一些。

薄膜面料用在衣服上

　　这种薄膜面料，有起皱闪光的表面纹理，质量非常轻，创造了一种复杂的夹克轮廓。它富有趣味性的裁剪细节和手工编织的面料结合使它结实、耐用。

皮革

皮革指经脱毛和鞣制等物理、化学加工所得到的已经变性不易腐烂的动物皮，常用于制作服装，通常情况下可分为裘皮和革皮两类。

革 皮多指大型动物，如牛皮常常比皮肤更厚；皮肤常来自小型动物，如绵羊或山羊，它们的皮肤比兽皮要薄，头层皮结构指的是外面的皮肤。如果厚的被撕开，这层皮叫作碎皮并且常带有绒毛，可生产出一种软表面。头层皮质量最好，并且耐久性较好。

皮多被鞣制成棕褐色，可使用化学方法处理来鞣制和软化保存材料。皮厚度不匀，由此决定了皮的应用区域。最为重要的是，皮不是根据码数进行运用的。因此，可利用的表面区域取决于兽皮和皮肤的尺寸。

皮革的厚度不均匀。这块牛皮已经被分割，因此变得更薄并且比生皮更容易缝制一些。

皮革能被鞣制成棕褐色，整理方式如下：

- 漆皮——有光泽、光滑的表面。
- 白鞣革——坚硬、打磨的表面。
- 天然的纹理——天然的皮肤纹理。
- 轧花——将图案压在表面。

皮革整理的方式是多种多样的，并且不同的整理技术是不同流行趋势的反映。以往的整理方式是，皮革被晒成棕褐色后再进行增加染色和表面处理。

漆皮

漆皮触感坚硬，有着高光泽度的表面，这种皮革经反复折叠后可被折断。

牛皮和小牛皮对比

小牛皮（右下）因为其柔软、易弯曲的特性成为一种皮革的选择。它较薄，不像牛皮（-左上）那么厚，需注意的是，头层皮这种细腻的纹理，与老的成年牛形成对比。

皮革轧花

皮革轧花是一种装饰性较强的风格。图中样品已经轧花处理后形成类似鸵鸟皮的面料外观。

显著特征

- 易辨识的表面纹理和明确的皮肤格调。
- 柔韧的表面（依赖于整理过程）。
- 皮革表面透气性好，穿着舒适。

优势

- 透气的表面。
- 令人满意的纹理或其他特殊风格的表面纹理。
- 有时能防水。
- 表面结实、耐久。

劣势

- 多种图案的皮块很难搭配，特别是做一件衣服需用到一块以上的皮革。
- 制作皮衣时，要求缝纫速度较慢。
- 精整加工常为皮革表面增加了裁剪和缝纫的难度。
- 裁剪和缝制过程要求密集的劳动力。
- 皮革表面或背面可能会褪色。

设计师责任

皮革和小山羊皮要求需经过鞣制处理来保护皮，但这也是一道织物污染最严重的加工环节。设计者需要采用酶鞣制或者采用新的、成熟的鞣制过程来减少污染。

时尚的皮革服装

这种连衣裙和短裙，有趣的挖减处理（左图）或者有珍珠光泽的表面（右图），是被设计成很多缝纫线，也反映出多块皮革制作的面料特征。每块图案的皮常常是独立剪裁的，需谨慎搭配皮的纹理、厚度或者颜色，因为这些搭配问题，常常在裁剪皮革的过程中造成很多浪费。

绒面革

绒面革是一种刷毛或是起毛的软的皮革，有着天鹅绒般的纹理。它因其柔软的触感和柔韧的悬垂性而被认为是一种奢华的面料。

这种触感柔软的绒面是做配件和时尚服装的理想选择。手套、小配件和定做的服装常常由绒面革制造而成。与厚的牛皮相比，绒面革因较薄而更易于缝制。细腻的绒面革服装常常包括很多拼缝，因为它们主要是用来自小动物的皮制作而成，如小羊羔皮和小牛皮。服装设计时必须考虑皮的尺寸与各块皮的纹理的适合程度。绒面革常常用缝制来避免与穿着者的皮肤直接接触，从而减少摩擦和不舒适感。

以下是两种不同类型的绒面革生产类型。

头层牛皮：常常是粗糙且进行过拉绒处理的，此类纹理不

绒面革可以有各种厚度，这取决于生皮。这块柔软的皮革是猪皮革，它比仿鹿皮的牛犊皮或羊皮更硬一些。

常用于精致服装上，但是常用于休闲服装和配件上。

起绒小牛皮，羊羔皮和猪皮：较薄的绒面革用于生产精致的拉绒表面，能够达到令人非常满意的效果。由于表面起绒，绒面革易褪色，因此颜色是使用绒面革时需重点考虑的一个方面，要知道较深的颜色更可能显示出褪色的问题。浅色常常用于绒面革，是因为它可以更好地展示表面的绒毛，褪色问题也不明显。

头层牛皮

更多地注意表面绒毛的纹理，显示出皮革纤维拉毛的表面。

绒面/印花和轧花

猪皮绒面革通过使用深红色轧花和印花来制造一种爬行类动物的皮层表面。

猪皮绒面革

猪皮绒面革经仔细观察后能够辨认其纹理效果。

显著特征

- 漂亮、柔软、拉绒的表面。
- 柔韧性好，类似于皮肤纹理。
- 奢华、坚固的感觉。

优势

- 易成形、易裁剪的面料。
- 良好的回弹性。
- 在不同的织物上有各式各样的纹理表现。
- 可以设计成特定的几何纹理。

劣势

- 面料不易获得。
- 纹理容易钩破。
- 价格昂贵。

绒面夹克和短裙

　　没有面料像绒面革一样具有奢华、柔软的表面，但是绒面革的质地更硬一些。这种柔软的纹理材料有一点笨重，如这种男士绒面革夹克（更多的是休闲的外观）或像这种更精致、柔软的绒面革短裙（优雅的外观）。

人造革和仿麂皮

生产人造革和仿麂皮面料的目的是模仿动物皮，并且这些面料的设计和天然的材料很相似。

设计这种人造面料的原因是：更低的材料成本，更易于裁剪和缝制；它们比皮革类面料更容易获得；关系到动物处理和环境问题，可以通过创造非天然的颜色和纹理来超越有限的皮革和山羊皮。

人造革和仿麂皮能用于所有山羊皮等真皮面料的制品上，如鞋靴、包袋、配件、夹克、裤子和裙子等。这些面料的触感和重量与天然的材料非常接近。事实上，区分人造皮革和天然皮革是很困难的。人造革和天然真皮之间的主要区别是：

这种仿鳄鱼皮的人造革事实上是将三层面料复合在一起来达到与真鳄鱼皮同样的厚度、纹理。

·人造革没有微孔，所以面料不能允许空气通过；真皮可以透气，因此人造革比真皮闷热，不舒适。

·面料衬里应与轧花塑料正面相匹配。这种衬里常常是最重的双面罗纹针织物（参见第152页）复合面料，其柔韧性和弹性是模仿真皮的结果。

拼接人造革

这种人造革能通过面料衬布背面来进行区分。拼接人造革的衬布是一种双面针织，为面料增加了柔韧性和强度，和真皮类似。

轧花仿麂皮（机织棉布磨毛整理）

这种梭织拉绒的表面面料用一种印花黑色薄膜轧花，与爬行类动物的皮表面图案相近。这种拉绒的表面和复合印花的薄膜，呈现出一种类似皮肤的结构纹理。

印花人造革

这种人造革除了表面有千鸟格的印花图案外，还有一种与众不同的羔羊皮外观。设计者可以通过观察织物背面来区分真皮和人造革。

实际案例

显著特征

- 能很好地模仿真皮或反毛皮。
- 能呈现非天然的颜色和纹理。
- 面料表面是规则的，天然材料是普通的。

优势

- 表面纹理和颜色风格多样。
- 很好地模仿了真皮，但需按码数进行运用。
- 该面料表面平整，厚度均匀。
- 比真皮便宜。
- 很容易进行切割和缝制处理。
- 颜色和纹理搭配较为随意，无过多条件限制。

劣势

- 无微孔——不透气。
- 化学干洗可能会损伤或破坏塑料薄膜。
- 不能被反复缝制，针孔不可修复。
- 塑料表面能引起噪声或者很容易黏附在一起。
- 耐热性非常差。

常用纤维成分

正面：
- 常用聚氨酯（PU）或者聚氯乙烯（PVC）薄膜；另外，涤纶薄膜是可以回收再利用的。

背面：
- 100%涤纶双面针织或涤纶/棉混纺方平机织。

女士人造皮革夹克和短裙

这种夹克和短裙的光滑塑料表面在某种程度上已经有褶皱了，但是不可能与真皮一样；这种薄的人造皮革对热源比较敏感。该面料背面附有100%热塑性聚酯双面布，是一种有韧性的材料，它可以按定制的细节要求缝制，也可以缝制上一些金属的配件。这种设计结果有很好的视觉外观，重量较轻，较大的柔韧性，比真皮价格便宜。

热熔黏合织物

两种面料复合在一起创造了一种双面面料。此类两种面料黏合在一起的面料制造方式给设计师提供了一种全新的面料种类，用在不满足于单一品种面料生产的织物织造方面。

设计师们能为他们的服装选择两种不同的面料并且复合在一起创造出一种单一的纺织品。这种复合的过程可以是在两种面料之间添加黏合剂，也可以是在两层面料之间放一层易熔的网。在这两种应用方式中，为了完成这种复合过程，热和压力是十分必要的。

复合面料为设计师们提供了一种新的选择。它通过将不同种类的面料复合在一起，使发展一种新面料成为可能。

复合工艺常常能增加新生产面料的重量和强度，常用于制作外套服装和夹克套装。因此，可以通过将里布面料和面布面料黏合来减少缝制的劳动量或增加复合面料的体积。鞋类和手提包常常使用复合面料来增加因为它们的各种形状所要求的强度。这种经编针织里料将保留弹性，并对用于外套或配件的织锦起到一定的加固作用。

这种面料是由起毛，棉拉绒面料和一种厚重的帆布面料复合而成。这种新的厚重面料是很好的手提包面料。

提花织锦和经编布里料复合

这种织锦面料在缝制前，能被挂里。这种经编针织里料能够起到保留弹性且有助于加固用于外套或配件的织锦的作用。

软的乙烯基

这种体积庞大的仿木桐已经融合乙烯基面料成为一种双面面料，它仿制了一种经修剪后的绵羊的皮。

塔夫绸摇粒绒

塔夫绸面料和摇粒绒复合，能制作出一种具有极好外观效果的时尚外套。

实际案例

显著特征
- 正面和背面都能被利用。
- 笨重的面料，触感坚硬。

优势
- 各种各样的面料都能复合在一起。
- 极好的重量感和手感用于结构化服装的制作。
- 能在已存在面料的基础上简单创造出新的面料。

劣势
- 面料如遇高温或化学物质可能分离。
- 笨重，有时会出现缝制困难的问题，需要慢慢缝制。

常用纤维成分
- 正面：可以是任何纤维，然而涤纶纤维仍是首选。
- 熔融里层：100%复合纺或交织纺面料需加两面的黏合剂。

长的仿羊皮外套

　　这种长的、奶油色的夹克使用仿羊皮的针织面料和仿反毛皮面料来模仿真羊皮。使用一种仿制动物皮的复合面料是它应用的一个例子。这种复合面料多为双面使用。

支撑结构

　　设计师们发现，衬里是一种不常见但是在设计师的最终产品上常以一种固有的内在部分而存在的面料。

在精致的西装裁剪中，衬里需要被慎重地选择，也彰显着西装上翻领滚边和平坦翻领的不同。以下的部分将介绍设计师可利用的不同类型的衬里，并且介绍了他们为达到不同目的而选择不同衬里的原因。正确选择衬里的关键是要考虑到服装面料的选择。

　　衬里的功能是为那些需要加固的设计部分提供支撑。这些部分包括领子、袖口、纽扣、口袋，以及夹克的翻领和底边等。设计师将决定把衬里用在哪些服装部分以完成设计要求的形状和轮廓。对于衬里的选择取决于经验的累积，设计师可在实验和错误中获得方法。为了帮助设计师们进行选择，有关支撑结构中的部分内容将围绕着几种主要类型衬里的相关信息展开。从根本上说，衬里选择的基础是达到服装设计的要求且能够通过面料性能的测试。服装使用的面料和大量的设计要求将决定着衬里类型的选择，正如是否应用热敏感黏合剂或通过缝制附着工艺进行处理。

衬里面料的选择

　　以下有三种主要类型的衬里面料。它们都能满足于易熔性（使用热敏感的黏合剂）或不易熔（没有使用热敏感的黏合剂）的处理：

- ·梭织衬里。
- ·针织经编衬里。
- ·喷网状或复合网状纤维，常是锦纶或涤纶。

休闲服装：衬里

　　在休闲服装中有部分区域需要衬里进行支撑：翻领、前门襟、扣袋、腰头和口袋边缘等。

使用衬里的目的

衬里有三个主要功能：

· 增加重量或搭配一种轻质的外壳面料。

· 支撑服装的一个设计元素，如领子。

· 按需求支撑一个需要形状或完成某种夸张效果的设计元素，如西装夹克翻领上的软的褶皱。

选择一种衬里

选择正确的衬里的关键是理解衬里是如何改变面料特征的。在大多数情况下，设计师所使用的衬里应该不会改变面料的性能，如重量、手感、结构纹理等。设计师应该经常测试各种各样的衬里以便于更好地了解衬里的选择方法。在选择过程中，以下是一些指导方针。

什么时候使用易熔融衬里：

· 完成一个固定的形状或轮廓，如衬衫领。

· 作为一种快速增加夹克坚固性的方式，常用于夹克的前衣身，但这仅限于生产便宜的产品。

· 用于固定腰头，又或是用于皮带和手提包等。

· 底边支撑。

什么时候使用布熔融的衬里：

· 当生产高质量的西装和夹克时不用黏合剂，并且最终会形成柔和、不硬挺的形状。

· 为了增加支撑力或重量感且不显示衬里时使用。

智能：衬里

笔挺的衬衣领和袖口需要衬里的支撑。纽扣式的前门襟也需要衬里以支撑这种柔软、丝滑衬衫面料。领带则需要使用柔软、高级、有弹性的衬里，从而起到抗皱效果。另外，腰头和口袋边缘也要求衬里来进行支撑。

结构衬

衬有多种多样的价格和可利用价值，其价格的高低常决定着使用哪种衬里。

成本最低的是那些网状纤维，即水刺布或复合水刺布。经编针织也相对比较便宜。梭织衬里、棉平纹、羊毛衬或马尾衬，可以有各种重量类型。高品质的产品多使用马尾衬，低品质的产品则多使用网状纤维或经编布。面料类型和设计类型将限定设计师所使用衬里的种类。

手缝是传统的衬里应用方法，可以确保从面料正面不会看到衬里。然而，随着热敏感黏合剂的出现，这种应用过程变得更快、更高效。热量和压力将使衬里和面料背面相黏合，取代了缝制工艺。如果是100%的涤纶，就能被回收再利用，但是必须放在有着相同纤维含量的服装上。

马尾衬，使用马毛、羊毛和其他纤维混纺形成一种硬挺度，它不随着时间的推移而软化。这种衬里常用于高品质的西装制作。

实际案例

显著特征

优势

- 马尾衬是一种高品质的羊毛西装衬里。
- 羊毛衬是一种非常好的、用于男士领带或其他无压力设计的衬。
- 经编布是一种非常好的、柔软的结构设计衬。
- 网状纤维布是包含多种重量类型的衬，能随着面料纤维含量的变化而选择使用。
- 无论是经编布还是网状纤维布都易收缩。

劣势

- 如果受到洗涤和蒸汽熨烫，棉混纺或羊毛混纺马尾衬会在服装中收缩。
- 网状纤维布不耐磨，并且在服装中容易成堆/降解。

常用纤维成分

- 100%羊毛或羊毛混纺。
- 100%棉。
- 100%涤纶。
- 100%锦纶或涤纶/锦纶混纺。

衬里如何被应用

应用之前

衬里的功能十分重要，但其本身在服装完成后却不会显露在外。

这种经编衬里有一种热敏感的黏合剂，需应用热量和压力来予以实现。

应用以后

这种柔软的衬里可以在不增加羊毛麦尔登面料硬挺度的情况下达到加固目的。

复合网状纤维衬

    这种网状纤维衬在一面显示了黏合剂点；在另一面则没有标记。

无黏合剂的经编衬

    经编衬尺寸较稳定（拉伸后不容易变形）。但是，当与面料复合后会比其他类型的衬的柔韧性好。此样品所示为衬的一侧热熔胶的黏合点。

羊毛衬

    羊毛衬是不能熔融的。它主要是作为一种男士领带或高档西装的额外附加层。

羊毛衬用于男士领带上

    在领带打结以后，这种斜纹裁剪的羊毛衬增加了领带顶端和内部的弹性。

第二章
流动性

　　设计师的目的是设计出能够随着人体形态曲线的变化而流动的面料。感觉上好像是人体自己在做设计，为了达到这个目的，设计师所选择的面料也要能很好地传达这种感觉。

就像水流过身体一样，流动性的面料更具活力，能够帮助设计师赋予服装以生命力。柔软、悬垂性好的面料没有"身骨"，是作为流动性面料的理想选择。容易形成堆叠或是容易滑动的面料都属于流动性面料，设计师可以运用这些面料使人体呈现出预想的形态。

种类繁多的流动性面料

　　针对面料是怎样流动的，设计师们有自己独特的见解。

　　《巴黎首映视觉纺织》显示，已经创造出具有诱惑力的系列面料，可以尽可能多地呈现出设计师想要表达的感觉，这就是流动性面料。流动性面料的性能与用于构成面料的纱线种类有直接的关系。设计师们需要密切关注流动面料的纱线组成，因为是它们赋予了面料流动性、悬垂性、重量感和生命力，这是普通机织面料所没有的。用于纺织的复合纱线的高捻纱是这些流动性面料性能的关键。尽管采用长丝纤维会使面料具有很好的光泽度，纤维的结构对于流动性面料来说也不那么重要。面料结构通常采用针织而不是机织，因为通常针织物的手感更柔软。

斜裁面料形成的褶皱

　　设计师采用斜裁的方式来剪裁这块柔软的褶皱面料，以强调悬垂性对服装设计的影响。柔软的面料很贴合皮肤，就像流动的水一样。

流动性面料的应用

大多数流动性面料呈现出液体的感觉。设计师利用人体来塑造形态，面料像液体一样顺着人体的形态进行包裹。为了使这些面料表现出最佳的、特殊的"流动"性，设计师需要选用合适的且具有一定特点的面料进行表现。

悬垂性： 面料贴合人体悬垂下来，就像溪流漫过溪水中的石头一般。面料必须跟随身体的形态而产生变化。接缝细节缝制起来较为复杂，因此面料在剪裁和缝制的过程中很容易移位。

重量： 流动性好的面料一般不重，所以其悬垂感和飘逸感较好。通常，轻薄或中等厚度的面料流动性好。

运动： 可以运动是流动性面料独有的特征。许多流动性面料都拥有较强的生命力和弹性。设计师可以选择各种各样兼具流动性、运动性和独特性的流动性面料。

流动性面料可以具有多种形式

为了使设计兼具美观和优雅并且能更好地展现人体形态，其选择正确面料的关键是要清楚纱线及面料结构对面料最终性能的影响。设计师需注意一些虽然采用同样的面料结构，但是通过改变纱线的种类却能形成完全不同的面料的案例。

纤维的创新以及结构的整理

由于经常用于体育运动中，因此针对流动性面料的创新设计有很多。它们可形成褶皱的性能和运动性能可以用来为运动的人体做设计，因此关于纱线和整理的细节将在这一章的部分页面予以体现。请关注这些重要的知识点。

背部的细节

位于后中心线处的扣子是一个视觉中心点，使面料形成褶皱并且向瀑布一样沿着身体悬垂下来。

雪纺面料会随着空气流通而运动变化，与表现人体相比，它更能体现出空气的流动性。在制作女士紧身上装和裙子时，在一些几何区域通过折叠和缝合雪纺可以形成丰富的服装结构。但是，这需要很大的劳动力资源来实现这些结构，因此选用雪纺是不具有经济性的。

雪纺

这种美丽、透明的面料是所有面料中最容易辨认的。雪纺面料非常轻薄，通常被用于有多层结构的晚礼服或新娘礼服的外层。

纺是平纹机织物，通常采用复合长丝通过松散的机织结构使其形成透明的外观特征。它大多被应用于制作正式的晚礼服或女士衬衫。然而，雪纺有时也用于女士内衣裤、睡衣、长袍的制作。雪纺可以表现出完整的人体轮廓，当用于斜裁礼服时需结合起固定作用的里衬一起使用。

上图中，雪纺面料的经纱采用了金属线，但是面料仍然保持了雪纺面料所应具有的柔软度以及流动性、悬垂性好的特点。

设计师建议： 在设计合身及结构性强的服装时尽量不要采用雪纺。这是由于穿着时，如此松散的平纹机织结构很容易发生滑移（接缝处纱线会发生滑脱）。因此，设计师们通常采用里衬来支撑雪纺，以增强雪纺面料的强力。通常，雪纺多用于制作宽松的服装。

实际案例

显著特征
- 轻薄、透明面料。
- 柔软的手感。
- 采用复合长丝，通常具有光泽。

优势
- 透明，并且非常轻薄。
- 悬垂性好，并且柔软。
- 采用聚酯纤维比采用蚕丝制成的雪纺抗皱性更好。

劣势
- 脆弱面料。接缝处容易滑移（面料在接缝处容易被拉开而只留下一侧纱线，极易被损坏和撕裂）
- 不适于制作紧身的服装。

常用纤维成分
- 100%蚕丝。
- 100%涤纶。
- 100%黏胶纤维。

印花雪纺

　　该印花雪纺极其轻薄。当与结实的彩色里衬相结合时，多用于制作裙子。

烂花雪纺

　　针对这种缎面面料，雪纺通常被用作基布。

有刺绣的雪纺

　　结实的彩色雪纺面料可用作刺绣的基布。

乔其纱

单面乔其纱

乔其纱，通常叫作单面乔其纱，有时会和雪纺的背面混淆。它们的不同之处就是，乔其纱织物的手感稍粗糙一些，并且有很多褶裥，而雪纺织物的表面更加光滑并且褶裥较少。

采用不同类型的高捻纱是面料形成不同质地和褶裥的关键。乔其纱中复杂的加捻纱线越多，它的价格就比雪纺越贵。通过采用不同类型的纱线以及变化纱线织造的密度可以得到不同透明度及质地的乔其纱。乔其纱可以代替雪纺，它也是一种极易产生褶裥的面料，使面料更富生命力。由于具有褶裥，乔其纱能够更好地贴合人体曲线，常用于制作正式场合的礼服和衬衫。这些服装不是紧身的，而是以褶裥的形态包覆人体。

乔其纱在穿着时有一定的弹力，这是由于在面料的生产过程中对纱线进行了起皱加捻处理所形成的。

实际案例

显著特征
· 轻薄、透明的面料。
· 稍显粗糙的表面。
· 极好的褶裥。

优势
· 透明，轻薄。
· 褶裥能很好地贴合人体。
· 能很好地起皱和形成褶裥；不适合于制作紧身服装。
· 织物的表面可能会有凸起。

劣势
· 脆弱面料。接缝处容易滑移（面料在接缝处容易被拉开而留下一侧纱线，很容易被损坏和撕裂）。

常用纤维成分
· 100%涤纶或涤纶/黏胶纤维混纺。
· 100%黏胶纤维。
· 100%蚕丝。

双面乔其纱

乔其纱是平纹机织物，正背面看起来一样，是双面面料且相对更重一些。

闪光乔其纱

经纬纱采用不同颜色的纱线可形成闪光乔其纱。

提花乔其纱

提花乔其纱透明的质地可以在面料上形成美丽的图案。这块面料样品是闪光乔其纱，其经纬纱分别采用蓝色与红色两种颜色，在面料移动时会发生颜色变化。

巴里纱

对于服装来说，巴里纱通常是在纺纱过程中，采用加强捻的、特殊的高品质棉纱或是精纺毛纱织造而成。

尽管不像雪纺和乔其纱（参见第136和第137页）那么透明，但巴里纱的质地也有一定程度的透明度，这是因为织造巴里纱采用的纱线比织造雪纺和乔其纱所用的复丝更粗。此外，与上等细布（参见第56页）相比，巴里纱有着美丽的褶裥，这是因为巴里纱所采用的纱线捻度较小。

采用高捻纱是许多流动性面料的共同特征，这是设计师在选择巴里纱还是上等细布时需要重点考虑的，因为巴里纱所采用的纱线可能使面料造价更高。

棉巴里纱多用于制作夏季衬衫和礼服，可以形成令人体感觉舒适的褶皱；毛巴里纱应用并不广泛，它通常不透明并且较重，但是也可以用来制作礼服、衬衫和裙子。

采用强捻棉纱及宽松机织结构使面料具有柔软的手感。这块面料是夏季面料的理想选择。

实际案例

显著特征
· 轻薄、透明的面料。
· 光滑，短纤维织造面料。
· 极好的褶裥效果。

优势
· 短纤维织造面料（能感觉到表面的短纤维）。
· 透明，并且非常轻薄。
· 褶裥能很好地贴合人体。
· 能很好地起皱和形成褶裥。

劣势
· 脆弱面料。接缝处容易滑移（面料在接缝处容易被拉开而只留下一侧纱线，很容易被损坏和撕裂）。
· 不适合制作紧身服装。

常用纤维成分
· 100%棉或棉/涤纶短纤维混纺。
· 100%羊毛。
· 棉/涤纶混纺。

毛巴里纱
毛巴里纱并不常用。注意加强捻的精纺毛纱是如何广泛间隔使用的。

印花棉巴里纱
巴里纱透明的表面限制了印花和其他后整理工艺的使用。这块经过柔软整理的面料上的植物花型的印花颜色并不鲜艳，因为面料表面的小孔降低了其颜色的亮度。

带圆点的棉巴里纱
巴里纱透明的质地使里衬的应用变得很重要。当被用作春/夏面料主体时，设计师为了使面料更稳定，通常会在透明巴里纱背面加上里衬。

纱

　　纱是一种低品质的透明棉布。纱使用简单，粗纺纱线和宽松的机织结构的采用使其手感柔软并且表面吸湿性能较好，尤其适用于制作女士上装的附件。

纱 有时会和巴里纱混淆（从背面看）。纱布通常是低品质的棉布，因此用于制作服装时需要予以特殊关注以保证达到设计效果。这种面料只推荐用于制作宽大的女士上装、礼服或是裙子。

　　这块松散的机织物实际上是多臂提花机织物。不规则的浮线使面料比均匀的平纹纱布更加结实。

　　设计师建议： 由于纱非常脆弱，因而在应用时通常会采用其他更坚挺的面料来支撑，或者通过包缠而不是缝制来完成设计。

实际案例

显著特征
- 粗糙的机织物，透明面料。
- 轻薄。
- 手感非常柔软。

优势
- 手感柔软。
- 褶裥能很好地贴合人体。
- 能很好地起皱。

劣势
- 脆弱面料。接缝处容易滑移（面料在接缝处容易被拉开而只留下一侧纱线，很容易被损坏和撕裂）。
- 不适合制作紧身服装。
- 很容易起皱。

常用纤维成分
- 100%棉或棉/涤纶混纺。

单色薄纱

　　纱通常被染成深色。这种均匀的平纹机织物比其他机织物更加结实。

印花薄纱

　　经过上浆树脂整理，纱织物也可以印花。上图中的样品采用的是湿法染料印花而不是干涂料印花（注意染料透过了面料，在背面也可以看到花型）。

条纹薄纱

　　这块平纹机织物由于采用了不同规格的交织纱线和不规则的间隔，因而在表面形成了条纹。通过采用不同颜色的经纱增强了这种疏松且不规则的机织结构。

衬料

衬料用于包裹服装的内层，有助于隐藏面料的接缝，能够减少穿着服装时的摩擦。为了达到这两项功能，衬料通常都轻薄并且光滑。

最好的衬料是采用复合长丝织造而成，这种衬料可以使织物的内部呈现丝绸或像丝绸一样的外观。设计师有时会选择印花或者是与面料形成对比颜色的衬料来达到设计效果。可以制作服装的面料通常也可以用来作为衬料使用。例如，毛格子、摇粒绒或天鹅绒面料都可用于制作需要形成反差效果的衬料。

设计师建议： 洗涤服装时，衬料不能缩水，所以提前对面料进行预缩处理和测试能确保最终的面料在洗涤时保持原来的形态。同样，色牢度的测试也很重要。

棉斜纹方格花纹面料可以用作男士夹克衬料。设计师可以通过运用衬料来增强服装的对比性和设计感。

实际案例

显著特征

优势
- 大多数情况下，涤纶衬料的色牢度较好。
- 涤纶衬料不受干洗化学试剂和汗渍的影响。
- 有多种多样的编织、颜色和特殊效果的衬里。

劣势
- 黏胶纤维、醋酯纤维和蚕丝衬料的耐干洗性、色牢度不佳。
- 黏胶纤维、醋酯纤维和蚕丝衬料强力低，吸汗后容易撕裂。
- 除了经编针织物，其他织物中衬料的缝线处都容易发生滑移。
- 棉衬里必须进行预缩处理。

常用纤维成分
- 100%涤纶。
- 100%黏胶纤维或醋酯纤维面料。
- 100%蚕丝。
- 100%棉。

印花正方形机织衬料

这块100%涤纶印花正方形机织衬料采用数码喷墨印花技术印制而成，色牢度很好。如果采用蚕丝为原料，所得到的轻薄面料就叫作"中国丝绸"。

经编针织物衬料

经编针织物很适合作为运动服装的衬料，可以使服装更灵活，更富强力和回弹性。

缎子

无论是哪种纤维组成的缎子衬料，其表面都光滑且有光泽。丝绸缎子的悬垂性比醋酯缎子更好。

选择衬料

服装面料直接决定了选择什么样的衬料与之搭配。下面是选择衬料的一些建议。

棉格子花呢夹克衬料

几乎所有光滑的机织面料都可以采用，可以根据衬料的格子图案风格来区分是制作定制西装还是夹克。

运动夹克衬料

运动针织衫和裤子通常采用轻薄的经编针织物或网眼针织物来作为衬料使用，以实现对运动中产生汗液的水分控制。

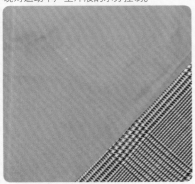

斜纹机织夹克衬料

斜纹机织物是质地紧密的机织物，采用光滑的复合长丝织造而成，衬料具有光泽。它通常用于制作合身的男士夹克和外套。

带里子的大衣

此款大衣的"秘密"是当大衣敞开时便可呈现出里面的红色丝绒里料。更为戏剧性的是，这种具有对比效果的里料设计可从某些层面上反映出设计师的设计态度。

缎子

　　光滑且有光泽的缎子面料是时尚界最易识别的面料之一。设计师通常把机织缎子和蚕丝纤维相混淆。缎子是一种机织面料，不是纤维。

织　造缎子面料可以采用很多不同的纤维组成，但相同点是，它们都需要具有光滑且有光泽感的表面。织造缎子面料只能采用复合长丝。与组织结构更紧密的婚礼服缎和横贡相比，它们通常更灵活，悬垂性也更好。悬垂性的好坏与所采用的纱线种类有关。采用强捻复合长丝的缎子面料要比采用普通纱线的悬垂性更好。

　　由于表面光滑且有光泽，缎子面料通常被用于制作高品质的衬衫和裙子。然而，由于它有质感且悬垂性较好，也常被用于制作内衣。

　　缎子面料的纤维组成非常多，黏胶纤维、醋酯纤维、涤纶和蚕丝复合纱线都能织造出有光泽感的面料。它的手感大多取决于其纤维成分和纱线的捻度。该面料的品质好坏取决于织造的密度，而面料的弹性则与纤维组成有关。

　　这块绛红色涤纶缎子面料可以用来制作礼服、衬衫和衬里，是耐洗涤面料。

- 表面光滑。
- 可形成褶裥。
- 尽管斜纹纹理紧密，但手感仍然很柔软。

优势
- 完美的表面纹理。
- 良好的春夏季面料。
- 蚕丝和涤纶面料是制作礼服和衬衫的良好选择。
- 它可以很好地体现缝线的细节。

劣势
- 面料的表面容易形成水渍。
- 面料很容易抽丝。
- 缝制时，需要用很细的针或是圆头的针以防止抽丝。
- 必须采用不会粘连的缝纫压脚以防止面料表面抽丝。

常用纤维成分
- 100%涤纶、醋酯纤维或黏胶纤维。
- 100%蚕丝。

印花缎子
　　缎子面料是制作精细印花的理想面料，其光滑的表面能表现出美丽、鲜艳的色彩效果。

查米尤斯绉缎
　　面料的正面是光滑且有光泽感的经纱，背面是强捻起皱的纬纱。因此，面料同时具有光滑的缎子的正面和典型的双绉特点的背面。

烂花缎子
　　这块缎子面料采用烂花技术露出乔其纱的底纱，它同时采用缎子表面和透明乔其纱作为底纱的结构别具一格。

缎子礼服

　　运用商品质感的缎子面料来制作礼服能很好地展现服装的灵动性，可以通过褶裥来展现身体的各种形态。

双绉（罗缎绉）

双绉是美丽的、性感的、有光泽的面料，它沿着身体垂下，能若隐若现地展现人体的形态。

这种有棱纹的机织物同时具有几乎看不见的横向棱纹细纹理，以及类似菲尔绸的明显的棱纹纹理（参见第72页）。这些纹理是通过只在织物纬向采用类似华达呢的强捻起皱纱线和交织的方法获得的。

双绉面料具有生命力，这意味着面料在压缩和释放时具有一定的弹力。强捻纱线使面料具有了这一特征。面料适用于制作品质考究的衬衫、裙子和内衣。非常轻薄的双绉也可以用来作为衬料，但是成本比其他衬料要高出许多。更为重要的一点是，双绉有很好的缝纫性能，因此它的缝线结构也可以像褶裥一样成为设计元素。与比较松散的机织物或是只采用低捻纱线的面料相比，双绉的缝线处不容易发生滑移。

上图中的双绉手感柔软、轻薄，具有很好的缝纫性能。然而，浅色面料会稍微有些透明，深色的面料则不会那么透明。

实际案例

显著特征
- 水平方向（纬向）质地细腻或是表面有棱纹的褶皱。
- 表面有光泽，光泽来源于优雅的棱纹。
- 丰富的褶裥。

优势
- 表面有光泽，有棱纹。
- 良好的缝纫性能。
- 能很好地形成褶裥。
- 不容易滑移。

劣势
- 当面料较重时，面料的滑移现象导致很难裁剪精准。

常用纤维成分
- 100%涤纶和涤纶/黏胶纤维混纺。
- 100%蚕丝和蚕丝混纺。

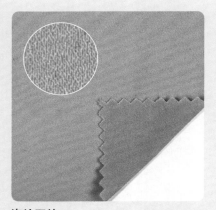

涤纶双绉

所有的双绉面料都是双面的。这块100%涤纶双绉就是很好的例子。

刺绣蚕丝双绉

光滑、有棱纹的表面很适合用于机械刺绣。面料经过染色、整理并且裁剪成衣片后，可用黏胶纱线进行刺绣。

印花双绉

印花双绉是女士衬衫经常采用的面料。面料轻薄但不透明，显得很端庄。这块面料是采用染料湿法印花，面料的背面花型几乎和正面一样。

柔和的光亮加强区

双绉有个特点就是具有光亮加强区，即面料褶皱的顶部反光效果比较强烈。与缎子面料的表面不同，双绉表面反光柔和，体现出低调的时尚感。

绉条织物

双绉

经向具有绉条的织物通常是指双绉面料。双绉面料可以由很多不同的纤维组成，但是得到的面料都是垂直方向（经向）起皱。

尽管在今天的纺织工业中，"双绉"这个词并不常用，但供应商们还是把机织的、具有绉条纹理的织物叫作双绉。

高重量或中等重量的绉条织物都可以用来制作衬衫、夹克、裙子和轻薄的裤子。它的主要特点是，通过机织工艺具有绉条的织物表面，使服装面料的纹理耐久不变。

绉条面料会限制设计的类型，最好将其设计成缝线少、结构变化小的服装直接包覆人体。双绉面料上的缝线会使设计变得繁复，并且给缝制和熨烫带来困难。

面料的手感与纤维的组成以及纱线的种类有关。大体上来说，棉短纤维纺成的纱线和面料极具休闲感，手感略粗糙，涤纶复合长丝面料则更考究、光滑，手感也更柔软。

这块绉条面料和沙罗类似，但是纱线的种类会影响绉条，导致面料的绉条纹理很深。它结构很疏松，表面起皱纹理明显。

紧密机织涤纶绉

优质的强捻复合长丝纱线进行紧密的机织，得到这块精细、有绉条纹理的轻薄绉面料。

松散机织棉绉

粗糙的强捻棉纱使面料具有明显的经向绉条纹理。这种重量级面料应用广泛，可用于制作休闲夹克、裤子和裙子，是一些设计师的常用面料。

提花条纹绉

这种中等重量的提花条纹绉结合了斜纹机织与平纹机织的经纱纹纹。涤纶/黏胶纤维混纺纱线使面料表面具有绉条纹理。

实际案例

显著特征
- 水平方向（纬向）有皱条。
- 通常采用松散的机织结构，因此面料稍微有些透光。

优势
- 完美的表面纹理。
- 良好的春夏季面料。
- 蚕丝和涤纶面料很适合制作裙子和衬衫。

劣势
- 很难保证精准裁剪的面料。
- 开幅机织双绉面料很容易出现滑移现象。
- 熨烫缝线很困难。

常用纤维成分
短纤维纱：
- 100%棉和棉/涤纶混纺。

复合长丝纱：
- 100%涤纶和涤纶/黏胶纤维混纺。
- 100%蚕丝和蚕丝混纺。

经向绉条裙

柔软的经向绉条面料为整体造型增加了褶裥和柔软度，因此不需要太多的缝线。在经向衣襟闭合处设计光亮的腰带与之形成鲜明的质感对比效果。

印花薄呢

印花薄呢是方平组织机织物，手感柔软，表面有轻微绒毛。它所采用的纱线通常是短纤维纱而不是复合长丝。发展至今，大多数的印花薄呢都以黏胶纤维为原料，手感更加柔软。

印花薄呢面料通常都是印花产品，常用在儿童和女士的上装、裙子，以及女士衬衫和男士衬衫中。黏胶混纺的印花薄呢也常代替棉用在男士和女士的夏威夷衬衫上。黏胶纤维对染料的吸收性能要优于棉纤维，其柔软的手感使之成为理想的、适合温暖气候的凉爽面料。

印花薄呢手感柔软，因此它是形成柔软的皱褶或是适合斜裁设计的理想面料。尽管面料有很好的缝制和熨烫性能，但它的柔软度决定了它并不适合制作紧身服装。

由于短纤维纱没有采用加强捻，因此印花薄呢的成本并不高。涤纶和黏胶混纺，会有难看的起毛、起球现象。设计师需要慎重选择纤维进行混纺，要了解起毛、起球是否会影响整体设计的呈现。

印花薄呢具有柔软的手感并且轻薄，因此机织既可以采用平纹也可以采用斜纹。这块红色面料就是黏胶斜纹印花薄呢。它的表面有细微的毛羽可以模仿天然羊毛印花薄呢。

实际案例

显著特征
- 精细机织物，表面有轻微的绒毛。
- 通常是印花制品。

优势
- 手感非常柔软。
- 悬垂性很好。
- 能很好地形成褶裥。
- 较好的缝纫熨烫性能。
- 黏胶/涤纶混纺面料成本较低。

劣势
- 不适合制作紧身服装。
- 如果采用涤纶混纺极易起毛、起球。
- 黏胶纤维极易起皱。

常用纤维成分
- 100%黏胶纤维和黏胶纤维/涤纶混纺。
- 100%棉或棉/涤纶混纺。

设计职责

100%黏胶纤维或涤纶/黏胶纤维混纺印花薄呢面料是成本较低的服装的理想选择。它们大多在发展中国家进行生产，生产黏胶纤维所用的纤维胶是被大多数工业化国家所禁止的原料。生产这些低成本的黏胶纤维或黏胶纤维/涤纶混纺面料会产生一定数量的有毒气体和化学废物，这在全球纺织业并没有相关的规范进行限制。这种面料成本很低，因而很难抵制，但是在对环境明确规定以限制有毒气体和化学废物排放的国家，这类面料是被禁止生产的。

浅底色印花薄呢
印花薄呢通常是深底色印花。然而，这块牛仔图案的印花薄呢可以用来制作女士衬衫、裙子或睡衣，略带绒毛感的表面使它的手感更加柔软。

深底色印花薄呢
黏胶印花薄呢通常用于制作女士衬衫和裙子。黏胶纤维手感凉爽、柔软，具有很好的染色性能，因此设计上通常采用深底色印花。

斜纹软缎

斜纹软缎是高档面料，通常采用复合长丝织造，以获得有光泽感的精细斜纹面料。

斜纹软缎质轻，并且极易形成褶裥效果，因此很适合用于制作服装配件，如优雅的围巾和男士领带。它的重量较轻，因此通常用来制作内衣或衬料。

斜纹软缎通常是印花面料。紧密的机织斜纹布面很适合印制精细的花纹，它作为打印介质仅次于缎子面料。柔软的褶裥加上斜裁手法可以织造出优雅的领带，并且通常会印上与男士穿着相匹配的图案。纯色面料能够凸显出其独特的斜纹纹理。女士围巾的设计也通常会采用这些精细的机织斜纹软缎。面料柔软的褶裥只能通过斜纹编织来实现。平纹布很难形成与斜纹软缎效果相似的褶裥。

斜纹软缎是一种高档面料，它轻薄、有光泽、采用紧密的斜纹机织结构，多用于制作衬料、男士的领带和围巾。

实际案例

显著特征
· 有光泽，精细的机织斜纹表面。
· 轻薄，不透明。
· 手感非常柔软。

优势
· 表面有光泽。
· 手感柔软，能很好地形成褶裥。
· 褶皱效果好。

劣势
· 缝制时，可能会出现滑移现象。
· 不适合制紧身服装。

常用纤维成分
· 100%蚕丝复合长丝或蚕丝混纺。
· 100%细旦涤纶或涤纶混纺。

纯色斜纹软缎

纯色斜纹软缎面料不是双面面料，它的正面有着明显且精密的细纹。这块男人西装的口袋方巾是通过手工滚边来处理布边的。

白色斜纹软缎

白色斜纹软缎通常用于制作成本较高的衬里或领带。它的生产成本较高，因此很少大面积地运用在服装上。

薄软缎印花

斜纹薄软缎印花（小型几何图形的设计）面料是典型的男士印花领带面料。

平针针织物

平针针织物是最流行但是却最难辨认的服装面料之一。它在时尚产业中最多变，其纱线的规格可能会使设计师忽略掉平针针织面料的本质。

细纱线织物用于制作非常轻薄的服装、内衣或是丝袜，粗纱线织物则用于制作工作服、配件等，如手套、帽子和围巾。

平针针织物很容易变形，因此不能单独用于制作紧身服装，除非加入其他有弹性的纱线。平针机织物通常用于制作内衣、睡衣、T恤、裙子、轻薄的工作服和针织帽子等。设计师不需要要求服装的尺寸很精准，因为平针机织面料自身的延展性使它能够适合于各种各样的体型。通过不同纤维的混纺所产生的不同纹理和手感能够区分出平纹针织物的具体类别。

这块棉质平纹针织面料是当今最流行的面料之一。轻薄的面料保形性较差，设计师可按照自己的想法设计出不过于紧绷的服装。

设计师建议：平针针织物有以下特殊性能：裁剪时，面料的边缘不平坦会发生卷边现象。这一特点在轻薄的棉质平纹针织面料中尤为明显。应该预先对面料进行放卷边处理，以使面料更便于裁剪和缝制。

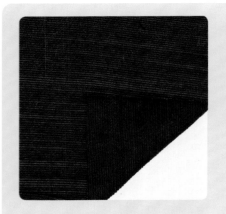

同色调平纹单面针织物

这块有三种颜色的同色调平纹单面针织物是通过采用三种不同颜色的纱线共同织造得到的。

羊毛平针针织物

羊毛天然的弹性使平针针织面料具有较好的保形性。与机织羊毛面料相比，采用轻薄的单面针织使面料保持了质地轻薄的特性。

涤纶仿羊毛平针针织物

这块结构较松散的平针针织物是采用涤纶复合长丝织造而成，试图仿造天然羊毛面料。然而，这块面料并不具有针织羊毛面料的弹性。

实际案例

显著特征
· 正针编织使面料正面平坦。
· 反针编织使面料背面有织纹。
· 裁剪时会出现卷边现象。

优势
· 不同纹理和手感的面料种类繁多。
· 工艺简单。
· 有延展性的面料，很容易满足服装的尺寸要求。
· 能很好地形成褶裥。
· 弹性较好，所含的纤维会增加面料的弹性。

劣势
· 由于裁剪后会卷边，因此缝制困难。
· 服装容易变形。
· 必须用圆头针进行缝制。
· 容易钩丝，如果纱线破损会引起跑针（线圈脱落，面料破损）。

常用纤维成分
· 100%棉或棉/涤纶混纺。
· 亚麻和苎麻与涤纶混纺。
· 100%羊毛或羊毛混纺。
· 100%涤纶和涤纶/黏胶纤维混纺。
· 100%蚕丝和蚕丝混纺。
· 100%黏胶纤维和黏胶纤维混纺。

形态差异较大的平纹针织服装

平纹针织物通常手感柔软并且能够形成褶裥。图中的连身裤看起来质地柔软并且能很好地形成褶裥以体现人体形态。然而，一些平纹针织面料则采用简单的短纤维纱织造，这并不会增强服装的悬垂性，就像图中的灰色平纹针织上装一样。

双面罗纹针织物

　　双面罗纹针织物是一种两面都有针织线圈的针织物。轻薄的面料具有机织物一样的性能，与单面平纹针织相比，它更有身骨。

纱　线决定了面料形成褶裥的性能。精细复合长丝会使面料的悬垂性和柔软度更好。短纤维纱，如棉纤维或黏胶纤维，通常比复合长丝粗，因此短纤维纱面料更加厚重且形成褶裥的性能较差。

　　男士马球针织衫通常采用双罗纹，因为这种面料的缝纫性能较好（类似于机织物），并且裁剪和熨烫时不易发生变形。然而，双罗纹针织物不像平针针织物的延展性那么好，适合于制作女士衬衫和裙子

　　这块棉质双罗纹面料的针织结构比大多数平纹针织物更疏松。它同一般的双罗纹织物一样稳定且不易变形，而且手感更柔软，形成褶裥的性能更好。

实际案例

显著特征
- 表面平坦，只有正针结构。
- 轻薄并且不透明。
- 能形成褶裥，但是纬向刚性更强。

优势
- 光滑的针织线圈表面。
- 手感柔软，悬垂性很好。
- 很容易形成褶裥。
- 双面布料。
- 裁剪时不会发生卷边现象。
- 易于裁剪和缝制的针织面料。

劣势
- 表面容易钩丝。
- 面料显得有些厚重，尽管实际上并不是这样。
- 纱线破损会引起跑针问题。

常用纤维成分
- 100%复合涤纶长丝，黏胶纤维或蚕丝，或混纺。
- 100%细旦涤纶，尤其适合于制作运动服。
- 100%棉，黏胶短纤维；有时和涤纶混纺。

棉质双罗纹

　　与棉质平纹针织物相比，图中的棉质双罗纹质地更加紧密，刚性也更大。它常用于制作休闲衬衫。

竹黏胶双罗纹

　　双罗纹面料采用从天然竹子中提取的竹浆黏胶纤维织造。与棉质双罗纹相比，它手感极其柔软并且能很好地形成褶裥。

涤纶双罗纹

　　与平纹针织物相比，双罗纹更加硬挺，因此常用于制作复合膜或皮革和仿麂皮面料的基布。另外，针织结构提高了硬膜层的灵活性。

无光针织物

无光针织物是一种轻薄的针织面料，因其良好的能够形成褶裥的性能和稳定性而闻名。

无光针织物采用强捻起皱纱线，看起来和摸起来都有明显的褶皱。然而，针织面料褶皱结构的成本比机织面料低得多。采用不同种类的起皱纱线，可以得到多种多样的表面纹理。

设计师通常用无光针织物来制作女士衬衫和裙子。休闲服设计师们有时则会选用无光针织物来制作垂感与质感较好的长袍。这种面料兼具有大多数机织面料的活力和针织面料的延伸性。无光针织物通常可采用复合长丝纱线来织造强捻起皱纱线，其常规的纤维组成是100%涤纶面料且采用多种印花技术进行印花处理。

这块有活力的、手感柔软的、能形成褶裥的面料是制作裙子和衬衫的理想面料。穿着时，它很稳定，保形性也很好。

实际案例

显著特征

· 有卵石花纹，表面有褶皱。
· 具有针织物灵活的表面性能。
· 能形成褶裥，有活力。

优势

· 容易缝制。
· 悬垂性很好。
· 极易形成褶裥。
· 裁剪时不卷边。
· 虽然没有弹性纤维，但其面料本身也具有一定的弹性。

劣势

· 表面容易钩丝。
· 要做到精确的裁剪很困难。
· 纱线破损会引起跑针问题。

常用纤维成分

· 100%涤纶或黏胶纤维。
· 100%蚕丝复合长丝或蚕丝混纺。

黏胶无光针织物

凉爽、柔软、悬垂性好的黏胶纤维代替弹力纤维，可用于制作极具质感的女士衬衫、上装和裙子。

涤纶无光针织物

这块无光针织物是制作裙子时最常用的面料之一，印花和纯色都较为常用。

印花涤纶无光针织物

由于无光针织物比单面针织物更结实，因此被广泛地运用于印花技术。由于容易会印歪（叫作弯曲），因此条纹尤其难印。

细针跳线针织物

跳线针织物通常是纬编针织物。"针"指的是针织时一定单位面积内的数量。通过把许多小针编织在一起织造而成的面料，称为细针跳线针织物。

机械针织是一个对于技术性和创造性都有着较高要求的技术领域。对那些并不熟悉针织工业词汇的设计师来说，需学习的重点之一就是能识别细针跳线针织物。记住，如果一块针织物的正背面都看不到线圈，那么这块针织物就是细针跳线针织物。

全成型的跳线针织物一般都采用细针。与手工编织的针织物类似，全成型的针织衣片通过平板计算机针织机器织造而成，然后再把这些衣片织到一起而不是缝制到一起。最终，全成型的服装就完成了。这种服装在细针跳线针织物中最常见。全成型的细针跳线针织物的一大好处是不经裁剪，因此也不存在浪费的问题。设计方案一经确定，就需按照一定的规格来织造面料。

细针跳线针织物的表面线圈并不明显。这种细针跳线针织物表面构造均匀且光滑，大概每25.4mm（1英寸）20针，采用的是细纱线。

正面

背面

人造全成型跳线针织物

因为全成型跳线针织物会增加服装的附加值，因此在缝制时，一些设计师就会仿照它织造出明显的、全成型的跳线针织物的线迹。

正面

全成型针织袖缝

组编一件全成型针织衣成本很高，因为需要按照最终形状先织出衣片（而不是

背面

从一卷针织面料上裁剪出衣片）。全成型的优势就是针织面料的边缘没有厚重的包边处理。

实际案例

显著特征
- 面料表面线圈极小，不容易看见。
- 面料表面针织紧密。
- 裁剪时易卷边。

优势
- 延展性较好，尺寸合适。
- 悬垂性较好。
- 有弹性，所含的纤维会加大面料弹性。

劣势
- 面料延展性大，易变形。
- 如果需要缝制，就要选用球形针头的针。
- 面料极易钩丝，如果纱线破损，会出现跑针问题（线圈脱落，面料破损）。

常用纤维成分
短纤维纱：
- 100%棉和棉/涤纶混纺。
- 亚麻和苎麻与涤纶混纺。
- 100%羊毛或羊毛混纺。

简单的复合长丝纱线：
- 100%涤纶和涤纶/黏胶纤维混纺。
- 100%蚕丝和蚕丝混纺。
- 100%黏胶纤维和黏胶纤维混纺。

细针跳线针织服装

细针跳线针织服装通常较为轻薄，针织时多采用细纱线，面料非常光滑，并且便于进一步装饰，如右图中有珠片饰带的裙子。另外，也可以采用相反的机织缎子来加固服装，如上图所示的针织背心。

网眼针织物

网眼针织物可以采用多重纹理和方法来进行织造。它有着很显著的外观特点，设计师可以在设计中利用这些特点。

 眼针织物在常规面料上留有空隙或孔洞，并使之以与众不同的形式排列，再和其他针织部分结合起来形成美丽、轻薄的针织物。

网眼针织物通常用于制作无袖衬衣、内衣、睡衣、婴儿服装和流行的针织衫。它们多种多样的变化形式颇受设计师青睐，尤其是在春秋季节。在进行面料设计时，需要采用紧密的针织面料来控制开孔，制作网眼针织物需要采用细针跳线针织物，可以采用较细的高质量棉纱或羊毛纱线。当然，多种多样的纤维可以用于织造网眼针织物。

这块柔软的网眼针织面料是通过采用细条纹和花型图案进行加固的。它是通过在面料上形成孔洞（没有纱线）制成的。

凸花纹毛衣

图中针织面料上的凸花纹是通过在面料上织造出一系列的小孔洞形成的。

发光圆点网眼布

尽管不是一块真正的网眼针织物，但发光圆点网眼布上采用发光黏胶纤维纱线织造的部分可以模仿真正网眼织物的孔洞效果。

罗纹网眼布

罗纹网眼布通常用于制作婴幼儿服装，它具有一定的弹力，并且面料上的孔洞能够使婴幼儿的身体在炎热的天气里保持凉爽。

实际案例

显著特征
- 面料的正背面都有针织线圈。
- 不同形状的孔洞可以用于制作网状设计，可采用空几何图形。
- 细针跳线针织物。

优势
- 种类繁多。
- 面料轻并且透气性较好。
- 面料有延展性，能满足服装的尺寸要求。
- 具有很好的悬垂性。
- 弹性较好，所含的纤维增加了面料的弹性。

劣势
- 由于孔洞的存在，面料缝制起来极为困难。
- 要选用球形针头的针用于缝制。
- 面料极易钩丝，如果纱线破损，会产生跑针问题。

常用纤维成分
短纤维纱：
- 100%棉和棉/涤纶混纺。
- 亚麻和苎麻与涤纶混纺。
- 100%羊毛或羊毛混纺。

简单的复合长丝纱线：
- 100%涤纶和涤纶/黏胶纤维混纺。
- 100%蚕丝和蚕丝混纺。
- 100%黏胶纤维和黏胶纤维混纺。

女士裙子

　　左图中的女士裙子展示了网眼针织物的光亮和多种多样的开孔变化。网眼针织物多用于制作内衣，其面料的光亮和透气性使之成为春夏季休闲服饰的最佳选择。

网眼

　　网眼面料的大多数孔洞和空隙是通过紧密的双罗纹纱线结构形成，手感柔软，有延展性。面料孔洞的大小和形状以及它们在面料上开孔的位置可以呈现出多种形式。

$\boxed{XX}$ 眼面料是制作运动服和内衣的重要面料。它们成本不高，但能做出多种有趣的服装。由于很舒服，网眼面料通常可用作夹克或裤子的内衬，以避免皮肤和外层面料直接接触。用于功能性滑雪服或自行车运动夹克的网眼内衬可以理解为排汗层，它把身体的汗液带离皮肤表面以促进其快速蒸发。

　　从无功能到具有极强的吸湿快干功能的网眼面料，通常都采用复合长丝纱线作为原料。如前所述，网眼面料大多用于制作需要吸湿快干功能的运动服装。设计师可以根据面料的流行性或功能性来选择不同风格的网眼面料。

　　这块有光泽的经编针织网眼面料通常叫作运动网眼面料。它有渗透性，在运动时能让凉爽的空气透过面料。尽管有很多未封闭的网眼，但它仍具备一定的保形性。

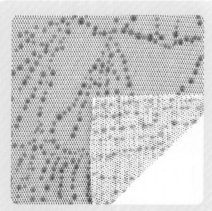

小型孔洞

　　小型孔洞面料的针织结构紧密，面料的保形性没有大孔洞面料好但是比其更透明。它通常用于制作女士流行上装，并且大多数情况下需要印花处理。

中型孔洞

　　中型孔洞面料通常用于制作夹克和裤子的衬料。

大型孔洞

　　大型孔洞面料的线圈离得很远，运动时具有很好的保形性。这种大型孔洞面料不像小型孔洞面料那么透明。

网球裙上的白色网眼布

网眼织物可提供运动服装所需的最大透气量。经编网眼针织物具有挺阔、爽滑的手感，可满足网球裙的廓型要求。经编网眼织物在纵向（或垂直方向）上几乎没有延伸性。

实际案例

显著特征
· 表面有空洞，双罗纹纱线组成。
· 直纹方向没有延展性，不能伸长。
· 手感柔软，悬垂性较好。

优势
· 可表现为不同大小和光泽的面料，种类繁多。
· 工艺简单。
· 直纹方向刚性大。
· 具有很好的悬垂性。
· 有弹性。

劣势
· 由于孔洞的存在。面料裁剪后很难进行缝制。
· 如果需要缝制，需选用球形针头的缝纫针。
· 面料极易钩丝。
· 孔洞越多，要做到精确裁剪越困难。

常用纤维成分
· 100%涤纶。
· 100%细旦涤纶使面料具有吸湿快干的功能。

肩部的黑色网眼

左图模特肩部的黑色网眼是通过大网眼纬向单面针织得到的，手感非常柔软，能很好地贴合身体并且容易变形。氨纶的加入帮助其更好地保持肩部的造型。

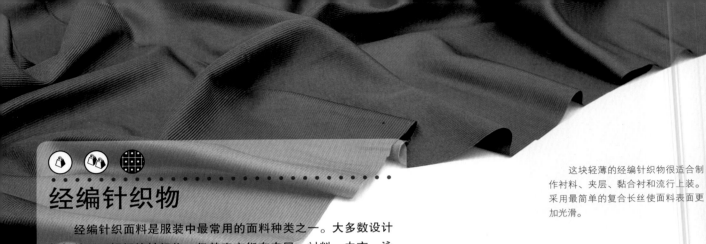

经编针织物

经编针织面料是服装中最常用的面料种类之一。大多数设计师都并不了解经编针织物，但其实它们在夹层、衬料、内衣、泳衣和运动服上应用广泛。

设计师如果想要寻找成本低、表面光滑、有延展性、重量轻的面料，那么就可以选择经编针织物。它通常由低成本的复合长丝织造而成，在直纹方向具有弹性，在横纱方向可以扩张，面料很轻薄。经编织物多采用涤纶纤维。经编针织物像其他所有针织物一样手感柔软并且有较好的弹性。另外，它的悬垂性也很好，尽管所采用的纱线会影响面料的悬垂性。纱线越粗，其悬垂性越差。

经编针织物通常用于制作长袍、睡袍、睡衣，以及成本较低的流行上装和裙子。它也很容易进行印花，尤其是采用热转移印花技术。经编针织物对于快时尚流行女装的设计很重要，因为它

这块轻薄的经编针织物很适合制作衬料、夹层、黏合衬和流行上装。采用最简单的复合长丝使面料表面更加光滑。

的成本很低，工艺简单并且很容易通过印染、印花和熨烫技术来进行变化。

设计师建议： 尽管比平纹针织物（参见第150页）更容易控制些，但经编针织物仍有较强的卷边性。预先对面料进行防卷边整理能够一定程度地解决这一问题。

含有金属纱线的经编针织面料

经编针织物是轻薄面料，金属丝的加入使其变得透明并且延展性较差。

经编针织印花面料

这块经编针织印花面料用的纱线比用于制作内衣的经编针织面料的纱线要细，因此相对来说更重一些。这块较重的经编针织物可以用来制作宽松的运动服，同样极具时尚感。

经编针织衬料

经编针织物成本低，可以用来作为压膜或是能与其他面料结合来增加重量的复合织物的基布。这种经编针织物通常较为透明且成本很低。

实际案例

显著特征
- 表面光滑，并且稍显透明。
- 直纹方向刚性强。
- 横纹方向有延展性。

优势
- 永久性面料。
- 工艺简单。
- 有延展性，能满足服装的尺寸要求。
- 有很好的悬垂性。
- 有弹性，所含的纤维会增加面料的弹性。

劣势
- 由于有轻微的卷边性，面料裁剪后很难进行缝制。
- 如果需要进行缝制，需选用球形针头的缝纫针。
- 面料极易钩丝。

常用纤维成分
- 100%涤纶。
- 100%锦纶。

经编蕾丝花边
　　表面光滑的经编针织面料是用于制作带有蕾丝花边的内衣的理想面料。面料纹路方向很稳定，可以保证服装不会延伸发生变形。

传统蕾丝

　　传统蕾丝的制作需要精湛的技艺和大量的时间，从历史上看，它是隶属于不同社会等级的重要象征。很久以前，蕾丝是富人的专属品，直到人们发明了一种织机，它可以通过设计织物使其具有网眼结构来模仿传统蕾丝。

应　　用于服装中的蕾丝大多是机织产品，其中许多设计图案都是在模仿最初的传统蕾丝织物。蕾丝的设计图案有上百种，生产的方法也是多种多样，所以设计师完全可以依照自己的设计构思来选择蕾丝织物。需要特别注意的是，在单边设计中，纹样块相互连接时要保持纹路方向的一致性。同时，蕾丝的设计与整体的设计相符合也很重要，这样就可以尽量减弱缝合处等细节对整体设计的影响。

　　蕾丝多用于制作饰品和褶皱，借此来衬托服装整体的美感。由于大多数的蕾丝都是透视的，耐用性差，因此通常用量较少，

这块黑色的蕾丝是非常昂贵的阿朗松针绣花边的仿制品，在扇形的黏胶纤维织物上有着手工绣出的纹样。这种蕾丝很容易获得，而且不容易变形。

有时仅能用一次。蕾丝常与轻薄的衬里面料组合使用，使衬里面料的颜色从孔洞中透视出来，进而形成独特的视觉效果。

　　长久以来，人们一直想把机织蕾丝织物制作得尽可能像手工的蕾丝织物。机织蕾丝织物主要有以下三种类型：

- 梭结蕾丝（线圈同时螺旋加捻，形成图案）。
- 飞梭刺绣蕾丝（全刺绣蕾丝）。
- 刺绣蕾丝（穿过织物表面的线迹形成刺绣图案）。

梭结蕾丝

　　通常称作克纶尼花边，纱线在织成织物的过程中进行了错综复杂的加捻处理，形成了花边的纹样。

飞梭刺绣蕾丝

　　这种织物有很厚实的刺绣，手感上有明显的凹凸感。

刺绣蕾丝

　　这块刺绣蕾丝花边与上面的黑色蕾丝相似，刺绣纹理上也与阿朗松针绣花边的刺绣纹理相似。这些昂贵的蕾丝通常只有白色和黑色的，偶尔会发现有较为流行的颜色。

显著特征

- 模仿手工蕾丝。
- 通常布幅较窄（91cm）。
- 显著的纹路特点，独特的手感，复杂的纹理图像。

优势

- 纹理、设计、手感多种多样。
- 大多数情况下具有弹力。
- 轻薄、透视，适合于与其他轻薄的面料分层使用。

劣势

- 容易钩丝。
- 蕾丝不规则的表面极易造成缝合不平整的问题，缝合处容易出现破损。
- 匹配设计可导致裁剪时面料的额外浪费。

常用纤维成分

- 100%涤纶或涤纶/黏胶纤维混纺。
- 100%蚕丝。
- 100%棉或棉涤纶混纺。

蕾丝婚纱

这款飞梭刺绣蕾丝以网状织物为底，在其基础上制出大的蕾丝花形的重复。蕾丝的边缘呈圆齿状，设计师将花边设计成领口，使其看起来更加别致。恰到好处的蕾丝点缀，与整体风格相匹配的花形图案，这都是婚纱设计成功的重点所在。

大众蕾丝

这里要介绍的蕾丝是由高速设备生产、价格低廉的仿制蕾丝。这种蕾丝是设计师用得最多的，因为相比前两页中介绍的蕾丝种类，大众蕾丝更为普遍且容易买到，价格也相对便宜。

这种蕾丝花边的织纹手感平坦，由普通的多纤丝织造而成，能够制作出从亮丽光泽到朴素无光等各种不同风格的织物。它幅宽较大，能满足设计中的大块使用。这种蕾丝有各式各样的蕾丝图案、颜色选择和丰富的表面纹理效果。这种拉舍尔经编蕾丝很轻薄，但与传统蕾丝的区别是，大众蕾丝沿纹理方向上的强度特别大。所以，这种价格适中的针织蕾丝被应用得越来越广泛。

大众蕾丝主要用于制作价格适中的礼服与女士衬衫，也可用于制作窗帘和桌布，颜色丰富多样。拉舍尔经编蕾丝手感平整，所以经常被选作女士内衣裤的常用面料。给拉舍尔经编蕾丝配以时尚的颜色，它也可以用于制作女士衬衫、上装和裙装。

这种蕾丝所用的纱线是简单的多纤丝，一般不会选用其他的纱线，其织物本身具有较好的悬垂性。

涤纶与氨纶混纺的纱线织成拉舍尔经编蕾丝，这种蕾丝有弹性，所以它可以制作出合体的服装。

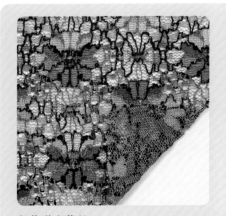

印花弹力蕾丝

这款拉舍尔经编蕾丝在纹理设计的基础上形成丝网印花图案。涤纶与氨纶的混纺非常适合制作女士时尚上装。

轻质蕾丝

这款价格适中的蕾丝可用于制作女士内衣裤和晚礼服。

拉舍尔经编蕾丝

蕾丝的设计都是仿制传统的手工梭结蕾丝，在桌布和窗帘等家居装饰品设计中多采用刺绣，在服装设计中，设计师也多会采用刺绣作为修饰。

实际案例

显著特征
· 下针在织物表面。
· 反针在织物背面。
· 边缘经过切割处理。

优势
· 设计种类多样。
· 易于裁剪和缝制。
· 纹路方向上强度大。
· 悬垂性好。
· 如果织物中的纱线断裂，织物本身不会
  受到影响。

劣势
· 如果蕾丝的镂空处较多，那么缝合起来
  就会较为困难。
· 容易钩丝。

常用纤维成分
· 100%涤纶或涤纶与黏胶纤维混纺。

弹力蕾丝
　　弹力蕾丝织物纱线加入氨纶一起混纺，
使织物具有弹力，其重要特征是，用此织物
制得的上装和裙装可以更加合体。

放大图

金属织物

    金属织物表面有金属效果，可以对其进行各种结构设计。这种织物通常由金属丝与纱线交织而成。另外，树脂涂层或层压的方法也可以得到金属的效果。

所有的金属织物都很柔软，当穿在身上的时候就像是流动的金属液体。它是非常考究的服装面料，其织物表面有着极为特别的金属光泽。

    轻薄的金属织物中用到的金属丝是很细的单丝，织物具有一定的悬垂性。这种金属机织物一般用于制作表演服或装饰，由于强度低，因而不适合作为普通成衣的面料选择。

    获得金属表面还有另一种方法，就是通过热传递将微小的金属点附着在针织物的表面。金属点排列密集，使织物表面呈现出金属光泽。

    这款织物是在涤纶与氨纶混纺的平纹单面针织物上运用热熔的方法使其表面涂覆一层金属膜后形成的。这层金属膜具有一定的弹性，会随着它所附着的针织物一起伸展和收缩。

机织金属织物

    扁平的单根金属丝作为纬纱，与纤细而且强力较大的经纱交织形成机织金属织物。在织物表面上尽显金属丝的光泽。

金属乔其纱

    把烟青色的金属丝织入乔其纱，这种织物表面有着青灰色的金属光泽。

粉红金属织物

    金属织物一般会采用金线、银线和铜线，其织物表面所显现的颜色也是多种多样。图中这款粉红色的金属织物是把粉红色的金属膜附着在玫瑰色的针织物上形成的。

金属织物套装

这款金属织物套装精致、闪亮，在精纺毛织物中织入了金属丝。然而，它的光泽并不像金属涂层那样过于闪耀，而是彰显出一种低调的奢华感。

花式针织物

在针织物中用不同颜色的纱线交织，使织物显现出各种花式纹理，而且运用不同的针法，会使平整的织物表面产生凹凸效果。纱线和不同针法的结合得到了变幻多样的针织物。产品的最终效果取决于所用纱线的类型、号数和制造过程采用的针法。

针织过程不依靠纱线张力来实现，所以不要求纱线具有很高的强度。针织物中还可以使用变形纱，得到的织物效果也别具特色。花式针织物种类多达数百种，本页仅列举四种。针织物设计师可以结合不同的纱线颜色和类型，用纬编的方式设计出非常时尚的花式针织物。

针织物的悬垂性都很好，由厚重的花式针织物制作而成的服装手感柔软，效果极佳。较厚重和中度厚重的花式针织物一般用于制作上装或女士裙装。

这款织物表面有条纹纹理，是通过针织过程中正反针的转换产生的，反针处产生的是宽竖条。织物的背面和正面效果相反，背面也是一种条纹效果，两面都可以作为正面使用。

花式纱线对纤维成分没有要求，在它的生产中可优先考虑的是花式纹理，而纤维的作用主要是凸显这种花式效果。

设计小贴士：花式针织物表面特别容易钩挂，这是由于针织物是由纱线线圈相互套结而成的，成圈部分的纱线凸出到织物表面外，容易被挂起，而纱线被勾出织物表面后就破坏了整体的美观。如果纱线断开，还会产生脱圈、开线，并且可能会连带其他的线圈都脱落开来。

双层保暖针织物

在较冷的天气里，贴身衣物采用双层保暖针织物会有较好的保暖效果，能够把冷空气隔绝在衣物外。保暖针织物的特征就是有着方形纹理的外观。

双色加强针织物

图中这款双面提花针织物表面有双色效果，背面是单一色，这种织物可用于双面设计。

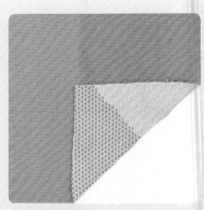

双面针织结构

与双层机织物不同（双层针织物的设计可以是几何图形，也可以是弯曲的弧形），图中这款织物用到了三种颜色的纱线，织物表面的效果和纹理显现出了两种颜色，背面也有两种颜色。

显著特征

- 多种多样的纹理外观。
- 下针在织物表面。
- 反针在织物背面。
- 边缘处经过切割处理。

优势

- 纹理多样。
- 容易获得。
- 有弹性，适于穿着。
- 悬垂性好。
- 由于织物正反两面交替使用正反针，织物具有较好的保形性。
- 回弹性好，纤维成分对织物的弹性也有一定的帮助。

劣势

- 这种织物需要采用特殊的平针缝制技术或链形缝纫法，这样缝合处便可以随穿着时的拉伸一起发生变化。
- 缝制时，必须用圆形缝纫针。
- 织物容易钩丝，如果纱线断裂，会造成一连串的脱圈。

常用纤维成分

纺制纱线：
- 100%纯棉或棉/涤纶混纺。
- 亚麻和苎麻与涤纶混纺。
- 100%羊毛或羊毛混纺。

普通的多纤丝纱线和花式多纤丝纱线：
- 100%涤纶或涤纶与锦纶混纺。

斜纹跳线毛衣

这种针织纹路通过结合不同颜色的纱线和不同种类的针法，得出特别的纹理效果。左图中的毛呢效果是把粗纺线配以斑纹颜色织成质地紧密的织物，形成纵向纹理。这款织物是用针织模仿机织花呢效果产生的织物。

针织物外观设计

与前几页提到的一样，针织物的织物重量、纹理样式、适应服装的合体程度，这些都取决于织物所用的纱线号数、纱线结构和织物松紧度。

过CAD（计算机辅助设计）软件和电脑横机，设计者可以设计出样式繁多的针织服装；CAD技术对针织产业的发展起到了很大的促进作用。

织物的表面设计可以直接复制传统的缆索纹样编织法或是应用电脑横机提供的新样式。这里仅展示了少数几款针织样式，但人们可以设计生产出无数的样式。

缆索纹样是最常见的针织设计纹样，锁链式的线条在织物的表面或弯曲或转动，依靠不同号数的纱线和纬编织物时的不同紧度形成各种不同的风格和纹样。另一种针织物设计是拉舍尔经编针织物。这种织物表面平整，可以裁剪和缝制成服装，但是它图案简单，多为几何图形，这种经编方法也可用于生产蕾丝花边。经编针织物与纬编针织物相比，其刚性更强，弹性较差。

这款经编针织物的独特外观设计结合了网眼和V形结构，这种设计外观是机织物所不具备的。

拉舍尔人形经编针织物

这款人形外观的针织物适合于制作合身的服装，属于拉舍尔经编针织物，可以先将其裁剪成衣片，然后再缝合在一起制成服装。它是一种开放式的针织设计，但是它的结构要比相似外观设计的纬编针织物更稳定。

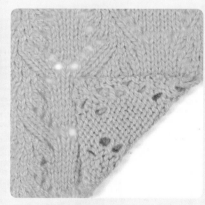

精妙的缆索外观

缆索外观的织物独具特色，被认为是一种传统的外观设计。这种缆索纹样织物表面平整，属于开放式设计，与质地较紧密的织物相比，其结构稳定性差。由于是纬编织物，所以不能裁剪，而是要直接织成合适的衣片，然后缝合成衣。

泡泡针织外观

这款织物属于纬编针织物，它的外观像泡泡一样蓬起，形成卵石花纹的效果。另外，蓬松的加捻纱增加了泡泡织物的毛绒感。

显著特征

- 多种多样的纹理外观。
- 下针在织物表面。
- 反针在织物背面。
- 边缘处经过切割处理。

优势

- 纹理多样。
- 容易获得。
- 有弹性，适于穿着。
- 悬垂性好。
- 由于织物正反两面交替使用正反针，织物具有较好的保形性。
- 回弹性好，纤维成分对织物的弹性有一定的帮助。

劣势

- 这种织物需要特殊的平针缝纫技术或链形缝纫法。这样，缝合处可以随穿着时的拉伸一起变化。
- 缝制时，必须用圆形缝纫针。
- 织物容易钩挂，如果纱线断裂，会造成一连串的脱圈。

常用纤维成分

纺制纱线：
- 100%纯棉或棉与涤纶混纺。
- 100%羊毛或羊毛混纺。
- 腈纶、黏胶纤维的混纺。

多纤丝纱线，花式多纤丝纱线：
- 100%涤纶或涤纶/黏胶纤维混纺。
- 100%蚕丝或蚕丝混纺。

针织裙装

对于男士针织衫来说，要设计出有特色的纹理颜色，那么利用针织外观设计最适合不过。然而，这款高品质的针织长裙利用V形图案，结合富有想象力的斜线缝合技术，也塑造出了与众不同的外观效果。

绉缎

　　绉缎是表面光滑的多纤丝，其背面是高捻度的绉纱。高捻度的绉纱使面料手感柔软且具有较好的悬垂性，而且在表面展现出如丝绸般华丽的光泽。绉缎也可以反过来使用，将绉纱面作为表面，光滑缎面当作背面，这取决于设计师的设计方案。有时，设计师仅把光滑面当作装饰，如翻领和彩条（条边），服装的剩余部分以绉纱面为表面。

大 为绉缎的正反两面都可以用，所以绉缎也可以称为缎背绉（缎面为表面）。

　　织物的纤维成分和纱线类型决定着织物的外观效果和手感。绉缎有很好的悬垂性，多用于制作品质考究、风格优雅的服装。为保证绉缎的效果，纱线都会用多纤丝。

放大图

　　这款织物表面光滑，背面是花岗岩绉纹。它背面的绉纱使织物具有很好的悬垂性和厚重感，适合于制作裙装和套装。不仅如此，此织物也可以正反两面使用。

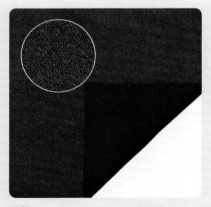

罗缎

　　罗缎的背面是优质的多纤丝绉纱，缎面则是光滑的多纤丝纱线。

拉绒背缎

　　这种背面是拉绒的绉缎是在多纤丝的后面加入纱线，使纤维浮游在织物表面。拉绒背缎适合于制作冬装衬里，能够起到较好的保暖作用。

卵石缎

　　卵石缎的表面有很特别的纹理，背面的绉纱使织物更加柔软，也为面料带来了很好的悬垂性。

显著特征

- 表面有光泽，背面是无光泽的，绉纱正反面可以互换。
- 非常柔软，悬垂性较好。

优势

- 悬垂性较好。
- 织物表面华丽且有光泽，背面无光泽。
- 在同一件服装中，织物的两面都可以作为表面，两面的颜色一致。

劣势

- 由于纱线和结构的特殊性，所以价格较高。
- 必须用非常锋利的缝纫针，以防在缝合时出现钩挂。
- 由于绉纱捻度大，缝合时会限制织物拉伸。

常用纤维成分

普通的多纤丝结合高捻绉纱：
- 100%涤纶或涤纶与黏胶纤维混纺。
- 100%蚕丝或蚕丝混纺。
- 100%黏胶纤维或黏胶纤维混纺。

绉缎包缠裙装

　　左图中的绉缎以绉纱作为背面，它的重量使服装保持一定的稳定性而不会过于飘逸。服装中垂坠的褶裥可以很好地反映出织物的厚重感。

绉纹面料套装

　　绉纹面料是适合于制作女士成衣的优质面料，采用复杂的多捻多纤丝纱线结合多种织造方法，形成各种丰富的纹理表面，有着鲜明的女性特色。它的回弹性好，适合于制作女士套装。值得注意的是，这种面料几乎仅用长纤丝。

　　一般情况下，有鲜明纹理的套装面料几乎都是绉纹面料，它有足够的重量和体积来满足西服套装的设计要求。这种类型的套装面料在处于高级管理层的职业女性中特别流行，她们多希望在着装上与男士的传统精纺毛料有所区分。

　　绉丝使织物的纹理更加鲜明、更有特点，使之看起来与男士的西装面料颇为不同。另外，这种面料也可以用来制作优雅、考究的其他服装。

　　这款中度厚重的绉绸是呢地绉的双层织物。它的表面是特殊的纹理，背面则是光滑的，对比鲜明的正反两面都可以作为织物表面使用。

　　设计师小贴士：这种纹理鲜明的织物在裁剪和缝制时需多加注意，因为织物中的变形纱在裁剪和缝制时会伸缩，从而造成弯曲等问题。

麦特拉斯双层提花花式针织物

　　具有麦特拉斯效果（一种皱褶外观）的双层织物较厚重，且刚度足够用于制作套装。它的纹理表面是用横机织得，是一种专为套装设计的有趣外观。

呢地绉

　　呢地绉所用的纱线捻度较大，其织造过程并没有遵循一定的规律，也没有固定的纹路，因此最后得到的织物往往具有自身独特的外观效果。

条纹提花织物

　　这款提花织物呈现出条纹外观。它结合了绉绸和经编针织，这种技术多用于制作夹克套装。

显著特征

· 有特色的外观纹理。
· 面料悬垂性较好。
· 变形纱的使用占用了一定的空间，但不会增加重量。

优势

· 悬垂性好，尤其是中度厚重的织物。
· 易于裁剪和缝制。
· 有回弹性，纤维成分也有助于增加织物的回弹性。

劣势

· 裁剪和缝制过程会限制织物拉伸。
· 由于纱线和生产方法的特殊性，所以织物价格较贵。
· 缝合时必须用圆形缝纫针，以防止在生产过程中出现钩丝。

常用纤维成分

普通的多纤丝和高捻绉纱：
· 100%涤纶或涤纶/黏胶纤维混纺。
· 100%黏胶纤维或黏胶纤维混纺。

绉绸套装

　　柔软的皱纹夹克套装与裤子边上具有金属光泽的缎面竖条形成鲜明的对比。

光滑绉绸

　　所有的绉绸面料都是用强捻绉纱织造而成。本页所列的面料都是表面光滑的绉绸，它们所用的纱线可以是强捻纱，也可以是多纤丝。这种织物保留了柔软、垂坠的性质，非常适合制作需要剪裁的夹克和套装。

　　毛绉绸很受欢迎，一些有纹理的织物经常用到强捻的羊毛纱线。羊毛绉绸多是花岗岩纹织物，这种织物的表面纹路稍微有些凹凸不平，而且还可以正反面互换使用。

　　罗缎绉外观高雅无光，适合于制作套装或是剪裁精致的裙装。蚕丝的罗缎绉非常漂亮，有垂坠感，手感很好，是经常用于制作晚礼服的面料。由于蚕丝的罗缎绉价格很高，因此可以用较便宜的涤纶来代替。

　　还有其他一些不易辨别的绉绸，它们表面平滑，纹理缺乏特

　　这款罗缎绉织物的纤维成分是黏纤维与涤纶的混纺，纬纱是变形纱，以加强罗纹效果，也增加了面料的柔性和垂坠感。

点，所用纱线为强捻纱或多纤丝。花岗岩纹绉绸中几乎从来不用蚕丝，常用的是涤纶长纤丝，有时则是涤纶与羊毛或其他纤维的混纺。

花岗岩纹羊毛绉绸

　　这款精美的织物是100%羊毛的花岗岩纹绉绸，纱线是强捻羊毛纱。由于很细的羊毛纤维价格较高，因而此款面料价格也相对较高。

提花绉绸

　　这款绉绸由强捻的羊毛纱线织成，多臂提花只用于简单几何图案的外观设计，是一种典型的绉纹组织。

大花岗岩纹羊毛绉绸

　　这款大花岗岩纹羊毛绉绸织物表面的粗糙颗粒有规律性，而且比左边第一张图的那款红色、较精致的花岗岩纹羊毛绉绸的纹理更明显。

显著特征

- 表面平滑，有轻微的卵石花纹或细小的罗纹。
- 很好的垂坠性，有一定的重量感，适用于制作夹克和裤子。

优势

- 平滑的外观能很好地展示缝合处的细节。
- 尽管织物的悬垂性好，但是也能很好地展现服装设计的轮廓。
- 悬垂性好。
- 有回弹性，纤维成分也有助于增加织物回弹性。

劣势

- 价格较贵。
- 裁剪和缝制时，织物会被拉伸。
- 织物表面容易钩丝。

常用纤维成分

纺制纱线：

- 100%羊毛或羊毛混纺；
- 普通的多纤丝纱线和强捻纱。

多纤丝绉纱：

- 100%涤纶或涤纶与黏胶纤维混纺；
- 100%黏胶纤维或黏胶纤维混纺。

表面光滑的绉绸夹克

    这款灰绿色的夹克用到了表面光滑的绉绸织物，这种织物有少许的额外弹性，以适应合体服装的尺寸需求。另外，绉绸织物便于裁剪和缝制，能够适当展现合体的线条和结构。

经编运动面料

经编运动面料所用的纱线为多纤丝，织物表面光滑。这种织物轻薄，有快干的特性，是运动面料的理想选择。

现在的专业运动服装中几乎没有传统的羊毛纤维和棉纤维织物，因为这些纤维虽然可以吸湿，但是湿气却并不能被很快排除（通过蒸发）。这样，织物表面的温度会降低，有时甚至会导致肌肉受损，在运动过程中会产生不舒适的感觉。

非运动员间身体接触的运动项目类服装通常采用薄型经编织物，如网球运动和高尔夫球运动。而运动员间身体接触的运动项目，如足球和篮球，则需要采用较为厚重的经编面料，常包括经编网眼织物。

这款经向珠地针织物是由高性能的、具有芯吸效应的纱线织得，100%涤纶织物通过芯吸效应控制湿气。具体来说，就是在运动过程中吸收身体表面的汗气，再通过芯吸效应传送到织物表面，并快速蒸发出去，使运动员保持舒适的体感状态。

高性能织物是用涤纶超细纤维织得，通过芯吸效用把水分输送到织物表面，从而快速蒸发出去。如果水汽和湿气长时间保留在织物中，那么织物就会擦伤皮肤，重量也会随之增加。现在，速干运动装是运动员们的必需品，而且涤纶也可以回收再利用。

背面起绒的弹力经编织物

变形经编织物

这款背面起绒织物所用的纤维是具有芯吸效应的100%涤纶，可以吸收身体表面的汗水并使其快速蒸发出去，从而保持运动员在训练过程中的舒适状态。

这款经编织物是超细涤纶与氨纶的混纺织物，能够很好地贴合身体。在运动员的训练过程中，织物的芯吸效应可以把身体表面的汗水转移到服装外面，且贴体一面的织物有起绒效果，与皮肤接触起来更舒适。

经编织物通常不会使用100%的纯棉纤维，但是棉纤维中的水分蒸发过程较慢，会产生一定的降温效果，这样在非常湿热的气候环境下，穿棉质的高尔夫球服会感觉非常舒适。

实际案例

显著特征
- 通过选择不同纤维，织物可以是有光泽的，也可以是无光泽的。
- 经编网眼织物像其他的经编织物一样结构紧密。

优势
- 表面光滑且有光泽。
- 织物结构稳定，不容易产生拉伸变形。
- 拉伸延展是在织物整体上产生的，而不会仅在某一纹路方向延长。
- 耐用性好。

劣势
- 表面容易钩挂，但是不会影响织物的耐用性。
- 为避免缝制时产生钩挂，必须用圆形针。

常用纤维成分
多纤丝纱线：
- 100%涤纶超细纤维或同等规格的涤纶。
- 100%超细锦纶纤维或同等规格的锦纶。

足球袜套
　　对于运动员的经编针织服装的要求是在运动过程中足以支撑身体，能够提供拉伸时所需的弹性，在保证湿冷织物对皮肤损伤最小的同时，涤纶的芯吸效应使运动员的身体保持凉爽状态。

法国毛巾布

　　起绒布和法国毛巾布这两种织物基本相同，一个重要的不同点是：起绒布背面的毛绒是毛圈剪断后被刷起的，而法国毛巾布背面则保留了毛圈。

起绒布和法国毛巾布表面平滑，两者在织造时背面都有毛圈。这两种面料在生产卫衣和休闲毛衣中非常流行。起绒布背面有被刷起的绒毛，手感温暖，常用于制作春、秋、冬季的轻薄外套。它主要应用在运动休闲类服装中，如非正式的裤子、裙子、夹克等。

　　纤维成分基本上为棉或棉与涤纶混纺。法国毛巾布可以采用100%纯棉，但是全棉纤维的起绒布存在火灾隐患，所以起绒布一般不会是纯棉的。棉和涤纶的混纺可以降低起绒布的火灾风险。有时会用100%的超细涤纶来生产高技术含量的轻质法国毛巾布，用于制作运动装。

这款织物背面有独特的毛圈，表面平整，很受休闲服装的青睐。有机棉的法国毛巾布与普通毛巾布的应用领域相同。

涤纶起绒布

　　这款起绒布的外观类似于羊毛织物，其起绒面非常柔软，制成服装后会产生温暖的效果。

双色起绒织物

　　这款样品的纤维成分为60%再生棉，20%腈纶，20%涤纶。其中棉纤维是已经经过染色处理的，所以在整个生产过程中产生的化学染料废物较少。

超细纤维法国毛巾布

　　这款粉红色的法国毛巾布所用的纤维是高性能的超细纤维，能通过芯吸效应把身体表面的汗液排出。这款高规格的织物结构紧密，又因为含有弹性氨纶成分，所以制作成服装后可以更贴身。

灰色套装

由于面料在裁剪过程中容易拉伸变形，因此左图中套装的设计师仅通过简单的裁剪和按扣来完成整体设计。这样的设计手法很好地体现了面料的柔软手感和悬垂性。

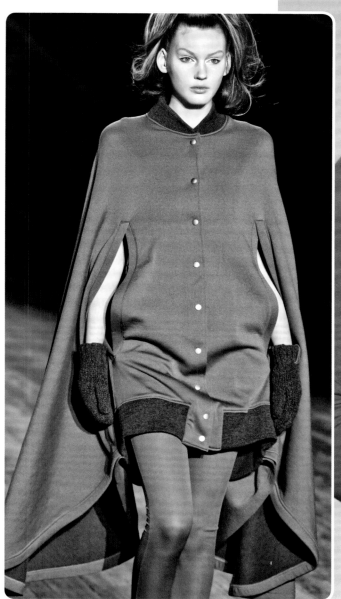

法国毛巾布卫衣

法国毛巾布卫衣给人以宽松、懒散的感觉，这是由于单层针织物结构不稳定所导致的。这种织物容易拉伸变形，但是在洗过烘干后还会恢复到最初的形状。另外，织物背面的毛圈增加了织物的蓬松感。

摇粒绒

　　摇粒绒的出现彻底改变了户外运动服装产业。它所用的纤维几乎都是重量较轻的超细涤纶或常规涤纶。

摇粒绒的出现取代了厚重的羊毛针织物，羊毛针织物制成的户外服在户外活动时没有优势，而且容易受到昆虫的干扰，存放问题也不易解决。摇粒绒表面是割绒效果，背面是起绒效果。它的面料特点是重量轻、保暖、快干、防虫。

　　近年来，摇粒绒一直是运动套装和柔软夹克的面料首选。良好的耐用性和较轻的重量使它在户外装方面优于羊毛织物，几乎所有的户外服厂商都会选择摇粒绒。摇粒绒多年后仍可穿着，它可以与防风夹克层压在一起，即使在多风的天气环境下也能保持温暖。摇

摇粒绒织物两面都有绒毛，制成的服装表面必须是割绒面，背面必须是刷绒面。这款粉红色的摇粒绒可用于制作保暖的衬里或者保暖的运动套衫。

粒绒有时也可以作为衬里来代替其他一些轻质的衬里面料，在结构紧密的机织夹克的内层，这种两面都有绒毛的结构能够形成隔热层，起到较好的保暖作用。

　　PET涤纶所用原料为塑料瓶，是一种质量较差的涤纶，可用于生产摇粒绒织物。但是，PET涤纶强度低，必须结合腈纶、锦纶或是未被加工处理的涤纶来加强织物强度，所以PET涤纶的摇粒绒织物通常都是混纺的。

轻质摇粒绒

　　轻质摇粒绒，尤其是图中这款超细涤纶绒布，非常适合于制作有缝合细节的服装，它不像传统的涤纶摇粒绒那样蓬松。

PET聚酯摇粒绒

　　PET聚酯摇粒绒的手感与用未加工的涤纶生产的摇粒绒相似。PET涤纶的原料是回收再利用的塑料瓶，这些塑料瓶没有经过去色漂白处理。PET涤纶质量较差，需要与其他纤维混纺来增加纱线的强力。

轧花摇粒绒

　　聚酯摇粒绒织物在被割绒、刷绒后，可以通过轧花整理形成浮雕的纹样。图中这款面料所采用的是类似网格图案纹样的浮雕。由于织物表面经过割绒，所以不易起球，而背面刷绒的绒毛容易起球，给人感觉不精致。

摇粒绒露营套衫
双面起绒织物保暖好而且重量轻。

显著特征
· 表面割绒，背面刷绒，手感柔软。
· 柔软蓬松。

优势
· 割绒的一面一般不会起球。
· 织物背面为刷绒，接触皮肤时感觉温暖。
· 织物容易购得。
· 超细涤纶的摇粒绒织物与常规涤纶的摇粒绒织物相比，手感更加柔软。
· 针织结构灵活多变。

劣势
· 在设计剪裁的时候必须考虑绒毛的方向。
· 刷绒的一面容易起球。
· 缝合时推荐使用圆形缝纫针，以防止产生钩挂，但是可不做强制要求。

常用纤维成分
· 100%超细涤纶或常规涤纶。
· 由塑料瓶制得的PET涤纶。

设计师责任

　　PET涤纶质量较低，适用于制作起绒服装，可以回收生产新的PET涤纶，这样就形成了无限的回收循环系统。然而，目前的PET涤纶制成服装后便不再回收。回收的塑料瓶是未经加工的原料，人们只是简单地把它们从垃圾中分离出来，而没有把它们融入纤维供应链中。PET涤纶服装到了垃圾场，这一阶段的回收循环就结束了，除非服装产业组织起来开始回收再利用这些纤维，进而把它们制成新的PET涤纶。

天鹅绒

生产天鹅绒织物有两种方式——针织和机织。天鹅绒比较容易辨别，它的绒毛比平绒（参见第102页）更长。

针织天鹅绒与机织天鹅绒相比，价格便宜，应用得也更广泛。针织天鹅绒有弹性，服装采用较少的结构设计便可以很合体。一般情况下，机织天鹅绒的绒毛耐用性好，主要用于制作室内产品或对耐用性要求较高的外套服装。几乎所有机织天鹅绒的基布都比较重。

针织天鹅绒多用于制作女士成衣、礼服、睡衣，有时也用于制作玩具和毛巾。针织天鹅绒可以是经编，也可以是纬编。经编天鹅绒织物稳定性好，弹性小，通常用于制作家居服和玩具。纬编天鹅绒织物中通常加入氨纶，多用于制作流行服装，如夹克、裤子套装、上装以及无袖连身装。

这款涤纶和氨纶混纺的天鹅绒织物，绒毛长且浓密，弹性较好，制得的服装更为合体。

机织天鹅绒常用于制作室内装饰，像沙发套、椅子套、窗帘。在服装中，外套大衣和夹克多会用到天鹅绒。机织天鹅绒通常要经过抗污染整理。用于室内装饰的天鹅绒的生产质量标准较高，所以表面绒毛的耐用性高。

天鹅绒的绒毛有方向性，在进行设计时要充分考虑到这一点。天鹅绒可以结合各种颜色和印花来丰富其织物样式。

绉平绒

所有的割绒针织物都是天鹅绒，而不是植毛绒。植毛绒的生产方法只能采用机织，它的准确名称是平布天鹅绒，但业界多称之为平布植毛绒。上图中的样品表面做了褶皱处理。

烂花天鹅绒

烂花天鹅绒通过酸处理后烧掉了特定部分的绒毛，露出了针织基布。这种织物适用于女士上装和裙装的常用面料。这款烂花天鹅绒纤维中含有氨纶，有弹性，适于穿着。

用于室内装饰的天鹅绒

这款经编针织天鹅绒可用来制作沙发套，它的耐用性非常好。有时，设计师也会用这种天鹅绒来制作夹克和外套。从生产到成品，它都会保留织物表面的长绒毛。

实际案例

显著特征
- 外观华丽。
- 柔软，表面为割绒，背面没有绒毛。
- 织物蓬松，手感柔软。

优势
- 割绒的一面一般不会起球。
- 针织天鹅绒容易购得，而且服装较合身。
- 机织天鹅绒与植毛绒相似，但相比之下，机织天鹅绒的耐用性更好。

劣势
- 设计时必须充分考虑绒毛的方向。
- 机织天鹅绒特别蓬松。
- 针织天鹅绒必须采用链式缝法，不能用单针线迹法。

常用纤维成分
- 100%超细涤纶或常规涤纶。
- 100%棉纤维或棉与涤纶/氨纶混纺。

天鹅绒手套

　　针织天鹅绒的绒毛较短且有弹性，常用于制作配饰。手套的缝合处较多，这就要求织物结构稳定且不容易撕开，所以经编针织天鹅绒织物是缝制手套最好的选择。

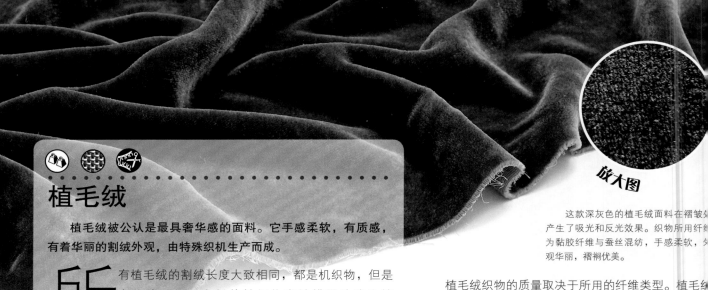

植毛绒

植毛绒被公认是最具奢华感的面料。它手感柔软，有质感，有着华丽的割绒外观，由特殊织机生产而成。

所有植毛绒的割绒长度大致相同，都是机织物，但是有些外观与之类似的针织物常被错误地称为植毛绒。

植毛绒多用于制作夹克和外套、礼服、女士内衣裤、家居服、女士衬衫和裙子（可以是长款或短款）。植毛绒面料要求设计线条简洁，因为植毛绒的绒毛较长，缝合时较复杂。

正如其他绒毛织物，植毛绒表面的绒毛方向很重要，使用时尤其要注意这一点，当绒毛倒向不同时，其面料的颜色也会发生变化。这种变化在长绒毛、华丽割绒外观的衬托下，显得尤为突出。

这款深灰色的植毛绒面料在褶皱处产生了吸光和反光效果。织物所用纤维为黏胶纤维与蚕丝混纺，手感柔软，外观华丽，褶裥优美。

植毛绒织物的质量取决于所用的纤维类型。植毛绒通常采用两种不同的纤维组成，一种用来做底布，另一种用来做长的割绒。当然，最奢华的植毛绒是蚕丝植毛绒，它通常会加入黏胶纤维混纺，这样柔软与悬垂的效果更佳。底布一般采用价格适中的纤维，如涤纶和锦纶；价格高、较柔软的纤维则用来做割绒，如黏胶纤维或蚕丝。

双色植毛绒

用闪光植毛绒做设计是很好的选择，它的底布颜色与绒毛颜色不同，形成双色效果。

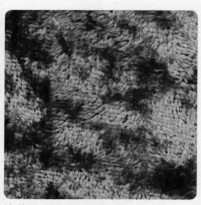

拷花植毛绒

拷花植毛绒织物表面有被毁坏的外观，这是通过织物后整理技术人为制造的。这样的绒毛表面反射光线的效果更好，织物颜色变浅，但是更有光泽感。

烂花植毛绒

烂花植毛绒是通过印染技术使其具有烂花的视觉效果。这样既可以使织物具有图案的装饰性，又不用损伤织物表面。

实际案例

显著特征

- 长绒毛所用的纤维较为柔软。
- 手感柔软。
- 褶裥悬垂效果极好。

优势

- 植毛绒服装的割绒面外观华丽，手感柔软。
- 植毛绒背面没有绒毛，易于设计师更好地把握结构。
- 简单的设计就能得到漂亮的服装。

劣势

- 在设计剪裁时，必须充分考虑绒毛的方向性。
- 不能采用简单的叠压缝合，那样绒毛会被损坏。
- 穿着植毛绒服装时不能长时间坐着，那样身体的重力会损坏绒毛。

常用纤维成分

- 100%蚕丝。
- 蚕丝/黏胶纤维混纺。
- 蚕丝或黏胶纤维的割绒，结合涤纶或氨纶的底布。

植毛绒大衣和植毛绒衬衫

植毛绒是一种风格非常优雅的面料。图中右侧这款长大衣，深棕色的植毛绒面料将奢华感演绎得淋漓尽致。图中左侧的裙装设计非常巧妙，底摆边缘处被剪切成条，巧妙地赋予了优雅感面料以新的生命力。设计师可以独具匠心地对面料进行创新设计。

中度厚重跳针织物

跳针织物是纬编单针织物的一种，有时也包括纬编双针织物。纱线的号数和样式与针织物结构的紧密程度共同决定了织物的厚重度和纹理效果。

跳针织物可用于制作套头毛衣，也可以在开合处使用拉链和纽扣，可以进行大胆的造型设计，也可以仅做出少量的造型处理，这些都由设计师的设计理念而定。除了毛衣上装，跳针织物还可以制作连衣裙和短裙。目前，在跳针织物设计过程中，最重要的是纱线的选择。

配色是跳针织物设计中第二重要的因素，图中样品要展示的是通过颜色的配合所能达到的织物外观效果的多样性。另外，几乎所有的跳针织物所选用的纱线都是在织前进行染色处理的。当然，也有些案例是设计师选择在织完的服装上直接染色，但这些只是设计师从设计效果角度考虑的，这里不做具体讨论。

这款中度厚重的羊毛跳针织物属于单面针织物，有菱开提花设计。这款织物的毛纱拈度低，保暖性好。

条纹、不同颜色的形状设计和花呢设计都是中度厚重的跳针织物常用的设计元素。这些设计是通过将不同颜色的纱线置于不同的位置，以变化形成多种不同的外观样式。

嵌花设计

利用跳针织法将不同的纱线织进织物中，这个过程就叫嵌花设计。

镶边设计

图中样品为镶边设计的图例，各种文化领域中的经典图案经常会被引用以作为跳针织物设计的应用元素。

花呢效果设计

这种花呢效果是通过采用多色纱线得到的，这种纱线颜色斑驳，通过针织得到的织物有类似机织花呢织物的外观。

实际案例

显著特征
· 都是单面或双面纬编针织物，用针织和反针可以得到各种外观设计。
· 基本都是用色纱得到的各种外观设计。

优势
· 通过颜色的搭配，形成奇妙的外观设计。
· 通过选择不同的纤维和颜色，跳针织物可以常年穿着而不受季节性限制。
· 通过纱线的选择和颜色的应用，可得到种类繁多的织物。

劣势
· 表面容易钩丝。
· 如果选用平布织物，在裁剪缝合时，织物容易拉伸。
· 因为要尽量减少缝合处理，所以制成的服装合体性较差。

常用纤维成分
此织物对纤维成分没有限制。
纺制纱线：
· 100%棉和棉/涤纶混纺。
· 黏胶纤维、腈纶、涤纶混纺。
· 100%羊毛或羊毛混纺。
多纤丝：
· 100%涤纶和涤纶/黏胶纤维混纺。
· 100%蚕丝或蚕丝混纺。

男士套头毛衣
　　这款毛衣的边缘外应用了巧妙的颜色设计。此织物可能是先织出所需衣片的形状，然后再将各衣片缝合在一起；或者是，将针织平布经过裁剪和缝合后制得。但是，经过裁剪缝制方法得到的产品，价格都较低。

厚重跳针织物

厚重跳针织物多用于制作夹克和外套大衣。这种织物所用纱线蓬松，而且织物结构通常较紧密，使冷空气不容易穿透织物，保暖效果更好。

大部分的针织毛衣夹克所用的纤维要求回潮率低，如未去脂羊毛（表面仍含有羊毛脂，有拒水性）或不吸水的纤维。一些厚重的针织毛衣会被设计成为长外套，这些外套可能是长度及膝的，也可能是长至地面的。然而，织物本身的重量常常导致织物拉伸变形。

一些厚重的针织毛衣是由平布经过裁剪缝合制得，这种毛衣加上衬里会增强保暖性。不仅如此，由于衬里和缝合线增加了织物的稳定性，织物也不容易被拉伸变形。针织物的重量很重要，它影响到织物的稳定性，这一点要予以着重考虑。纬编织物更容易拉伸

这款松弛针织物是单针厚重毛衣织物，所用纱线捻度低。织物较重，而且织物纹理图案容易变形。简单、宽松或许是这款织物所要表达的设计语言。

变形，再加上织物较重，变形的问题就更加严重。

缆索组织和平针组织是较常用的组织形式，由于织物的纹理通常受限于纱线的样式，因此织物一般都比较蓬松厚重。给织物增加额外的纹理是多余的，而且还容易钩挂。花呢纱很受欢迎，但设计师还是多会从色彩搭配的角度对其进行设计。再生纤维针织物，如腈纶和涤纶，要比羊毛织物的重量轻。

蓬松的缆索纹样

图中蓬松的缆索纹样织物是由羊毛和腈纶混纺的纱线织得，保暖性非常好。

凸起的针织纹样

图中的针织纹样是在其他针织纹样的基础上附加的，表面形成凸起的纹样外观。这种凸起针法得到的效果是织物重量轻，保暖性好。如果将这种织物应用于夹克制作，需加衬里。

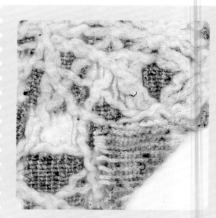

拉舍尔经编针织

与纬编织物相比，经编针织（尤其是拉舍尔经编针织）在相同蓬松度和重量的情况下，伸缩性更小。

实际案例

显著特征
- 织物非常蓬松，原料通常是羊毛或羊毛混纺。
- 基本都是用色纱得到各种外观设计。

优势
- 通过纤维和纱线的选择，形成漂亮的纹理和不同颜色的搭配方案。
- 对于传统外套和夹克来说，厚重针织物是一个可供替换的良好选择。
- 通常，从悬垂性方面来看，针织物总是优于机织物。

劣势
- 表面容易钩丝。
- 如果采用平布织物，那么在裁剪缝合时容易被拉伸。
- 为尽量减少缝合处的形成，所以制成的服装合体性较差。

常用纤维成分
都是纺制纱线：
- 腈纶或涤纶混纺。
- 100%羊毛或羊毛混纺。
- 马海毛/羊毛混纺。

女士蓬松针织装
　　用膨体纱制成蓬松的织物，能够打造出丰满、厚实的服装效果。这种织物既可以用于服装的局部表现，也可以作为整个服装的轮廓造型。左图中的设计图例完美地展示了厚重跳针织物塑型效果的多变性。

第三章 装饰性

设计师们常在常见织物的基础上，通过对面料拼接或是其他能为服装带来视觉层次和趣味性的装饰细节的运用，进而将一些装饰性元素体现在设计之中。

装饰物是对设计的强化与衬托，它们可以形成焦点、质感或者对比。在某些情况下，装饰物能产生新的面料，如以单一的网眼布作底，将丰富的边饰附于其上。

在服装设计中添加装饰，能够对视觉产生一定的冲击效果并在一定程度上使某些效果得到延伸。试验面料的装饰属性，让它们作为设计师的媒介去拓展、延伸其作用。

装饰物可以分为三大类：

1.撞色布：用于边缘、领子或袖口的裁片。它通常以色彩上形成鲜明对比的相同织物出现，或者是选择不同织物，尤其是差异明显的织物，一起应用到面料上。这类装饰多从色彩、肌理和形态等方面来明确装饰效果。选择合适的织物作为装饰应当考虑服装的廓型，例如：

- 形态稳定的织物会提高廓型的精确度。
- 形态不稳定的织物会增加廓型的柔和度和感官体验。
- 延伸性织物会扩大或延伸服装廓型。
- 收缩性织物会减少或缩小服装廓型。

装饰衬衫

左图中，窄边缎带被应用在透明的雪纺衬衫上以增加图案效果和光泽质感。裸露的垫肩提供了另一种材质与雪纺面料形成对比，进而强调了肩部设计。

2.**窄边装饰带**：为带状或其他更为复杂的结构，常作为缘饰饰物用在服装的表面。窄边装饰带可以是：

- 丝带或滚边。
- 衣服的金银饰带、金银线镶边或花边 。
- 新型细长边饰带。
- 窄服装扣边带。
- 蕾丝花边。

这些美丽的窄边装饰带，如在设计中以线条或图案的形式存在的纤细编织辫带、机织物或针织物，在丰富了色彩的同时也通过对比效果明确了边缘线。除此之外，还可以使用其他的装饰形式以作补充，如边缘、补丁、流苏装饰。设计具体的饰带图案可以创造更具有装饰性的服装细节，从而强化了设计的视觉印象。

3.**刺绣**：多表现为机器刺绣采用多种多样的特殊绣线以模仿手工刺绣所形成的痕迹。同样是在整条装饰带上，通过数字化创作的刺绣设计与更细节化、更复杂化的图案设计的集中应用，设计师们旨在用富有肌理与色彩的装饰织物表层来促进设计理念的传递与沟通。机绣的具体生产过程目前由计算机操控，市面上还有一些软件能帮助设计师进行非常精细的缝线图案创作。另外，对绣线的熟悉与了解有助于设计师在为织物选择合适的绣线时更加得心应手。

手缝亮片

　　大号的亮片被手工绣在简洁的弹力平针针织物上装中，为整体效果增添了引人注目的设计细节。

装饰物

银色拉链被水平地置于外套正面，侧边附上相呼应的银色金属环，两者都是功能性与装饰性的结合统一。肩部的人造毛皮拼接既修饰了外套的轮廓，同时也与主要的服装面料形成鲜明的对比。

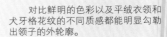

对比鲜明的色彩以及平绒衣领和
犬牙格花纹的不同质感都能明显勾勒
出领子的外轮廓。

撞色布形状

设计元素包括颜色、质感的对比，能使服装产生视觉上的冲击力。当设计师还在依靠廓型和缝合处的缝线细节来提高设计的品质与特性时，撞色布已经以装饰物的角色充分地彰显着设计者的个人风格。

 撞色布被用在领子或袖口等服装局部时，多会形成一种类似于校服或者工作制服的身份标志信息。如上图所示，撞色平绒领子使这件柴斯特外套别具一格。

有三种类型的撞色布拼接方式常被用作装饰：

贴花图案：被缝在织物表面的一种织物图案。设计师的工作内容就是要选择特定的图案以及制作成此图案的织物品种。虽然对于图案的选择范围较广，但在为贴花图案选择织物时仍然需要考虑几个实际问题：

· 成品图案是什么效果？

· 贴花图案将要被附着在哪种织物的表面？针织物还是机织物，表面平整的织物还是表面带肌理的织物？

· 贴花图案将要以何种方式被附着在织物表面？简单缝合还是热熔于其上，又或者是以刺绣的方式存在？

· 被当作贴花图案基布的针织面料应当在背面粘上热熔衬，从而使基布表层在被附上贴花图案后更加牢固。

领子和袖口：在领子和袖口处的撞色运用往往能为极普通的服装款式带来立竿见影的视觉效果。选择撞色的织物非常重要，需要充分考虑其材质、颜色以及保养性能，如舒适性、收缩性、耐磨性和色牢度。因此织物检测是实现撞色布形状的必要内容。

其他形状：肩章、领章（Tabs）、腰带、扣眼锁边（Bound Buttonholes）和育克都是成衣中可以使用撞色布使之凸显的部分。在服装局部添加撞色会为原本保守的设计增加一些趣味性，如军装制服多用撞色面料来强化军衔和勋章等视觉信息。

贴花图案

贴花图案是指将特定的布料形状缝制在基布上。在此图例中，贴花图案数字"5"被缝在绣有亮片的网眼布上，而网眼布的边缘则刻意保持着松散的状态。

白色衣领和门襟

这件针织衬衫使用经编白色细平布作为撞色衣领和门襟。但是，与之相搭配的针织物的色牢度需要首先被考虑其中，否则白色的领子和衣襟会被其他面料褪下的颜色所沾染。

撞色腰带

印花织物常被制成衬衫贴边，同样的印花也被用在口袋的边饰上。对比强烈的线条颜色被运用于打结子（一种针脚，用来锁边固定）或缉明线的过程中。

显著特征

装饰性能与成衣保养

- 在穿着、保养、洗涤过程中，深色织物的颜色可能会沾染浅色织物。
- 耐磨性可能会与主面料不一致。
- 收缩率可能会与主面料不一致。
- 熨烫或干燥过程中，耐热性的差异会导致服装的损坏。

常见纤维含量

- 涉及选择何种撞色织物应用到设计中时，了解织物的纤维含量就显得非常重要。例如，不同纤维含量的织物，其色牢度不同，那么在干湿不同情况下，两种织物的褪色程度就必须经过仔细考虑。因为大部分的撞色织物或多或少包括了浅色系和深色系的颜色，设计师必须充分了解褪色问题会给设计造成极大困扰。受纤维含量和纤维结构的影响，各织物不同的收缩率也是选择撞色面料时必须斟酌的问题。耐磨性，尤其是与对比鲜明的织物边饰的摩擦强度，同样也需要细想。

缎面女士套装

具有光泽的缎面西服翻领以及口袋袋盖赋予这件套装做工精良、设计考究的服装外观。缎面明亮、闪耀的质感与套装用料的哑光表面形成对比。

撞色布：织物的创意轮廓线

用作创意线的布料往往需要设计师对于布料如何能被制作成线而非面的形式有很好的理解力。首先，将布料裁剪成条状使其被重新塑造为线的形态，然后沿着斜丝裁剪以防止布料脱丝，同时要保证布条使用起来较为灵活。

用布料斜丝做成的布条可以非常轻松地沿着外轮廓形成的曲线或者直线边缘进行固定。设计师可以选择同种类、但颜色对比强烈的布料作为塑造服装廓型的主体，又或是使用一种质感完全不同的其他织物，从而产生明显差别，如绉面肌理的表面搭配光泽明显的缎面镶边。

织物滚边常用变形性最好的斜丝来缝制曲线或直线。相协调的或对比效果鲜明的织物搭配方案则依照设计师的个人理念来使用。

斜裁布料折叠滚边

斜裁布料为了方便缝制而被折成各种不同的形式。布条的折叠现在已经呈现机械自动化，而很少再由手工压制。斜裁布料的折叠类型会帮助确定斜裁布料的应用方式：

· 单层或中心对折：未经处理的边缘线被缝进接缝处，有时就像未填充的滚边嵌线一样。

· 双层折叠：在布料表面缉明线。

· 三层折叠：包裹住布料的自然边缘，被称作滚边。

撞色线型装饰的种类

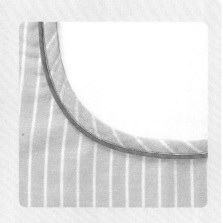

滚边嵌线

织物的斜裁布条的边缘被缝成具有填充物的嵌线，但也可以在缝制时不加填充物（未填充嵌线）。接下来，在缝合处缝进这条滚边嵌线，这样整件设计的边缘就能够被明确出来，或者成衣的外轮廓也能被强调出来。滚边嵌线无论填充与否，都可以以半成品的形式购得。此外还能在拥有专业缝制设备的边饰带供应商那里定制特别规格的滚边嵌线。目前，滚边的生产是一个自动化的过程，几乎不需要手工缝制。滚边嵌线经常会留出一部分缝份使得滚边嵌线在缝合的时候能够将嵌线边缘完整且干净地显露出来。

绳饰

斜丝布条包裹着一根类似于滚边嵌线中使用的绳状填充物。绳饰通常不带缝份，在缝制时完全由未经修饰边缘的布料包住。绳饰常被用作装饰束带被缝制在布料表面的线型设计中，也可由设计师自行想象并设计其使用方式。

显著特征

- 通常呈纤细的线状。
- 用于装饰服装边缘、强调廓型或形成各种线型图案。
- 可使用与服装面料相同、颜色不同的织物或者颜色相同、质感不同的织物。

装饰性能与成衣保养

- 这类装饰物的装饰和保养问题与撞色布形状（参见第196页）的处理是一致的。任何被添加到主设计中的新型面料都需要对其装饰与保养的各方面性能进行检测。

常见纤维成分

- 除松散织造的机织物或针织物以外，所有纤维或混纺纤维都能作为线型斜丝布边饰的原料。最好使用织造紧密的机织物或针织物，因为在裁剪斜丝布条时质地紧密的织物最为牢固。

线型边缘的服装

　　撞色滚边常常被填充上一根细带从而形成浑圆且饱满的边缘，被称作填充滚边。如左图所示，大衣用未经填充的滚边营造出色彩对比鲜明、被折叠平整的边缘。这件女士衬衫使用撞色的齿牙花边（参见第205页），将其缉在褶边、肩线以及袖口边缘处。颜色对比鲜明的滚边使这些服装看起来别具匠心。

5cm斜纹织带　　2.5cm斜纹织带　　2cm斜纹织带

功能性织带

　　一般情况下，在服装结构中的织带可大致分为四种，它们分别是扣眼丝带、人字斜纹饰带、滚条、牵条。这些织带的功能是完结织物边缘，加强或巩固缝合部位，同时为服装的亮点增添更多设计细节。

设　计师们通过使用这些功能性相似的织带来制作一些成本低廉的装饰细节。市面上有很多种织带可供设计师们根据装饰需求进行选择。每一种织带都是按照其所需功能而进行生产织造的，基本上能满足设计师的各种设计要求。

1. 扣眼丝带

　　对于非常纤弱、易损坏的织物——细针距针织物和非常轻质的织物，在紧密织造的机织缎带上事先制成的扣眼能够帮助它们解决扣眼的锁边与完结问题。扣眼丝带是由紧密织造的罗纹或平纹织物制成的。

2. 人字斜纹饰带

　　这些反向斜纹饰带拥有上述斜纹饰带的同种功能。装饰性很强的人字织物和这里展示的其他斜纹饰带具有同等的稳定性。

3. 滚条

　　滚条被做成均匀的平纹织物，用来包裹缝合处的毛边或者底摆的边缘。它们质地轻盈，通常由复丝纱线纺制而成，而且并不会增加成品的重量。另外，滚条也可作为装饰物使用（如右图）。

4. 牵条

　　牵条多被用在容易变形的缝合部位以增强其稳定性和牢固性，如肩部、袖窿或领口处。接缝处变形对于针织面料而言是不可小觑的问题，很多设计师都会在设计中应用牵条。

斜纹饰带

　　斜纹饰带是紧密织制而成的，常以人字斜纹图案形式出现，市面上的宽度规格在1.25～7.5cm（0.25～3in）之间。斜纹织带表面平整，被用于修整直丝布边缘，如纽扣搭门、腰头。织带的原材料通常为100%纯棉，如果直接使用其自然色，那么在使用前需要做缩水率测试。织带也常以各类颜色出现，在针织物表面形成对比鲜明的装饰效果。斜纹饰带还可作为极具视觉效果的牵条使用，一方面使针织物领口边缘干净完整，另一方面也能防止领口被拉伸变形。

滚边

　　滚边是用于包裹衬衫、裤子或夹克等服装类型下摆处的自然边缘线的平纹织造带。它们多被附着在底摆边缘，然后在织物的背面用暗线缝合（在织物的正面也不会露出线迹）。然而，由于滚边的质量较轻、成本较低，设计师也经常利用它们来制作一些有趣的立体型的装饰。

| 1 | 2 | 3 | 4 | 5 |

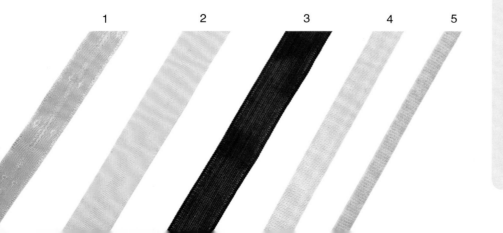

实际案例

显著特征

- 通常呈纤细的线状。
- 既富有功能性，又富有装饰性。
- 能在服装染色过程中保留原色，又或者被染成个性鲜明、对比强烈的颜色。

装饰性能与成衣保养

- 功能性织带在洗涤熨烫过程中必须进行收缩率测试。大多数情况下，功能性织带被用作布边的完结。不当的收缩率可能导致服装上产生褶皱以及服装设计效果的破坏。

常见纤维成分

- 100%棉——最适合服装染色（收缩率测试）。
- 棉/涤纶混纺织物——最适合控制织物的收缩率。

斜纹纽扣搭边

在这件橄榄球衫上，已缝制出扣眼的斜纹饰带被正面缉在前门襟开口处，使得门襟处所使用的面料比普通针织衬衫的面料要牢固很多。

带子

机织窄边带子按长度和牢度织造而成，常用于手提包、双肩包和其他户外装备的加固背带以及腰带的制作中。它的纤维含量包括锦纶、涤纶（防湿）和棉。氨纶纤维对于背带和腰带尤为重要，常被添加到弹性带子的制作中。

装饰饰带：缎类和天鹅绒

除饰带的边缘已经是能防止脱丝的布边外，缎类和天鹅绒饰带本身也都是使用机织物制作而成。缎类饰带平滑且带有光泽，天鹅绒饰带具有奢华、深沉、绒面的外观。

设计师用饰带作为领口和袖口的装饰，为服装完结部分饰以花边以及制作成装饰细节。缎类饰带和天鹅绒饰带有多种宽度规格和颜色类别，其中也包括金属色。几乎所有的缎类和天鹅绒饰带都被染成纯色，并且基于弹性需求考虑，均由涤纶纤维织造而成。

缎类饰带有两种：一是双面缎带，缎带的两面都是缎类机织物；二是单面缎带，缎带只有表面是缎类机织物，反面并没有。双面缎带比单面缎带价格要昂贵一些。所有缎类饰带都非常有光泽，设计师经常选用缎类饰带作为更为讲究的装饰。

缎类饰带（黄色）优良、光滑的表面为印花提供了理想的平台。双面缎带（蓝色）适用于礼服以及需要穿着双面闪光面料的场合。

实际案例

显著特征
- 光滑且富有光泽。
- 灵活易弯曲，有一定的硬挺度。
- 边缘完整，不需要折边。

装饰性能与成衣保养
- 在清洗过程中，深色织物的颜色可能会褪色到浅色织物上。
- 耐磨性能可能与主面料有差异，尤其是表面带有绒或天鹅绒的织物。
- 收缩率可能与主面料不同。
- 在保养过程中，深色织物的颜色可能会褪色到浅色织物上。
- 耐热性的不同可能会导致熨烫或干燥过程中的饰带损坏。

常见纤维成分
- 100%涤纶是这类装饰饰带最常见的纤维含量。
- 100%丝。
- 100%黏胶纤维或者涤纶/黏胶纤维混纺。

6mm（1/4 英寸）饰带

如图所示，6mm（1/4 英寸）宽的缎类饰带经常被用作服装边界部分的花边或者用于服装的开合处。

天鹅绒饰带

天鹅绒饰带为单面绒带，绒状细毛只出现在饰带的一面上。它的起毛表面比较容易被压坏，因此使用时需特别注意。另外，织带宽度较大时最容易引人注目。

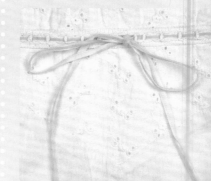

天鹅绒丝带花边

如图所示，窄边天鹅绒丝带经常被用作服装的花边，或者被缝在拼合面料的表面。

装饰饰带：罗缎和塔夫绸

罗缎饰带呈明显的斜向织纹纹理。作为不规则平纹织物，所有的罗缎都具有完整的布边以防脱丝，同时也在一定程度上增强了织带的硬度。另外，塔夫绸也是一种平纹机织缎带。

这些饰带是不分正反面的——双面均为织造而成，具有丰富多样的宽度、颜色以及图案规格。罗缎上的条纹和印花使之成为极受欢迎的装饰物之一。一条非常硬挺的宽边缎带可以作为男士帽子上的饰带或腰带的背面支撑物，偶尔也会用于夹克和腰带的镶边。设计师在使用这类缎带时有多重选择，因为它们耐用且有着爽脆、硬挺的手感，而且能迅速着色（如果纤维成分是涤纶），因此此类饰带在市面上很常见。塔夫绸是罗缎的轻质版，不过目前被视为一种复古风格的缎带。罗缎也可作为帽子、衣领和袖口、衬衫门襟、包袋等的多彩边饰带使用。

罗缎上清晰的纹理增加了局部的硬挺度，同时完善了完结边缘。罗缎有多种宽度的规格可供选择，这里主要提供了两种宽边缎带。

印花罗缎

罗缎饰带经印花或提花处理后会变得更具有装饰性。图中黄色的罗缎饰带被印上了白色的圆点图案。

塔夫绸饰带

塔夫绸饰带的织造纹理不太明显。它很轻，经常被用于制作蝴蝶结或其他柔软的边饰带。图中的绿色饰带运用了花边上的饰边边缘（圆点状织物小结）作为设计细节。

线镶边纱带

这条硬挺的线镶边纱带在每个边缘处做了镶边处理。这些线能够帮助饰带保形，尤其对于蝴蝶结和其他服装造型中的边饰带细节有突出贡献。各种材质的饰带都能在边缘处进行卷线处理。

装饰饰带：提花带

使用提花织物制作的提花带是现有的时尚装饰物的重要组成部分。织入饰带的图案可以是用多色纱线织造而成的、纵横交错的复杂图案，也可以是只使用两三种颜色的简单图案。

提花带以窄边规格生产，一般为1.25cm，最宽为9.5cm。这些饰带拥有挺括的手感，从另一个方面来看，它的硬挺程度有时会限制饰带能够附着的织物种类。例如，雪纺面料（参见第136页）通常过于柔软和轻质，以至除将提花带作为袖口、腰带或领子的情况外，很难对提花带起到足够的支撑作用。

提花带上的图案决定了它的用途。生产提花带时，设置饰带上的图案十分重要，如动物、植物等，又或者是确定饰带的主要颜色对它的用途也起到了较大的作用。市面上关于提花带的详细品种目录有很多，也有根据纤维含量进行的分类。提花带的生产对于纤维成分并无限制，但是为了获得优良的防缩水性能和易于着色，很大一部分饰带都是由100%涤纶织造。即使是过时的提花带通常也很有利用价值，需要我们不断思考其可用之处。

这些提花带由复杂的、能进行计算机辅助设计的织布机生产织造。这两种缎带分别是模仿日本和服的宽腰带以及花饰条纹的墙纸。

实际案例

显著特征

· 通常质地轻薄。

· 手感挺括，偶尔手感丰厚。

· 大多数情况下色彩缤纷，但单色同样受欢迎。

装饰性能与成衣保养

· 织造设计中使用金属丝线容易被钩住。

· 需要检测耐磨性。

· 饰带可能会褪色，并沾染到其他织物上或者被其他织物染色，尤其是丹宁面料。

· 如果没有预先进行水洗测试，饰带可能会收缩并形成褶皱。

常见纤维成分

· 任何纤维都能使用。

窄边提花带（1、2、3）

在这类提花带上进行丰富的图案设计可以将其应用于儿童和成人的服装之中。

交织提花带（4、5）

这类复杂的交织提花带被织入金属纱线，能代替珠宝成为装饰性元素。

织锦缎带（6）

在这条缎带中，手工织造的织锦图案清晰分明。

植物图案机织缎带（7）

有些提花带专为室内设计产品而生产，但它们同样也能应用到服装上。这条缎带上勾勒出了银杏树叶的图案，有多种设计用途。

| 1 | 2 | 3 | 4 | 5 | 6 | 7 |

装饰饰带：提花饰带

对于提花带这类装饰物，提花饰带可结合织物的织造方法创作出各种各样的几何图形。这些图形通常是一种或两种颜色的组合，而且饰带本身也趋于呈现出丰富的肌理效果和边缘形态。

不同的提花织物饰带在质量和手感上形成明显差异，因为它们的制造已经不再是对饰带中图案的创作而是对其肌理的设计。

在对提花织物饰带的使用中有一类非常有趣，就是把不同的纱线集合织入一种饰带中，如将金属纱线和具有光泽的多种纱线混纺成质地明显、表面闪光的金属丝带。许多提花织物纱线会通过在织造过程中的纱线选择来塑造肌理效果。

和提花带相比，提花饰带更常以窄边的形式出现。它的纤维成分和纱线的使用复杂程度则要根据饰带附着的面料品种和饰带的使用方式而定。另外，还需要考虑织物的易着色和收缩问题。

这两种极具质感的饰带模仿了几何图案。尽管它们可能会被认为是提花带，但其饰带中的几何形状却能够体现出提花饰带的外观特点。

提花金属丝带（1）

这条混纺提花饰带同时展现了贡缎和平纹织物的组织肌理效果。

多彩新型齿牙花边（2、3、4）

这里展示了三种齿牙花边：弹性齿牙花边（色织颜色）；色织图案（深蓝色和白色）；能缝在缝线处的花边（白色）。

纯色齿牙花边（5、6）

齿牙花边正反双向，两面的视觉效果是相同的。这类花边有多种尺寸规格，此处展示了其中的两种尺寸。

1   2   3   4   5   6

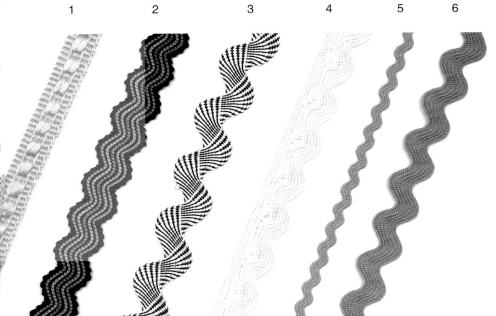

这些带有光泽的金色绳饰、穗带和奖章是由效仿传统的装饰定制夹克的优质金色金属丝线制作而成。

金银装饰

金银装饰产品常被当作奢华的装饰细节为服装设计增添层次感、地位性以及优雅的气质。金银装饰植根于军装或是中东和南亚地区的传统性服饰，它们的地域文化多习惯将质感厚重的装饰物应用到服装设计中去。

金银装饰以使用有光泽的厚重纱线为主要特征，创造出质感厚重的编结带、缘饰或流苏、奖章、纽扣等。这些装饰有时会和金属装饰一起使用，彰显出奢华风格，被用来象征财富和地位。

金银装饰既可以是较窄尺码的装饰（如缘饰、编结辫带、饰带、滚边或绳饰），也可以是小型的装饰物件（如手工编织纽扣、奖章、补丁装饰或者流苏穗饰）。金属纱线的运用是金银装饰的典型特征，带有光泽的丝线或黏胶纤维纱线在金银装饰中也占有同等重要的地位。设计这些装饰的目的是为了增加重量以及设计的奢华质感与尽显华丽的服装外观效果。于是，在选择金银装饰的时候，设计师会着重凸显设计中的装饰特点。

金银装饰常被用在套装、外套、晚装以及小礼服上，而较少会用到休闲服或工作服中去。由于很多金银装饰是由室内设计产品的供应商所开发，因此在寻找这类装饰时要颇费周折。

实际案例

显著特征

· 常使用具有光泽的金属纱线。

· 像纽扣、补丁装饰、奖章或流苏穗饰一样以单品形式生产。

· 缘饰质感突出，偶尔较厚重。

· 饰带通常较窄（只有0.3~0.6cm）。

装饰性能与成衣保养

· 金银装饰几乎不能水洗。常使用黏胶纤维纱线制作的金银装饰，其颜色容易褪色并沾染到主面料上。金属纱线装饰应该进行检测，测试其是否能使用适当的化学物质进行干洗。由于安全问题以及可能会对金银装饰造成的损害，在干洗过程中应避免使用PERC。

常见纤维成分

· 100%羊毛或羊毛混纺。

· 100%黏胶纤维。

· 100%真丝。

· 任何纤维与金属纱线的混合物。

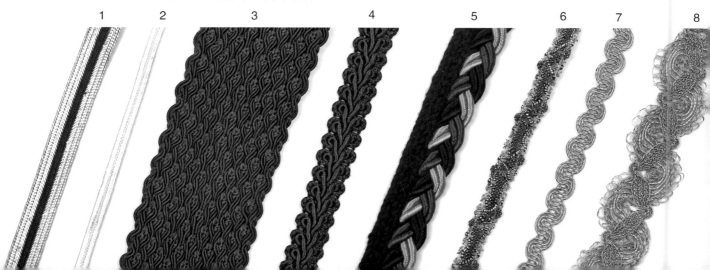

1　2　3　4　5　6　7　8

流苏

流苏常被用在制服或优雅的罩衫上。金色或黑色是金银饰带最受欢迎的颜色，因为饰带常用来表现奢华的生活品质和丰富的设计层次。

9　　　　10

军装风格上装

这件上衣中包含一些花边缘饰、饰带和滚边。这些金银装饰能以各种形式结合到一起，以增加设计细节的层次感与奢华感。

缘饰、饰带和花边

虽然窄边的金银装饰形式多样，但它们大都光亮四溢、厚重并且尽显饱满的奢华感和丰富的层次感。从左到右分别为：饰带（平纹饰带，1和2）；饰带（对角麻花图案的对角棱织纹样，3和4）；滚边（5）；花边（弯曲明显的刺绣外观，6、7、8、9和10）。

盘花扣

手工编织的边结被称为盘花扣，与普通纽扣的使用方式相同。此款盘花扣与缘饰结合用来完结自然边缘。

流苏

　　流苏缘饰以窄边规格出现。它被运用在服装的边缘部分以增加动感，有时候也会根据同样的目的而被添加到服装主题上。

设　计师可以用流苏来软化廓型或增强质感和活跃动感，也可以根据面料或对比材料（如图所示）进行流苏定制。

　　流苏的材质多样，每种材质都传达着不同的设计理念。例如，由珠串、金属纱线、丝线、黏胶纤维、皮革以及麂皮制作的流苏。它们既能给人以休闲风格也能给人着装考究的感受。在选择流苏时需要注意的是，流苏的结构决定了它并非是保形性良好的缘饰。在设计中试验流苏在人体上的垂坠效果，以及搁置流苏的方式是否得当是非常重要的。

流苏可以有多种材质选择。大部分流苏的目的是为了完成服装的边缘线、延长边缘、美化廓型。

麂皮流苏

　　自19世纪开始，麂皮流苏就常被运用到美国西部的牛仔风格服装当中。使用时需注意流苏的不同宽度——窄边流苏比宽边流苏的垂坠效果更好。

编链线圈式流苏

　　设计中为实现某种功能，采用金属纤维编链线圈结构，使得服装底边更加柔软。

羽毛流苏

　　流苏采用羽毛与珠球组合方式，避免羽毛过于蓬松。

珠饰流苏

　　装饰效果较好的珠饰可以提前缝制到带子上，作为服装或包袋的装饰用。

实际案例

显著特征

· 流苏常平行于人体。
· 很多窄边金银装饰常紧密结合在一条上身饰带上。
· 在穿着过程中，流苏可展现动感。

装饰性能与成衣保养

· 流苏几乎不能水洗，有些甚至不能干洗。干洗的化学用剂可能会伤害或损坏缘饰。在选择装饰性流苏前需要进行一些检测。考虑到流苏装饰在服装设计里的可脱离特性，因而流苏缘饰在服装保养之前最好提前被拆下。

常见纤维成分

· 100%真丝或真丝混纺。
· 100%黏胶纤维或黏胶纤维混纺。
· 棉混纺。
· 皮革或麂皮。

流苏裙

　　左图中，流苏被缝制在一条隐约可见的底裙上。人体运动时会带动流苏摆动以彰显活力。

这条用鸵鸟毛制作的羽毛带子可以被放置于服装的边缘线或者以其他方式展示其特性。它可以用于重点部位以起到延伸外轮廓的作用。

窄边饰带

窄边饰带通常是机器生产的像丝带一样的饰带，用来为服装增添装饰细节。设计师可以选择预制的窄边饰带产品或者定制一种窄边饰带加到服装上。

窄边饰带的品种之多可以说是应有尽有，基本上囊括了各种纤维成分、纱线组合、材质（如羽毛、珠串、亮片）以及面料。

窄边饰带常被添加在服装的外轮廓线上，作为美化明线的缘饰或者廓型的延伸。服装的具体风格和功能决定着所使用窄边饰带的品类。

选择饰带需要考虑面料的纤维成分、重量和质感。一些窄边饰带具有弹性，但大部分饰带都不具有延伸性，所以了解饰带是需要同人体一起延展还是保持其固有长度就显得很有必要。饰带的保形性取决于生产制作饰带的原材料。因此，保形性测试，尤其是耐磨性非常重要。

窄边亮片饰带

预制的亮片饰带免去了设计师为使用大量亮片而一个一个手工缝串的工时。这些实例采用亮片或能够产生亮片视觉效果的金属纱线制成。

莱茵石和珍珠

这些珍珠或莱茵石的链子可以固定在服装连续的线型设计上。

珠球边

珍珠被缝在单层折叠的面料上而制成的斜纹织带可作为服装边缘，也可以为这朵布制花朵的中心增添细节。

实际案例

显著特征

- 边窄，且常被缝在面料表面。
- 窄边饰带的表面肌理由其所用材质而定。
- 通常呈中度硬挺的手感。

装饰性能与成衣保养

- 饰带的花样繁多要求在保养时更为小心，避免因服装上美丽的饰带脱落而引起的顾客不满意现象。通常，需进行耐磨性测试、易着色程度和水洗或干洗过程中的表现等测试。

常见纤维成分

- 100%真丝或真丝混纺。
- 100%黏胶纤维或黏胶纤维混纺。
- 棉混纺。
- 皮革或麂皮。

亮片饰带

　　闪亮饰带附在合体礼服的弹性网格裙装面料上。饰带常被应用于轻质基布的表面，从而形成一种全新视觉效果的面料。

窄扣边饰带

带有多种扣边形式的窄扣边饰带是为服装收边的一种普遍且便捷的方法。例如，设计师可以使用按扣织带成品替代在服装边缘的单粒嵌纽，其内外双面都按照同样间距镶嵌纽扣。

这种窄扣边饰带的应用对服装设计而言兼具功能性与装饰性。织造紧密、保形性良好的斜纹织带是扣边饰带扣中最常用的品种。

用于服装的窄扣边饰带有多个规格以及多种扣边颜色。其中，部分为纯色染色，也有部分染上对比颜色。设计师需了解这类扣边饰带成品，同时以趣味十足的方式利用它们。例如，钩眼扣边带原本专为内衣设计，但现在也会用到女士贴身背心和针织衫上。

窄扣边饰带的纤维成分较限制于易着色且预缩水的纤维，也可以用到已经成型服装的染色过程中。

按照一定间距压在斜纹织带上的按扣为在服装上添加扣环和纽帽提供了一种便捷的途径，省去了使用特殊专业机器设备的环节。

塑料按扣带

彩色的塑料按扣经染色后被嵌在事先经过染色处理、能直接缝到服装上的斜纹织带上。从服装的外部来看，这些按扣被隐藏于服装之中。

钩扣边带

金属钩可以依照特殊需求并按一定间距缝在窄边饰带上。钩扣边带最开始应用在内衣领域，后来作为美化的边缘被广泛运用到时装中。

长条魔术带

长条魔术带通过柔软的圆毛表面来扣较硬刺毛表面以达到即刻扣边的目的。它可以缝在面料上，或者应用到鞋子、配件和夹克的局部。尽管市面上已经有了较软的品种，但它依然具有一定的硬挺度。目前，日本已经推出了可循环利用的涤纶版本。

实际案例

显著特征

- 按一定间距镶嵌的扣边部件，如按扣或钩眼。
- 窄扣边饰带为斜纹织带。
- 扣边部件是分开的，有两条窄边织带，每一条作为扣边布的半边。
- 窄扣边饰带的宽度约为1.2~3.2cm。

装饰性能与成衣保养

- 扣边织带需要常检测其收缩匹配性，确保织带和主面料的收缩率相同。对此测试的忽略是设计师最常犯的错误，由此会导致服装扣边产生褶皱，影响美观。

常见纤维成分

- 100%棉。
- 100%涤纶。
- 涤棉混纺。

拉链

　　拉链是服装的一种闭合方式。裙子上凸显的银色拉链作为设计元素强化了口袋和前中心线，同时也具有实用功能：口袋拥有良好的闭合性，前中心线的拉链拉开后也能延长裙子的轮廓线。

蕾丝衣着饰边和花边镶饰

蕾丝衣着饰边是窄装饰花边成品。除了宽度较窄之外，蕾丝衣着饰边的生产常近似于蕾丝面料。蕾丝衣着饰边可以通过刺绣串珠或者将边缘折成褶边的方式来美化边缘线。

些蕾丝花边是为了搭配蕾丝面料而被生产制作出来，所以使蕾丝花纹图案与蕾丝边缘相协调非常重要，如有此需要，应该向蕾丝供应商提到这类问题。尽管如此，很多蕾丝饰边常以廓型延展的角色作为对比面料上的装饰部分，在软化边缘的同时延长了轮廓线。

蕾丝花边根据织造方法和纤维或纱线成分被分为很多品种。在制作蕾丝的过程中，加入金属纱线可以为蕾丝表面带来更为丰富的层次效果。蕾丝花边多应用在休闲服装、妇女工作服、特别是男女礼服和特殊场合的服装上。

部分蕾丝花边包含氨纶，而其他大部分的蕾丝花边是由涤纶、锦纶、真丝、棉、亚麻或黏胶纤维制成，它们是没有弹性的饰边。一些运用在服装染整过程中的蕾丝花边，注意要预先进行收缩性与耐磨性测试。

细节繁琐的蕾丝可按多种宽度规格生产，也可以作为底边、袖口、领口和肩部的边饰。这些蕾丝专为装饰面料表面而制作，为设计带来细小、精美、奢华的修饰效果。

威尼斯蕾丝边

较其他蕾丝种类而言，威尼斯蕾丝边拥有较重且较精美的外观。蕾丝多以刺绣形式出现。威尼斯蕾丝边的应用常带来丰富的设计感。

克伦尼粗梭结花边（1和2）

克伦尼粗梭结花边是梭结花边的一种。它用棉或涤纶织造出粗犷的肌理。这类蕾丝常用休闲风格的设计或不太正式的服装中。

拉歇尔花边（3和4）

精美的拉歇尔花边是内衣或轻质裙装和上衣的绝佳选择。图示4在蕾丝花边后面缝了一条绸缎丝带。

蕾丝带（5）

蕾丝带（也称蕾丝缎带）是典型的双边完整呈齿状的饰带。它有时也为搭配蕾丝面料或镶饰而织造。几乎所有蕾丝都能织成带状。这里展示的是金丝线克伦尼织带蕾丝。

1　　2　　3　　4　　5

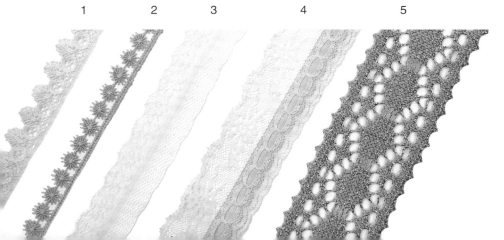

礼服中搭配蕾丝花边的面料

此图所示的蕾丝花边集优雅而复杂的蕾丝和齿状（曲状）边缘于一身。它们常被用在完结的设计边缘处，如白裙的底边或黑裙上的不对称领口。

实际案例

显著特征

· 多为近似蕾丝面料的窄边带子。
· 蕾丝图案的边缘通常不需要缝合。
· 织物两边都呈齿牙状。
· 蕾丝图案既可以是富含肌理效果的，也可是平面的，这完全取决于所用纱线以及蕾丝的种类。

装饰性能与成衣保养

· 蕾丝边饰单薄的特点与开放设计的形式，使蕾丝结构设计中的纱线极易被钩挂或损坏。在水洗过程中可能造成摩擦，致使服装外观严重损毁，选择合适的装饰部位可以将对蕾丝的损坏降到最低。

常见纤维成分

· 100%真丝。
· 100%涤纶。
· 棉/涤纶混纺。
· 黏胶纤维与亚麻混纺。
· 100%锦纶。
· 与金属纱线结合。

蕾丝花边镶饰

蕾丝花边镶饰常为单个主题或成对设计，形成重点突出、质地精细的装饰。它常被制作成威尼斯蕾丝边而用在面料表面。相对于劳动密集的手工刺绣，它们是更为廉价的装饰物。一般情况下，蕾丝花边镶饰能够带来比珠串、亮片或莱茵石更好的美化效果。

刺绣品

　　刺绣品主要通过线或纱线的图案来创造有趣的肌理和设计效果。传统刺绣由手工制作，但自从采用机绣之后，手工刺绣的应用越来越少。对于能支付得起手工刺绣面料的消费者，购买如此耗时的作品足以显示其所拥有的财富和地位。历史上，刺绣品就曾用来彰显地位、阶级、性别和财富等各种信息。

　　随着机绣面料的问世，刺绣产品的意义不再清晰。设计师可以将刺绣作为设计元素或焦点，由专业的刺绣机以高速度绣于面料、单块绣片或成衣之上。计算机软件的发展催化了之前鲜有的新兴刺绣品种。例如，将摄影图片用于刺绣是新型计算机辅助刺绣技术的一个实例。

　　只要面料的背面在绣图案时能够被置于合适的位置，机绣就能应用到大多数的面料上。缝制过程中，线的张力和面料褶皱是需要解决的最常见的问题。值得注意的是，待刺绣面料的纤维成分要比较固定，这意味着面料不会过分收缩或出现褶皱。

刺绣图案

　　左图中的连衣裙上，刺绣图案搭配了边缘缘饰和圆点印花面料。这类图案是由设计师选择，用来强化整体服装的设计理念。

绣花线

　　刺绣时，绣花线的选择对图案的制作至关重要。现有多种绣花线的选择方案，而高速的绣花机器则普遍要求绣花线光滑且强韧。

诸　　如黏胶纤维或涤纶的多种绣花线是使用最频繁的刺绣用线。由于真丝绣花线成本较高，所以常用黏胶纤维绣花线代替。

　　在选择合适的绣花线时，最重要的一点是联想到最终完成的图案。对于有光泽的成品图片，设计师们常选用黏胶纤维。黏胶纤维绣花线的颜色清晰且明亮，以凸显光泽感。多品种的涤纶绣花线是更廉价的选择，但同时其光泽度较弱，颜色也没有黏胶纤维绣花线清楚、明亮。另外，绣花线中出现金属纱线会增添图案的奢华感。

实际案例

显著特征

- 绣完后，常为光滑表面。
- 绣花密度紧密，避免面料的表面透过绣花图案显露出来。

装饰性能与成衣保养

- 所有刺绣都会受到摩擦损害。用于刺绣图案的纱线容易钩挂、拉开和断裂。在使用过程中，这些美丽却易破损的装饰该如何保养是时常都需要注意的问题。

常见纤维成分

- 100%真丝。
- 100%涤纶。
- 100%黏胶纤维。
- 100%锦纶。
- 与金属纱线结合。

间隔染色线（1~6）

　　彩色绣花线能够增加刺绣图案的视觉效果。金属不规则染色（间隔染色）线使图案闪耀且富于变化。

丝光棉线（7~9）

　　丝光棉线形成的是有光泽的深色设计效果。这类纺线较少用在机绣产品中。

黏胶纤维线和真丝线（10~12）

　　黏胶纤维线和真丝线表面上有着相似的光泽，但黏胶纤维线更便宜。然而，真丝线的强度更好并且不易掉色，黏胶纤维线则着色稍慢且比真丝线更脆弱。

全绣花面料

带有刺绣图案的衬衫织造面料表面华丽、肌理分明。绣花是在面料染整结束后、按纸样裁剪或做成成衣之前对面料进行的精整。

织造紧密、表面未经肌理处理的布料常用来制作全绣花面料，如孔眼布。由孔眼构成的绣花图案常需要在面料上穿孔，然后对其自然边缘进行绣花整理。孔眼设计通常为花卉主题。

全绣花面料主要用于制作婴幼儿服装、内衣、睡衣、女士衬衫、裙装以及家居服装。常规而言，孔眼布被视为易保养的面料，所以绣花线必须耐洗、易着色且保形性良好。其他绣花面料中，也有保形性稍差的嵌花面料。绣花因缉线长且容易被钩挂或断裂，因此常有钩丝的问题。但是，大部分孔眼设计都是紧密缝制的，面料也不会收缩，所以钩丝问题得以缓和。

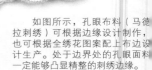

如图所示，孔眼布料（马德拉刺绣）可根据边缘设计制作，也可根据全绣花图案配上布边设计生产。处于边界处的孔眼面料一定能够凸显精整的刺绣边缘。

全绣花面料可以是任何颜色，选择的绣线可以是闪光、轻微光泽和哑光。用闪光的黏胶纤维绣花线制作的孔眼面料比用涤纶绣花线制作的成本要低。

绣花雪纺

绣花雪纺常用在晚礼服制作中。简单的面料因绣花表层而显得奢华感十足。黏胶纤维与金属纱线混纺绣花线为面料带来珠宝般的外观效果。

绣花格子细平布

在色织格子布上绣花是一种对轻质面料的美化修饰手段。绣花在增添面料重量的同时，也是对轻质服装最理想的装饰。它几乎适用于各种面料。

繁重的绣花纱

这条嵌花轻质面料由于全绣花图案的绣制而增加了面料整体的重量。

实际案例

显著特征
- 常缝透面料以绣出图案，偶尔用作边界设计。
- 基布普遍质量较轻，有时可对其进行嵌花处理。
- 在绣花部位，面料易产生轻微褶皱。

装饰性能与成衣保养
- 进行设计时，确保服装上的绣花图案均衡且协调。同时考虑绣花线的纤维成分，以防在运用对比色时造成面料褪色的干扰。更为重要的是，需要经常测试绣花面料在保养过程中的褪色程度。

常见纤维成分
- 100%棉或棉/涤纶混纺。
- 100%黏胶纤维或黏胶纤维/棉混纺。
- 100%涤纶。
- 100%真丝。

绣花雪纺礼服
　　雪纺上的白色绣花线以条状绣于轻质的深色面料上，强化了色彩的对比效果。

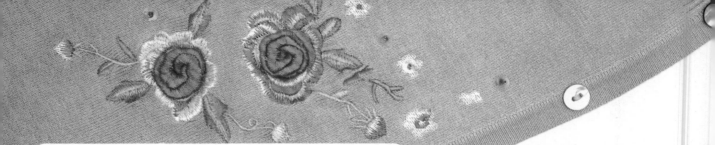

彩色的花朵刺绣装饰了细针开衫。在机绣过程中，需要在面料背面覆上特殊硬衬，以防止针织面料上的绣花变形。

特定服装刺绣

这些刺绣设计被置于服装的特定部位，而且通常在完成之前就被设计到衣片纸样上。在裁剪之前，是不会在面料上进行刺绣的。

将单个绣片缝在裁好的衣片或完成的服装上会比在面料上连续绣花要更容易出现问题。面料是弹性针织还是不易变形的梭织面料决定了它们需要的绣花方法不同。在针织面料上绣花时，需要在针织面料背面烫上较硬的衬布，有时在绣花之前就得预先进行烫衬处理。这使得需要绣花的针织部分保形性更好，并且图案能被更精确地绣到面料上。

运动队将队标绣在特里科经编衬衫或裤子上。户外服装公司将公司名字绣在针织上装和摇粒绒夹克上。只要绣花的区域相对较小，几乎所有的针织面料上都能绣花。针织面料是休闲服和运动服上装中较受欢迎的面料，很多绣花公司对于在针织面料上绣花都很有经验。

梭织面料非常适合绣花，尤其是织造紧密的中厚型梭织面料。如果梭织面料质量较轻或者较薄，需要在面料背面加上可移除的薄棉纸以辅助图案的精确刺绣。

串珠刺绣纱

这块硬纱上使用了黏胶纤维和闪光金属丝线进行机绣。亮片和珍珠可在绣花完成后手工缝制。

珠绣手包

金属的菱形格刺绣是机绣制作而成的，图案完成后，珠串采用手工缝制。

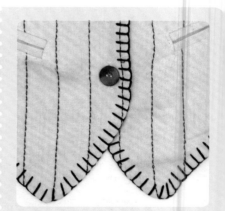

锁边绣背心

背心底边的锁边缝既能机绣，也可手工绣制而成。

实际案例

显著特征

- 绣花图案常只集中在小范围的区域,而非整块面料。
- 在绣制图案时,常在面料背面加上衬垫以保持面料正面的稳定不变形。

装饰性能与成衣保养

- 因为在体育或其他运动中摩擦损害的问题非常普遍,所以无论可能与否,应用在这两个领域的服装绣花设计都要使用浮毛较短的纱线以防止钩丝。

常见纤维成分

- 只要是织造紧密的结构,任何纤维成分的针织面料都可用来绣花。

装饰裙装

　　本款裙子用亮片绣花作为每一块雪纺面料嵌花图案的装饰边。这种绣花既能手绣,也能机绣。

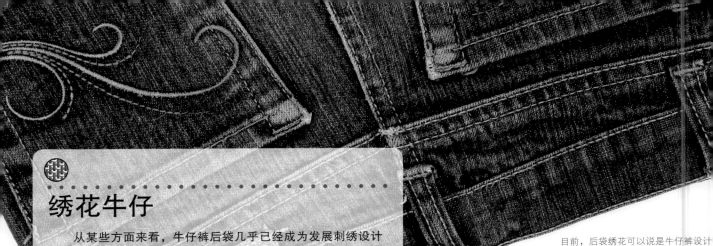

绣花牛仔

从某些方面来看，牛仔裤后袋几乎已经成为发展刺绣设计的试验点了。从品牌标志到臀部装饰，刺绣成为牛仔服饰设计的重要因素。

牛仔服装基本上已经成为每个人衣橱中都要具备的一个特定部分。牛仔裤是非常私人的财产，这种个人占有感会让穿着者觉得自己更加独一无二。

牛仔刺绣是后袋上标志明显的明线装饰。发展至今，纯熟的刺绣设计能够完美地呈现出写实图片、抽象图案、新型绣法以及珠串、水晶、按扣等各类饰件相搭配的装饰效果。

几乎所有的牛仔裤在刺绣完成后都会经过水洗处理，因此所有的绣花线都必须具备易着色且耐磨性良好的功能。很多绣花线为了拥有良好的保形性和耐磨性，由涤纶或涤棉混纺而成。刺绣一般应用在衣片上而不是成型的服装上。因为大部分的刺绣为机绣，需要面料表面平整。绣花完毕后，服装需缝合后水洗。

目前，后袋绣花可以说是牛仔裤设计中最普遍的装饰类型。设计师可以选择使用不同的绣花线与其他缝纫线相搭配所形成的明线线迹作为装饰。

除线迹外，还有进一步的装饰，如水晶或珠串，通常也是在水洗后添加到服装上。金属按扣则是在衣片缝合前被嵌到衣片上。牛仔裤的刺绣设计可被认为是一种类似于牛仔布水洗的艺术形式。牛仔面料上独特的绣花能为设计师的设计作品及品牌增添一份独特的魅力。

刺绣图案设计

童装牛仔裤上的全彩图案为整体装饰增添了几分个性。需注意的是，水晶装饰带要与图案相搭配。

水钻牛仔裤

玻璃水钻的光泽为这条简单的牛仔裤带来优雅的感觉。这条裤子先经水洗出一定的水洗效果，然后再将水钻固定（热熔）在适当位置。

手工牛仔刺绣

轻质牛仔面料上的手工刺绣是不能再经水洗处理的。牛仔服装必须先进行水洗，然后再对其进行绣花处理。

实际案例

显著特征

- 常在牛仔布上进行绣花设计。
- 大部分表现为装饰细节，如后袋上的刺绣。
- 绣花线颜色常与明线保持一致。

装饰性能与成衣保养

- 牛仔服装在销售给消费者之前多会经过水洗处理。由于化学用剂和摩擦会使牛仔变得柔软，设计师需考虑刺绣的形式和绣花线的松紧度及长度，防止钩丝和摩擦损坏。涤纶和涤棉混纺纱线是牛仔刺绣最常用的，因为它们既不会褪色，也不会被水洗时牛仔布退掉的靛蓝色所染色。

常见纤维成分

- 裤子：100%棉。
- 95%～98%的棉与2%～5%的氨纶混纺。

刺绣外套

　　这件牛仔外套袖子上的刺绣为已做绣花图案设计的夹缝刺绣，使用的是靛蓝色绣花线。夹缝刺绣中未经修整的裁剪边缘使布面的外观效果更富趣味性。

第四章
延伸性

　　延展造型设计从字面上理解为面料能够不依靠支撑物而立在人体上的造型方法。流动型面料随人体形态变化而变化，延伸性面料则刚好相反。它们在一定程度上增大了人体形态，扩张了服装廓型，使整体造型夸张且突出。

延展造型的面料

　　为了实现设计中的特性，面料必须能够仅靠自己保形。这要求它们具备一定的硬挺度，有时还要有一定的厚度足以立在设计师需要面料支撑起来的地方。人体形态被覆盖，并由面料包裹人体的形式重新造型，使原有的人体面积发生了改变。

　　对初涉行业的设计师而言，用面料创造空间感不易把握。延伸性面料常以一块轻质可披挂的面料为起点，采取一些方法将其转化为一块能为服装增加空间量的面料。某些纤维成品和面料后整理技术能加强设计师通过试验面料来产生空间造型的能力。

　　设计师选择延伸性面料的目的是改变人体自然形态。用面料扩大人体面积的设计需要面料表层能在成形后依然保持形态。通常，延伸性面料都比较轻，利用纤维或面料表面之间的空间来延展服装廓型是其主要特征。

延伸性面料种类繁多

　　设计师以三种方式使用延伸性面料：强调廓型、改变表面积

褶皱小披肩衬衫

　　装饰织物被做打褶处理，设计师通过褶皱来凸显裙子的廓型空间。褶皱面料在被塑造成单层小披肩的同时延展了衬衫的体积。

短边褶层

薄型褶皱透明硬纱的层叠效果使服装不需要处理边缘就能让外轮廓与锐利的边缘形成一定的空间感。这块面料在制作成衣之前经过了打褶处理。

或者突出设计元素。设计师可以选用特殊面料参与到面料延展的过程中。

延伸性面料如何作用

大多数延伸性面料需要具备一定特性来支撑服装造型。它们可以是针织、梭织或者多纤维组成的面料结构。在实现面料的延伸性时可以使用以下描述的一种或多种。

硬挺手感：树脂常用于轻质面料保形。这类树脂的耐用性和水溶性良好。设计师应仔细检验所选树脂在面料上进行硬度整理的方式。有时单丝纱线会被制成网状，使面料呈现自然、硬挺的状态。

无纹理表层：除网眼外，大部分延伸性面料在使用之前即使是表面也不会有纹理。

轻质面料：因为延伸性面料常进行化学用剂整理或热整理，面料多以轻质（偶尔以中质面料）为起点，但绝不会从重质面料开始。

蓬松物（Lofty）：面料常在绗缝过程中被层叠起来，而面料中间的填料层可以说是最为重要的一层。中间层可以很薄，也可以很蓬松，从而形成或薄或厚的轻质面料。

同一延伸性面料会有多种不同形式

延伸性面料的选择取决于所设想廓型的类型。很多延伸性面料是由已存在的面料改变而成，设计师去理解两者之间是如何转化的过程很有意义。纤维特性对于为设计选择适当的面料表现也至关重要。对现有面料的操作能帮助设计师创造属于他们自己的可延展廓型的新型面料。也有那些将简单面料结构由后整理重塑为复杂的、拥有截然不同外观的织物的例子。

毛皮外套边饰

毛皮不管是新鲜纯天然的、改造过的还是人造的，都是服装设计中的重要元素。如右下图中的连帽外套边饰所示，毛发的长度决定了廓型的可延伸量。

延伸

呈丰满叠层效果的薄透硬纱制作成空间感十分饱满的飘逸衬衫，与拘束且充满压抑感的紧身胸衣形成鲜明对比。

网眼布

　　网眼布几乎全是镂空而非布面。纱线可以通过针织、编结或者双绞线来制造肌理。

拉歇尔经编针织物是最常见的网眼布种类。网眼布布面由纱线构架出几何造型（可以是六边形、四边形或者其他形状）。根据网眼面料的功能需求，几何形状可表现为多种尺寸。

　　网眼布的手感差异较大，但是基本上所有网眼布都是处于不靠近人体体表的状态。设计师可以将网眼布制成类似女帽上的面纱或者婚礼头饰的服装配件。网眼布也可用来制作衬裙的廓型延伸。有时，服装设计本身需要网眼布来传递设计理念，如鱼尾衬摆能延展裙子的底部。

　　网眼布的网眼大小由设计需求而定。大网眼多用在面纱上，小网眼则用在新娘面纱或者衬裙上。从小尺寸到中等尺寸的网眼

锦纶网眼织物较容易识别。它面料硬挺，几乎没有多少织物表面能够被缝制，因此缝制工艺操作困难。

都适用于薄型面料或边饰的衬布。中等大小的网眼常用在舞蹈类裙子或服装上，因为大多数中等尺寸的网眼都由经过轻微后整理而具有硬挺手感的锦纶制作而成，十分耐用。

　　网眼布常使用复丝，后整理技术决定其挺阔程度。在有些实例中，网眼布后整理是上浆的一种，它能被湿润以及再塑型。其他后整理均为化学后整理，与上浆相比，化学后整理使网眼布更耐用。最后，面料本身呈现出预想的手感。锦纶网眼布比真丝网眼布更硬挺。涤纶的网眼布按其功能性可以非常精致，也可以很粗糙。

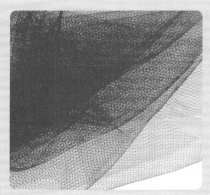

薄纱

　　薄纱以精细的纱线纤度和非常细小的网眼尺寸为主要特征。真丝纤维应用普遍，尤其是作为婚纱礼服材料，同时薄纱也是晚礼服的最佳选择。因其所用纱线优质，薄纱的手感相比其他网眼布要柔软得多。

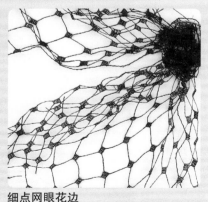

细点网眼花边

　　细点网眼花边是一种织物表面有大斑点的特殊网眼布，只适用于女帽面纱的设计。

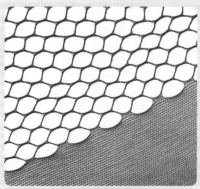

大网眼布

　　这块网眼布是多种网眼形状以及多种网眼尺寸的一种组合。网眼布形式多样，需依靠设计师来选择适合其设计的网眼布。

实际案例

显著特征

- 纱线常缠绕起来形成几何网眼或几何形状。
- 虽然纤维成分和后整理会影响织物的最终手感，但一般情况下都会具有一定的硬挺度。

优势

- 精致、巧妙的布面效果常因纱线纤度和网眼形状而引人注目。
- 优良的面料在增加一定的重量后更易于造型。
- 将网眼布做成面纱或延伸人体上的服装部位都能表达出一种设计师所希望传达的情绪。
- 在裁剪过程中，不会脱散。不需要卷边或对其他边缘进行整理。

劣势

- 布面很少，因此较难缝制。
- 避免缝线，因为线迹会露出来。

常用纤维成分

- 100%涤纶。
- 100%真丝。
- 100%锦纶。

网眼晚礼服

　　这条华美晚礼服上的罩裙轻微加重而延展了外轮廓。网眼布被作为锦缎上的设计亮点，是进行廓型设计的一种有效方式。

透明硬纱

　　透明硬纱是一种挺括而单薄的面料，常使用高支复丝纱。其形成的结果是带有光泽但不闪光、肌理明显的轻质面料，面料表面如同纹理细密的砂纸一样。

透　明硬纱常用来制作女士衬衫、正式裙装或者边饰细节。由于硬纱有着挺括的手感，因此在要求廓型改变而又不增加服装的重量时，用它来扩展设计细节是绝妙的设计选择。这类面料既可以聚拢也可以打褶，而且无论层叠的纱在哪儿出现，轻薄的硬纱面料层都会增添色彩的亮度。

　　透明硬纱被看作一类用于制作正式服装的面料，如出席特殊场合的着装。宽下摆礼裙的外轮廓、膨胀的袖型、华美的褶边使得这类面料成为设计师制作奢华礼服和衬衫的首选之一。

　　透明硬纱最早由真丝制成，现在普遍由涤纶制作，这是由于涤纶成本低廉，便于保养。

　　闪光涤纶透明硬纱将绿色和红色的纱线交织成褐色带有红绿亮光的面料。这块面料经过了树脂硬挺后整理加工技术。

实际案例

显著特征
· 有光泽，表面有时会闪光。
· 薄型面料。
· 硬挺的手感。

优势
· 手感硬挺。
· 轻薄的外观。
· 不需要粘衬。
· 轻质的特点使其非常适合作为层叠面料。

劣势
· 挺括效果和表面肌理在制作过程中难以控制。
· 如果毛缝是外露的，那么带毛茬的缝份处需要修剪干净。

常用纤维成分
· 100%涤纶。
· 100%真丝。

金属质感的透明硬纱
　　这块透明硬纱以金属纱线作纬，染色真丝纱线经作，使彩色透明硬纱上具有奢华的金属效果。金属纱线的硬度足以支撑起空间设计量较大的服装。

纯色透明硬纱
　　这块淡紫色透明硬纱采用闪光的涤纶纱线，使轻薄的面料在层叠时形成更深的色泽。

方格花透明纱
　　透明纱有时也会织成提花织物，如图所示的方格花透明纱。这块涤纶透明纱可用于制作窗帘或女士上装及裙装。

蝉翼纱

与透明硬纱一样，蝉翼纱是一种薄而挺括的面料。它多由棉纤维或棉涤混纺纤维纺纱制作而成。

蝉翼纱的后整理工艺可通过上浆的方式进行，这是一种在机洗过程中易恢复原状的非永久性整理方式。维持时间较长的整理技术则需要依靠化学试剂或热整理技术来完成。热定形化学整理在机洗时耐用性好，不需要再整理。100%棉制的蝉翼纱推荐使用这种方法进行加强挺括感的整理。目前，有关蝉翼纱挺括感的整理方式已经研发出了多种形式，相信在不久的将来，耐用性较差的挺括整理将会被淘汰掉。

蝉翼纱的挺括手感特性和棉纤维的吸湿性使之成为炎热天气中穿着的理想面料。夏季中的女士衬衫、开衫或裙装都可使用蝉翼纱。脆挺的手感使蝉翼纱成为制作肥大袖子和宽下摆廓型的最佳面料。除此之外，蝉翼纱还常用来制作女生春夏两季的派对礼服。

这块棉质蝉翼纱面料采用具有对比光泽的黏胶纤维绣成条纹。条纹为松散织造的薄布增添了额外的重量。

实际案例

显著特性
- 薄型面料。
- 挺括的手感。
- 黯淡表面，手纺纱。

优势
- 手感挺括。
- 轻薄的外观。

劣势
- 易皱，需要熨烫。
- 需要注意其接缝滑裂会导致与设计的预期效果不相符。
- 毛缝边需要被修剪干净。

常用纤维成分
- 100%棉或棉/涤纶短纤维混纺。
- 100%涤纶短纤维。

有光玻璃纱

蝉翼纱因其硬挺手感而闻名。这块面料的不同之处在于它使用的是光滑带闪光效果的复丝纱，使硬挺面料具有了闪光效果的表面。

如蝉翼一般的颜色

轻薄的面料在褶皱处产生对比，强调出其颜色特点。

竹节薄纱

薄纱常用作深色面料上的罩裙。这块面料用竹节纱线增加了表面的肌理感。

衬裙布

衬裙布用于保持膨大裙型和帽子的外轮廓，是一种匀称的平纹机织布，且通常要经过硬挺处理，其硬挺的手感要强于玻璃纱和透明硬纱。

衬裙布可以支撑其他的织物，能够塑造出膨大的裙型和帽檐。衬裙布的密度大，重量轻，不会对设计增加额外的重量。

衬裙布的硬挺度因处理方式的不同而不同，其中淀粉上浆是最常用的方法。但是，现在已经研发出了耐用性更好的处理方法，就是利用化学制剂和高温处理方法。有些衬裙布使用涤纶与锦纶混纺纱线织得，硬挺效果保持得较长久，而且要比纯棉的衬裙布更轻。

衬裙布可以用于服装中的支撑，也可以剪切成斜条用以支撑褶边。当然，这种斜条衬裙布也可以用宽度为2.5~5cm的锦纶编织带来代替。

锦纶编织带

单丝的锦纶带可以被缝在其他织物上。服装的主要用料可能比较柔软，一旦在其表面缝上锦纶编织带，便可以得到局部硬挺的效果。

实际案例

显著特征
- 织物稀松，均衡的平纹织物。
- 非常硬挺，经过了硬挺处理。
- 本色为白色。

优势
- 手感非常硬挺。
- 重量轻。

劣势
- 硬挺的性质使其接触皮肤的时候会感觉不舒适，因此内衬裙通常要求要远离裸露的皮肤。另外，硬挺的手感不便于缝合。

常用纤维成分
- 100%棉或棉/涤纶混纺。
- 100%锦纶。
- 100%涤纶。

这款女士帽造型极富趣味性，帽子的外轮廓是采用硬衬布通过蒸汽热压得到的。

硬衬布

硬衬布是女帽的基础支撑面料，为密度较小的机织布，类似薄纱。它一般需经过淀粉上浆或树脂整理来增加硬度，以保证帽子造型所需的支撑力和重量感。

传统的方法一般是采用淀粉进行硬化处理。硬衬布有吸湿性，可以通过高压高温和蒸汽来改变形状，使其形成帽子的轮廓外观。硬衬布构成帽子的基础形，再选择其他的织物覆盖在硬衬布的表面，这样帽子在不接触水的时候就会一直保持其原有形状。

硬衬布的原料基本采用棉纤维，有时也会使用棉与涤纶或锦纶混纺。为了得到设计需要的外轮廓，要对硬衬布进行硬挺处理。在做硬挺处理的时候，通常采用对湿气敏感的淀粉或其他树脂类的硬挺剂。另外，在剪切硬衬布、重塑造型的时候，在施加高温和蒸汽的同时，还要增加淀粉的用量。

实际案例

显著特征
· 织物表面稀疏。
· 手感硬挺。
· 硬挺的硬衬布可以通过高温蒸汽的处理而变得柔软。

优势
· 手感非常硬挺。
· 在高温蒸汽的条件下可以变柔软，然后重新塑型。
· 切割处不会散开。

劣势
· 硬挺的性质使皮肤与之接触的时候会感觉不舒适，通常内衬裙要求要远离裸露的皮肤。另外，硬挺的手感不便于缝合。
· 切割处会导致不舒适感。
· 如果在湿热的环境下，耐用性差的硬挺剂会造成塑型失败的后果。

常用纤维成分
· 100%纯棉。
· 棉/涤纶混纺，或棉/锦纶混纺。

硬衬布：塑型前

手感非常硬挺的硬衬布比重也有大有小。它可以以不同的密度来织造，像图中展示出的黑色和白色硬衬布，它们的密度就相差很多。

硬衬布：塑型后

这块织物已经被按照一定的形状剪下，并且置于模具上，再将强力施加在模具和织物上，与此同时施加高温蒸汽和压力。

由于树脂是水溶性的，所以硬衬布会变形，从而呈现出模具的形状，而且密度小的硬衬布更容易塑型。

褶裥的概念

　　褶裥是把织物以一定的规律和间隔做层压，使一部分的织物隐藏在表面之下，或者是通过加压使织物形成随意或有一定规律的褶皱。在织物被拉伸的条件下，褶裥隐藏的织物部分会舒展开来，使衣物变得宽松。褶裥舒展开后可以延伸原设计的外轮廓，这种效果是通过缝合或其他办法都不可能办到的。

　　褶裥可以通过两种方法得到，物理方法就是用热压的方式来缝合织物，另外也可以采用化学方法。褶裥的状态完全取决于设计者的审美水平和织物的选择。褶裥织物一般比中等厚重型面料轻，但是为了得到良好的效果，上装一般推荐选用稍厚重的面料。

　　褶裥使织物更生动，静止时表面平整、质轻，走动时，面料随之而动，轮廓发生变化。褶裥的形成有以下三种方法。

　　缝制压合： 把织物按照一定的规律折叠，然后熨烫成形，这种方法可以增加设计的体积和轮廓变化。当穿着者处于静态时，褶裥会保持闭合状态，当穿着者走动时，褶裥会随着肢体的活动舒展开来。

缝纫褶主要分四类

　　这四种褶裥的变化和操作方式都依设计者的想法而定。缝纫褶可以使服装更修身，而且垂坠效果更好。在穿着者走动时，带有褶裥的服装的外轮廓会随之改变。另外，褶间距也可以根据设计而改变。

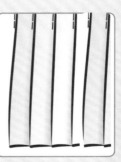

活褶

箱形褶

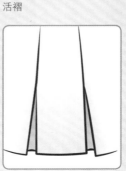

内工字褶

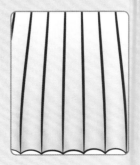

手风琴式褶裥

褶裥结构

　　这款宽松的上装利用褶裥来表现面料的垂感。当模特走动时，这款服装会随之活动，像是被赋予了灵气。

化学制剂+水+高温：天然纤维一般用各种化学制剂、在高温条件下、有时还要通过高压条件来完成褶裥处理，如蚕丝和棉。用化学制剂处理褶裥的服装通常耐用性好，褶裥保形持久。但是，高温可能会使面料缩小。化学处理要求有水，而且还要注意所产生化学废物的处理。

高温+高压：随着再生纤维涤纶的引进，褶裥的形成即使不需要化学制剂或缝制也可以得到。压花工艺可以用到褶裥处理上，用一种特殊的褶裥纸通过高温高压将褶裥纹样体现在织物上。褶裥的设计多种多样，它取决于织物本身和褶裥图案。这种褶裥设计只用在涤纶的织物上，因为这种织物耐高温，经高温褶裥处理后，手感依然很柔软，悬垂性也得以保留。用这种方法得到的褶裥持久性好，但如果在高温条件下，褶裥也会被破坏。

褶裥纸制褶

在用褶裥纸获得褶裥的过程中，织物被夹在两张褶裥纸之间。得到褶裥后织物冷却，拿掉两侧的褶裥纸。给缝制过的服装上褶是一项高技术含量的工作，得到的服装也是独一无二的。另外，褶裥纸是可以循环利用的。

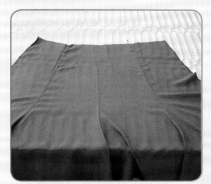

褶皱处理前

首先服装是缝制好的，缝边也是完整的，然后把服装放在褶裥纸上，捆绑在一起后相互扭转，然后固定。接着将其放入高压灭菌器中进行加压加热，实现定形。

褶皱处理后

这款裙子经过冷却和几道不同的做褶技术（在有褶裥的基础上再做褶）之后终于得到成品。这种褶裥纹理是独一无二的，随季节的变化和设计者的设计意愿而变化。

手工制作褶裥

手工制作褶裥不需要褶裥纸。但是要求必须由技巧精湛的人员来制作。这些技术人员要有在多种服装上制作褶裥的经验，而且得到的效果要大致相同。通过扭转或折叠，然后用带子系住，这样经过几道上褶工序，一个轮廓简单的服装就成了独一无二的作品。值得注意的是，发展不同风格的褶裥造型需要进行大量的实验。

第一步

这款衬衫上褶的第一步是选定某一位置后系住，进行第一次热定形。

第二步

紧紧地捆绑衬衫的主体部分，准备做热定形。

完成

上装经过几次热定形后，可准备门襟和修边等细节处理。

有褶裥的蚕丝织物

服装面料中有褶裥的蚕丝织物可以说是最具奢华感的，它的外观华丽、漂亮，手感柔软，质轻。虽然褶裥是通过化学方法得到的，但是蚕丝原来的特性并没有受到破坏。

设计者要知道在哪一阶段对织物进行褶裥设计，天然的蚕丝纤维的褶裥可以永久保持，而且蚕丝纤维都很轻薄。在大多数情况下，织物首先经过褶裥处理，然后再裁剪成衣片，最后缝合成服装。另一方面，也可以先裁剪缝合成衣，再用化学的方法对服装进行处理来得到褶裥效果。

设计者通常会选择轻质的蚕丝褶裥面料来缝制优雅的服装，如中国丝绸、蚕丝透明硬纱、蚕丝乔其纱和蚕丝雪纺面料。穿着者走动的时候，褶裥会随之展开和闭合。这种特性只有褶裥面料才有，其他无褶面料基本上不会产生这样的效果。

这款蚕丝塔夫绸经过了化学处理，保持了褶皱的状态。织物表面的圆点状刺绣，进一步加强了褶皱的效果。

透明褶雪纺

蚕丝的乔其纱可以做出很小的褶裥，用以增加面料被隐藏的部分。这款透明褶织物服装相对其他褶裥服装有更大的延展。

有手风琴褶的中国丝绸面料

这款方形的蚕丝机织物不仅保留了蚕丝的光泽，其褶裥的折痕还增加了面料的硬挺手感。

褶皱的起毛皮革

皮革属于蛋白质材料，也可以进行褶皱处理。图中这款起毛的羔羊皮经过化学处理后得到了褶皱效果。

褶皱的棉织物

棉织物要想得到耐久性好的褶皱需依靠化学制剂和高温条件的帮助。过去设计者多会采用较传统的褶裥形式，如百褶裙、修身上装或袖子。现在棉织物的褶皱形式和纹理多种多样，如波皱，这种织物表面像有微小的波浪，而不像传统意义上的褶裥效果。

最 初，褶裥和微小的波皱经过整理后的持久效果都不理想，但是棉纤维则可以通过化学制剂的处理来使褶皱效果得到长久保存。另外，经过化学制剂作用后，织物的手感也不会改变。

一般情况下，褶裥和波皱会选择轻质棉织物。因为棉质的褶裥织物或波皱有一定的可延展空间，适合于休闲装设计。褶皱轻质棉毛衫的工艺技术也比较完备，织物有很好的悬垂性和针织物所独具的手感。

宽松的机织棉薄纱在经过化学制剂和高温的褶裥处理后，手感变得硬挺。这款织物印有豹纹纹样，这样就给人以织物表面纹理更为丰富的视觉效果。

波皱棉布

这块方形的机织物表面纹理不规则，是通过对棉织物做化学制剂和高温、高压处理得到的效果。

波皱面薄纱

这不是真的褶皱织物，而是通过在棉织物上做波纹光泽处理得到的非常受欢迎的表面纹理。这一过程与棉织物的褶皱处理过程相同。

带有褶皱的棉质巴里纱

这款巴里纱是先经过刺绣，然后再用化学制剂和高温处理得到的纹理，最后再经过缝制工序得到织物。

显著特征

· 表面有纹理或褶皱。
· 质轻，存在较大的面料空间。

优势

· 质轻且有空间量。
· 有回弹性。

劣势

· 织物容易阻碍身体的热量向外传递。
· 高温下，褶皱效果会变弱而显得松散。

常用纤维成分

· 100%涤纶。
· 涤纶与其他化学纤维或天然纤维混纺，
  且涤纶含量不小于60%。

涤纶平纹褶皱机织物

涤纶织物的褶皱形式多样。通过简单的热压，平整、轻质的涤纶织物呈现出奢华感。随着时间的推移，涤纶织物也随之不断发展，它的褶皱效果的稳定性要好于天然纤维织物的褶皱。

通过热压，热塑性纤维织物在得到多种多样的褶皱纹理的同时，会保留自身的柔软手感。这种通过热压方式得到的褶皱有很好的持久性，但是如果暴露在高于121℃的高温条件下，褶皱会趋于松散。

纵观各种褶皱产品，热定形效果没有一个固定的标准，而是完全由设计者的审美水平和设计意图而定。褶皱处理可以先应用在面料上，然后再裁剪缝合成服装，但也可以直接应用在缝制好的服装上。制作工序为先缝制后加褶的服装在加褶前已经成型。织物中涤纶的含量要不低于60%，以确保褶皱的持久性。天然纤维也可以与涤纶混纺，再施以褶皱处理。

这款织物的印花使织物看起来有斜纹的效果，再通过热压处理得到手风琴褶。

设计建议

涤纶可以在不使用化学制剂的情况下进行褶皱处理，所以所产生的污水和污染物较少。另外，涤纶可以被回收生产新的高品质纤维，所以无需过多地考虑涤纶的织物和服装在填埋处理方面的问题。

褶皱涤纶乔其纱

这款织物褶皱雅致，效果类似蚕丝的褶皱乔其纱，但又比它价格低，而且褶皱持久性更好。

褶皱塔夫绸

这款织物含60%的涤纶和40%的锦纶，它所含的锦纶使织物在经过褶皱处理后变得硬挺。其中，涤纶在经过定型出褶后依然保持柔软，而锦纶在褶皱处理后则增加了织物的硬挺度。

褶皱衬里织物

这款织物中涤纶的含量为100%，有类似针织物的性质，又有独一无二的褶皱效果。另外，这款织物经过热定形处理后仍然很柔软。

褶皱的绉缎和光滑绉缎

利用热塑性纤维，如涤纶和锦纶，经过热定形褶皱处理，得到各种各样新的纹理和褶皱。

设计者可以在中等厚重的面料上施以热定形褶皱处理，通过褶皱和纹理的风格与其他服装区别开来。褶皱研究人员设计出的新型褶皱纹理是该公司享有专属权的。

在热定形褶皱处理过程中，设计者可以选用较便宜的织物，施以褶皱，变成有特定纹理的织物。女士的大衣和夹克采用有拒水效果的涤纶和锦纶织物制作，得到的服装质轻、防雨，而且褶皱和纹理非常有创新性。女士运动休闲服装公司把简单、便宜的织物通过热定形处理，变成自己特有的设计。

在大多数情况下，采用涤纶的多纤丝纱线，经过热定形处理，织物可以保留柔软的手感。然而，一些含锦纶或其他一些纤维的混纺织物，则会有一定的硬挺度。

这款反面光滑的绉缎，经过了褶皱处理，它的光滑面和绉面都可以作为表面。强捻绉纱增加了织物的垂坠感和重量。这些性质将在经过褶皱处理后表现得更为明显，而柔软的手感则是由原有的性质保留下来的。

实际案例

显著特征
- 表面效果奇特，有纹理和褶皱。
- 多由多纤丝纱线得到，表面有光泽。
- 由于有非涤纶的成分一起混纺，手感上较处理前稍显硬挺。

优势
- 可以有自己独享的各种纹理和褶皱设计。
- 有回弹性。
- 耐久性好，但是使用温度不能超过121℃。

劣势
- 如果在高温条件下，褶皱和纹理效果会减弱而显得松散。
- 对于锦纶含量超过30%的混纺织物，织物在热定形后会变得稍硬挺。
- 缝合时的按压力会减弱褶皱效果。

常用纤维成分
- 100%涤纶。
- 锦纶/涤纶混纺。

褶皱处理前的光滑绉缎

100%的超细涤纶纤维使这款织物非常光滑且垂坠效果较好。

褶皱处理后的光滑绉缎

褶皱的边缘棱角分明，但手感依然柔软。热定形后褶皱的边缘赋予了织物线型的纹理。

两次加褶的光滑绉缎

这种效果需要分别经过两次不同设计的褶皱处理才能得到。这款涤纶织物经过热定形后得到的效果独一无二。

缝纫褶

华达呢、府绸、塔夫绸、经编针织物

　　通过缝制和加压这种机械的方式得到褶裥是可膨胀设计最传统的方法。织物按一定的规律分层，通过加压或部分缝制形成褶裥。

　　这种褶裥处理要求织物是中等厚度面料。质轻的织物大多不容易控制，很难保持等距离的分层状态。

　　每个褶裥的间隔尺寸和在适当的部位的施加方法由设计而定。对设计者来说，最主要的一点就是在选择这种褶裥的同时要选择适当的面料，要充分了解面料，知道加褶后会呈现的效果。

　　大多数的中等厚度面料都可以用这种加褶方法，包括平稳的单面针织物、双层针织物和绉绸。缝纫褶对于纤维含量一般也没有特别要求，但如果设计者想用热定形来固定褶裥，就要求包含大约60%的涤纶，这样不需要缝制就可以保持住褶裥的形态。

这款裙子的褶裥是外工字褶，可以参考这款褶裥来确定褶裥的间隔和深度。在此基础上，也可以变换出不同间隔和深度的褶裥。

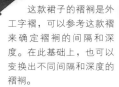

斜纹织物的手风琴褶

　　图中的褶裥设计是模仿手风琴的风箱，这种褶可以保存褶裥的空间，但是在缝入腰头时需保持平整。在羊毛织物中，有时需要缝制褶裥的边缘，以维持褶裥的状态。

纹样对合完好的犬牙织纹箱形褶

　　这款服装用到了犬牙织纹图案，在整个裙子的有褶处，图案都要小心地对合完好。另外，所有褶裥的深度也要保持一致，因此在缝合褶裥顶部的时候需要格外注意。

内工字褶

　　一个内工字褶有两个有折痕的边缘，两侧边缘对在一起，形成了一条缝。在外观上，褶皱并不明显，但穿着者活动时，可以看到褶裥。内工字褶通常用于增加合体裙装的围度，便于人体活动。

佩斯利印花巴里纱活褶

　　这款裙子由相同尺寸且方向一致的褶裥围绕身体。这款织物纤维成分为100%羊毛，而且褶裥要小心地进行保养，以维护边缘的折痕。

实际案例

显著特征

· 褶裥需要分层，所用面料多，得到的服装可以膨胀开来。
· 褶裥基本与身体的纵向相平行。

优势

· 作为功能设计，褶裥可以增加设计的扩张度。
· 在不活动的时候，褶裥会保持闭合状态，不会显示出织物的空间量。
· 褶裥可以增加引人注意的细节设计。

劣势

· 褶裥会增加服装的重量，因为大部分的褶裥服装多采用中度厚重的面料。
· 如果是缝纫褶，缝制时必须小心，要尽量避免褶裥张开，形成不雅外观。
· 在下面缝合的褶裥可能会与身体不契合。

常用纤维成分

一般对纤维成分没有限制。
纺制纱线：
· 100%棉或棉\涤纶混纺。
· 黏胶纤维与腈纶或涤纶混纺。
· 100%羊毛或羊毛混纺。
多纤丝纱线：
· 100%涤纶和涤纶/黏胶纤维混纺。
· 100%蚕丝或蚕丝混纺。

褶裥针织裙

　　在针织面料上也可以做褶，如图中展示的这款淡紫色连衣裙。裙子上的褶裥是先裁剪然后进行褶皱处理，之后再被缝合到上装的臀线处。

抽褶

多层抽褶是将面料紧密积聚在一起的一种缝制方法，其目的是增大服装整体或局部的体积。为了合理地设计出一套多层抽褶的服装，选择合适的薄型面料以得到预期的轻质量褶裥面料是很重要的。

缝几道密针脚的线迹，然后拉这几条缝纫线使面料聚集在一起就能得到多层抽褶效果。密集积聚的织物在特定的设计位置形成膨胀的轮廓，这些抽褶通常会覆盖上身或手臂，也可能在腰部。通过使用松紧带可以得到多层抽褶效果，而所得到的褶裥效果也是一致的，并且面料可以随身体扩张而扩大。多层抽褶的最后一种方法是用一台刺绣机在某种缝合模式下将面料聚集在一起，并像其他平行皱缝的

方法一样产生宽松、多皱褶的效果。

多层抽褶常用于制作女上装、礼服和女士内衣裙等。为了实现一种扩大身体比例的"束腰式女上装"的设计效果，设计师多选择抽褶工艺。它经常用于避免极度适体的设计，并且经常选用不限纤维含量的薄型面料。

这种轻质量的薄纱织物已经经过层抽褶处理，它是用松紧带在服装的部形成紧密的褶皱，然后扩展到整个身，形成了一个完美的轮廓。

印花乔其纱的多层抽褶纺

多层抽褶使表面不光滑的运动衫面料形成了别样的柔软感，并通过增加面料而形成褶裥来将面料集中在服装的视觉中心上。

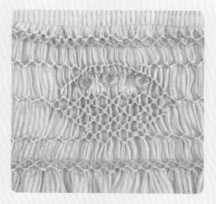

绣花面料的多层抽褶

在形成抽褶时，要注意已形成的绣花针脚设计。另外，这种面料的边缘已经用所谓的"锁边"绣花机进行了整理。

机织多层抽褶的提花织物

这种面料是用氨纶混纺纱线生产而成的，使面料具备不同的张力。从织布机上取下时，弹力纱收缩，使在用无弹力纱线区域的面料起皱。这种效果可用在没有使用缝制抽褶技术的服装上。

显著特征

- 通常有三条或者三条以上的平行密褶。
- 扩大服装廓型。
- 使用弹力纱线可使面料随身体的扩展而扩大。

优势

- 多层抽褶的缝合模式增加了服装的设计细节。
- 多层抽褶使轮廓更加柔和，并且形成了一种宽松合体的设计。
- 多层抽褶可以用于各种薄型面料。

劣势

- 服装设计通常是注重细节的，经常会显露接缝，因此即使是内侧边可能也需要整理光洁。
- 如果选用多层抽褶，面料应该进行预缩处理，以避免由于面料收缩而产生预期之外的轮廓变化。

常用纤维成分

- 可使用任何含量的纤维——纺织或合成的纱线。

抽褶时装

　　左图中，多层抽褶的女装口袋、衣身和底摆将面料聚集在一起形成有结构感的褶皱面料。右图中，用弹性褶裥将白色的落肩上装固定在相应的位置，并且运用于腹部和臀部上以增加成熟感。

珠皮呢

　　当用结子线时，所形成的面料纹理相当易于辨别，这种面料通常叫作珠皮呢，而不是运动衫或平纹织物等以织物构造所起的名称。

珠皮呢面料由结子线织成，表面呈若隐若现的毛圈纹理。当选择一种结子线纹理的织物时，毛圈的数量将决定织物的蓬松度。蓬松度扩大了服装的设计轮廓、柔和度和丰满度。

　　珠皮呢面料可以针织或者机织，但面料绝不会有复杂的结构，这是由于卷毛纱很难被控制的特点所决定的。针织结子线织物弹性和悬垂性好，而机织结子线织物结构感强。

　　珠皮呢织物通常是中厚型，并且常用于制作工作服、夹克、女装和大衣。由于具有毛圈纹理，建议运用珠皮呢进行轮廓结构设计和边饰细节的设计，而不是复杂结构的设计。

在这块西装面料中，结子线增大了面料的体积感和纹理感。

珠皮呢跳花针织物

　　结子线常被用于编织蓬松的经编针织物和单纬编针织物。

黑白珠皮呢面料

　　这块面料的黑色纱线背景使与之形成鲜明对比的白色结子线的环状纹理更加突出。

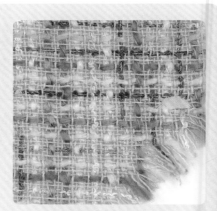

结子线机织西服面料

　　在机织西装面料里常用毛圈线与其他简单的纱线结合。对于平纹织物线，线圈增加了面料的体积和厚度。

绳绒线

　　起绒织物可以通过纱线编织或者起绒整理得到。绳绒线纱线是一种割绒纱线，这种纱线织成的机织物或针织物能够形成天鹅绒般的起绒质地。编织物经常将绳绒线与更简单的纱线结合，在这种情况下，天鹅绒般柔软的绳绒线纹理变得不太明显。

在织造过程中，这种纱线对于针织物几乎没有张力，因此这种奢侈的、天鹅绒般质地的面料可以用100%的绳绒线制成。绳绒线不耐用，裁剪后纤维可轻易拔出。用绳绒线织成的机织面料必须进行耐磨整理。针织面料则容易钩丝，因此一旦增加了柔软的绳绒线便不必再担心织物的耐用性。

　　织造绳绒线织物所用的绳绒线比针织物少，因此割绒纱线所增加的体积并不明显。但是，绳绒线纹理用于绒线织物、大部分的编织辅料和上装则形成了天鹅绒般柔软的奢华表面。

绳绒线织成的跳花针织面料，形成一种柔软且具有天鹅绒般质地的针织物。

实际案例

显著特征
· 柔软的割绒外观。
· 蓬松的切割绒毛。
· 手感柔软。

优势
· 柔软的奢华手感。
· 蓬松的外观。
· 若是针织物，则有弹力。

劣势
· 绳绒线纱线不耐用，并且受割绒的影响，其纤维极易被拔出。
· 织物蓬松，裁剪缝制起来较困难。
· 熨烫可能使绒面变平。

常用纤维成分
· 100%涤纶。
· 100%黏胶纤维。
· 100%棉或棉/涤纶混纺。

绳绒线

　　绳绒线是一种割绒纱线。这块棉纤维织物是回收利用的织物废料。纤维是从染过色的面料上剪下的，然后重新上色后继续使用。

绳绒线地毯

　　绳绒线为这块地毯增加了一种天鹅绒般的柔软触感。有时像这样的一块轻质地毯会成为时尚夹克和短裙的设计灵感。

人字多臂提花机织物中的绳绒线

　　这块绒线织物采用绳绒线来增加其表面的纹理效果。它经过了精心的编织，提高了面料的耐磨性。

毛巾布

毛巾布的设计是为了最大限度的水分吸收。毛圈纱线增加了纤维或纱线的表面积，有利于织物吸收水分。

管芯吸纤维或者是疏水性纤维可用作特殊功能或者创造一种美观的表面，但是毛巾布纤维的主要功能仍是用来吸收水分。

毛巾布体积大。尽管毛巾布的作用就是尽可能多地吸收水分，但有时也需要较小的体积，如毛巾或者是海滩长袍。毛圈可以在机织毛巾布的正面或正反两面，但是在针织面料中，毛圈只能在正面。限制毛圈面数，可减少织物体积。

与涤纶超细纤维、黏胶纤维结合或进行柔软整理可以增加毛巾布表面的柔软度。高质量的棉纤维（如马棉或者埃及长绒棉纤维）常被用来生产比较奢华的棉毛巾布。在针织毛巾布中，针织物比机织物垂坠感更好。

机织毛巾布正反两面都有毛圈，增加了面料的吸水性。

实际案例

显著特征
- 毛圈表面（若是机织物，则是正反两面）。
- 蓬松、柔软的表面，丰满的轮廓。

优势
- 非常蓬松、柔软的表面。
- 如果用亲水性纤维，则会具备很高的吸水性。
- 形成柔软、丰满的轮廓。

劣势
- 表层钩破是一个常见问题。
- 蓬松的表层使裁剪和缝制困难。
- 需要测试顺毛方向。

常用纤维成分
纺成的纱线：
- 100%棉。
- 棉与黏胶纤维或涤纶混纺。

纬编毛巾布织物

针织毛巾布是一种常用于女士上装的织物。这种毛巾布是染色纱的条纹织物，有毛圈的染色条纹织物也可制成素色的针织舞台地毯。

经编毛巾布织物

经编毛巾布织物形成结实的针织面料，这种面料常用于制作时尚上装。毛圈表面是用厚薄不均的弯曲纱线形成的不规则线圈。从针织物的背面可以看出，表层所呈现出的线圈状纱线是如何从底部插入的。

同一块面料上的机织毛圈和丝绒

一些机织毛圈面料被整理成为一面被割绒、一面有毛圈的外观效果。

毛巾布长袍

　　柔软、多卷的毛巾布长袍通常是奢华酒店的象征。什么感觉能比依偎在100%纯棉毛圈毛巾布睡袍中更好呢？除了棉纤维，另一种可供选择的是竹黏胶纤维，它能织成较为柔软、吸水性较强且染色性较好的织物。

绗缝的概念

  绗缝是一种通过将三层面料或纤维结合在一起来达到保暖效果的工艺方法。最初是用手缝，后来可以用机器甚至是热黏合把三层织物结合在一起。

绗缝的目的不仅是使面料能起到保暖的作用，而且能够扩大服装的外观轮廓。在服装行业，绗棉已经发展成为融合美观的设计和高技术为一体的织物之一。绗缝使面料蓬松，进而扩大了服装的轮廓。这一部分介绍绗缝的设计构想和不同的构造级别，接下来还会进行更具体的介绍。

  当为一件拼布服装选择面料时，了解每层面料的作用是很重要的。设计师必须决定缝合方式、缝纫线和所需要的构造级别。

外层

  人们看到最多的就是服装的外层，因此外层应该完全展现设计师的想象力。注意，表层面料通常是薄型面料。

填充层

  填充层决定了绗棉的厚度或蓬松度，因此应该考虑蓬松面料的弹力、厚度和耐用性及相关问题。测试填充层能否通过外层或里层面料来发挥它的性能是相当重要的。更为重要的是，需选用高密度的里料来防止纤维或羽毛从织物的外层或里层跑出来。

绗棉背心

  制造一种绗棉面料的方式通常是在面料表层缝合出有趣的图案。这种金属质感的面料通过在表面缝制菱形图案而得到了改良。

里层

  里层是绗棉的支撑层，可以采用不十分昂贵的织物，如果打算用绗棉制作夹克，那么里层可以用里料。舒适度、手感和耐用性都是选用好的里料所要考虑的因素。注意，里层通常都是薄型面料。

轻度蓬松绗缝

在一个独特、有趣的设计中，面料的绗缝给了设计师很大的灵活性。

轻度蓬松的绗缝面料体积最小，多用于制作有拼接设计的时尚夹克和大衣。它的表层可采用缝在一起的拼合面料，或者缝合图案的素色表层面料。可以说，绗缝面料的功能取决于设计师选用什么样的表层面料。

绗缝面料的重点是隔热或保暖，这是填充物和絮料的作用。涤纶通常被用作填充物，因为它具有不吸收水分并且快干的特性。棉纤维絮料因其吸收水分的特性而不提倡作为絮料使用。毛纤维可作为絮料，但是它与棉絮料有类似的问题。织物的背面可以用平纹织物或经编织物里料。

轻质的涤纶填充物是这块菱形图案绗缝面料的絮料。

实际案例

显著特征
· 三层构造，且面料表面由明线缝合。
· 蓬松的质地，用缝纫线缝出轮廓。
· 面料的表层有时有特殊的缝合设计。

优势
· 保暖性好。
· 精细的蓬松表层。
· 因填充层而产生弹力。

劣势
· 有时会因蓬松而导致裁剪、缝制困难。
· 缝合处熨烫困难，建议在设计中使用多条缝合线。
· 缝制方式的设计需要与裁片相匹配或协调。

常用纤维成分
纺成的纱线：
· 这里没有对于里层和外层的明确要求。然而，在选择面料时应该考虑设计的功能、面积大小和有关的说明。

双层绗缝织物

用平行线缝合的双层绗缝可用于中度或高度蓬松的面料服装。缝制时，需注意双层绗缝的背面。绗缝可用于宽幅平布的正面和背面。

单色面料的缝制设计

这种纬缎面料可以用于拼接设计的时尚夹克。注意，机缝设计是它的主要特征。它模仿了手缝的贴绣效果。

仿旧绗缝夹层织物

对于绗棉夹克，仿旧绗缝夹层织物的棉缎表面是一种理想的面料。直到1960年代，带有薄纱背面的棉才被用于绗棉面料。

中度蓬松绗缝

使用不同类型的絮料绗缝，织物非常蓬松（比较厚）。一种比较传统的絮料是绒毛和羽毛，它们通常来自鸭子或鹅。

用作絮料的绒毛（紧贴鸟类皮肤的绒毛）被证明是最轻且最保暖的服装材料。绒毛没有针刺（羽毛的羽茎），因此它不太容易穿透里料。

绒毛是最昂贵且最保暖的材料，但很难洗涤和熨烫。因此，一种问题比较少、价格比较低的面料取代了绒毛，它也能提供足够的保暖性——涤纶填充物。涤纶填充物的厚度在高于10cm时仍保持蓬松度，这是高性能保暖的关键。填充物间的空气层可使暖空气紧贴人体。

尽管许多夹克和大衣采用了具有保暖功能的中度蓬松绗缝面料，但设计者仍然可以对其表层面料进行选择。织物功能是保证穿着者的身体温暖干燥，因此面料的防水性是关键。绒毛、羽毛以及绒毛与羽毛的混合物，或者各种类型的涤纶絮料都是絮料的理想之选。中度蓬

对于这件样品，用与面料颜色形成鲜明对比的缝纫线体现了面料的设计细节。注意绗缝面料的盒形设计。

松绗缝面料的背面通常是薄型面料，它虽然会增加一点重量，但是却能保护穿着者以防止碎羽毛或者涤纶穿透织物。

涤纶絮料

这种涤纶絮料具有各种类型的厚度和重量。这个2.5cm的样品厚度较大并且制成了中度蓬松的服装。涤纶絮料比绒毛和羽毛便宜，并且更容易清洗。它对温度比较敏感，高温时会立即损坏。

斜向间隔绗缝

这块面料是间隔绗缝，这就意味着它是用平行线缝合的，其间隔距离允许填充物蓬松扩大。

絮棉的针脚设计

这块面料展示了中度蓬松绗缝面料的填充物是如何从头到脚填充的。

这种针脚线也能缝合出一种有趣的图案并被运用到夹克的整体设计中。

羽绒絮料的间隔绗缝

这种绗缝面料由羽毛和绒毛的混合物作为絮料。羽毛或绒毛被密封在里料中后，再被缝制成夹克。

棉袄式夹克

这件棉袄采用了不同厚度的绗缝,并且在夹克的前面绗缝成臂章图案。

显著特征

- 絮料比较厚,因此缝出的图案比轻度蓬松绗缝面料简单,并且蓬松度非常显著。
- 常用绒毛和羽毛作为填充物。
- 常用于制作外套。

优势

- 多种功能组合成了一种能应对更加极限环境的单绗缝面料。
- 高蓬松度使织物保暖性更加显著。

劣势

- 必须通过认真思考来进行裁剪和缝制,以避免填充物外露。
- 絮料可能会穿透里料,使穿着者感到不舒适。
- 填充物有时会通过针孔穿透到服装表层。

常用纤维成分

- 表层:通常是一种具有防水功能的织物。
- 絮料:容易维护并且紧凑性良好的织物。
- 里层:避免絮料刺穿的织物。

设计师责任

　　鸭子和鹅的绒毛和羽毛被认为是家禽业的副产品。它们常用于填充物和其他形式的保暖材料。

　　在用绒毛和羽毛作为保暖材料的纺织厂中,空气中随意传播的羽毛、绒毛和羽毛屑可能被工人吸入,这是对于人体健康的一个重要危害。绒毛和羽毛不能在流动的空气中操作,但是可以在一个干净、密封的屋子进行操作。由于不负责任的羽绒管理人员所造成的工作疏失可能对工人的健康带来极大的威胁。

高度蓬松绗缝

　　高度蓬松绗缝通常是为了满足极端的保暖需求。有时，由于绗棉的蓬松度太大、太厚会使穿着者感到不舒适。因此，这种类型的绗棉常用于寝具。它不仅用于室内，还可以用于户外，如睡袋或高科技领域的应用。

绒毛是最好的隔热絮料之一，它应该与羽毛混用。绒毛与羽毛混合会降低絮料的成本，但同时也削弱了绒毛的保暖性。涤纶絮料是用涤纶来仿制绒毛纤维，也可以用于有着特殊需求的絮料。高度蓬松绗缝的目的是为了以最小的重量达到最大的隔热性能。因此，空气将会使面料高度蓬松（厚实），并且绗棉可以被压缩成很小的体积，当被释放后又能立即恢复到高度蓬松状态。

这个样本织物使用了非常厚的平间隔绗缝涤纶絮料来进行保暖。

　　高度蓬松产品多被用于探险的项目，如可以抵御极度寒冷温度的睡袋和夹克。为了减小被子和睡袍的厚度，也可以借助里料来实现。认真地选择面料、里料及填充物有助于提高服装的保暖性和舒适性。

绒毛絮料的织物

　　绒毛絮料的织物易于出现絮料下沉的情况，绗缝就是为了从设计结构上减少絮料下沉的程度。时常抖动并且不要在狭小的地方储存，将会保持绒毛的蓬松度。

探险队夹克

　　这种夹克是为在极端环境条件下的高性能服装而设计的，能够保护人体抵抗极度的寒冷和潮湿。防水透气薄膜可以保持高度蓬松絮料的干燥性。

纤维絮面料

　　使用高度蓬松涤纶絮料的织物会比使用绒毛更好地维持织物的表面蓬松度。纤维絮面料比较便宜并且易洗，但它通常比较重。

高度填充的绗缝大衣

　　这件大衣是用来强调高度填充的绗缝工艺这一设计元素。传统针迹绗缝的效果实现了整体设计的体积感和协调感。

服装用毛皮

真毛皮还是人造毛皮？

毛皮用于制作服装已经有上千年的历史了。毛皮在传统习惯上会与社会地位联系在一起，如皇族、公爵、将军、贵族以及其他社会团体的上层。

在18世纪后期，随着中产阶级的崛起，毛皮进入到更多人的生活之中，人们对毛皮的需求逐渐增强。现在，很多大型农场为了满足毛皮时装的需求而有针对性地饲养动物。

动物权利保护者认为，服装行业中的时装的需求及毛皮的浪费现象对于动物是不人道的。幸运的是，毛皮的仿制品解决了这一问题——在不杀害毛皮动物的条件下，提供了具有真皮外观的面料。

本章节意在解释各种类型的真皮及人造毛皮，并且分析这些纺织品是如何被应用在设计之中的。这里没有试图去解释是"真皮还是人造毛皮"，而是阐述设计师如何选择适合于设计的产品。对于每种类型"纺织品"的运用，也都提供了很好的依据。在选择合适材料的过程中，提供引导能力的是设计师的双手。

毛皮的遗赠

毛皮的价值取决于毛的长度和密度以及颜色的深度和纯度，再进一步结合这些判断因素来决定它的可购性。毛皮的价格越高，拥有这件毛皮的人的地位可能就越高。价格和地位的结合是不可否认的，尽管许多组织和个人试图提供理由来证明不一定要拥有高价的毛皮，但有关高价毛皮对于地位与财富的象征性认同很难被消除。

现在，很多来自将要灭绝的动物的稀有毛皮和外来毛皮的销售——老虎、豹、美洲豹、某些种类的狐狸等——得到了有关法律的控制。众所周知，杀害濒临灭绝的毛皮动物不仅是不道德的，而且是违法的。然而，毛皮制作的大衣或其他服装的吸引力是不可否认的，而且穿着毛皮仍象征着一定的权利与财富。

人造毛皮

鉴于奇妙的时尚潮流和社会地位，现在拥有一件看起来像毛皮的时装已成为可能，并且不用因杀害了一只动物而有罪恶感。人造毛皮几乎很难与真毛皮相区分。仿制毛皮的生产用到腈纶、改性腈纶、锦纶、黏胶纤维和涤纶，所有这些都是人造纤维，其生产过程中要使用油基产品，并会产生需要处理的污染排放物和化学垃圾。由于人造毛皮纤维的热敏性、耐磨性差，从而导致人造毛皮纤维的回收和再利用比较困难。因此，人造毛皮的应用会继续增加环境的负担。

设计师的选择

问题的形成：在时装设计中是否仍然有必要使用毛皮，并且在一件服装中标记真假毛皮的记号是什么？如果低价的毛皮用于一件服装的设计中，如此低价的毛皮与高价的毛皮有何分别？用人造毛皮是不是比为一件时装而非人道地杀害一只动物会对环境更加有利？

再生毛皮

与杀害动物获取毛皮，或与用不可再生材料生产并产生不健康的排放物和化学垃圾的人造毛皮相比，使用再生毛皮或者其他服装上已经存在的毛皮可能是一个更为合理的折中办法。

尽管在过去的30年里，人们对毛皮服装的需求已经发生了变化，但仍有大量毛皮服装存在于消费者、拍卖会或者古老服装专卖店之中。合理地储藏可使毛皮具有很长的穿着寿命。人们的衣柜里，也许会有些常穿的毛皮服装，但是还会有许多是不常穿的。对这些服装，应该做些什么呢？

对以前穿过的毛皮服装，可以系统地进行收集、储存并出售给设计师用于新设计，再贴上合适的标签作为再利用服装出售，这似乎是对现有毛皮的一个合理的利用途径，而不是浪费它。因此，作为一名设计师，可以考虑利用现有的毛皮进行新服装的设计。

这件大衣的染色羊皮领应该被取下来用在另一件服装上以实现二次利用。为什么毛皮失去它的价值只是因为在一件服装上用过呢？理想的毛皮必须是新的吗？

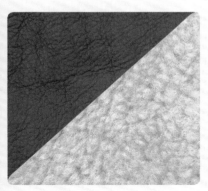

短皮板毛

短皮板毛是一种仍可触摸到毛的羊皮。当长羊毛纤维被紧贴皮肤剪（剃）掉后，就得到了短皮板毛。很久以前，短皮板毛已经用于大衣、马甲和夹克的制作之中。

狐皮

狐皮是一种长毛毛皮。长针毛远离短而柔软的下层绒毛，赋予狐皮一种奢华的外观和手感。这种毛皮常用于设计成大衣，但也常用作领子、袖口和底摆的饰边。

精细毛皮边饰

羽毛经常用来装饰服装细节。羽饰的运用与毛皮一样复杂。羽毛虽然可以用织物来代替，但是它的外观与轻质的特点在制造业中可以说是无与伦比的。

常用人造毛皮

　　人造毛皮是用纱线制作、与毛皮外观一致的仿毛皮面料。与成块的毛皮不同，人造毛皮可以以尺码计算。

服装业中，人造毛皮的生产方法与其他有绒毛的面料相同，但是它的绒毛比较长，并且毛的方向比灯芯绒和天鹅绒更加明显。人造毛皮面料常用来生产与真毛皮一样的服装。

　　在成衣设计中的一个重要因素是——面料外观的一致性。真皮只能是动物的形状，因此许多毛皮服装便需要多块毛皮相匹配地拼凑在一起。由于毛皮的纹理或者颜色不一致会产生浪费。与真毛皮相比，用外观一致的人造毛皮面料来进行的图案制作和剪切更简单一些。人造毛皮可用纱线制作，批量生产，因此能够生产出外观一致的大衣、床单和家具等大尺寸产品。

图中面料仿造了染色羊皮——一种剃过毛的羊皮，是长毛绒人造染色羊皮与起细涤纶起毛经编针织物的结合。

人造毛皮主要分为三大类：

　　·**长毛皮**：与短皮板毛（剃过毛的羊皮）、染色羊皮（剃过毛且经过特殊的柔软整理的羊皮）或马皮相似。这些毛比较密集并且长度一致，长度大约是0.6~2.5cm。

　　·**中长毛皮**：仿造毛皮动物，如豹、斑马和貂。

　　·**特长毛皮**：仿造更为奢华的长毛毛皮，如狐狸、狼和猞猁。

设计师的忠告

　　通常可用剃刀的刀片在面料的背面裁剪毛皮，切忌用剪刀在毛皮的正面进行裁剪。

双色人造貂皮

　　添加颜色处理促使绒毛看起来更像真毛皮。如图所示，人造貂皮的下层绒毛是一种颜色，而针毛是另一种颜色。

人造马皮

　　短而平整的绒毛目的是仿造马毛或牛毛的涡状毛的图案特点。黑色使毛的涡状图案不易分辨，与马皮或牛皮硬挺的手感相比，针织的背面形成了更加柔软的手感。

人造卷毛羊皮

　　这种面料用螺旋卷曲纱线生产后进行修剪，仿造了卷毛羔羊毛皮。这似乎是比真正的卷毛羊皮更好的选择，因为真正的卷曲毛来自于未出生或刚出生的羔羊。

人造毛皮的领子和夹克

这种人造毛皮领子（左图）和"海狸皮"夹克（右图）非常好地仿造了真毛皮，使人很难从中区分真正的毛皮与人造毛皮。

实际案例

显著特征

- 除了针织或机织的背面，看上去非常像真毛皮。
- 如果是中长毛绒，则是密集的绒毛。
- 比真正的毛皮轻而且柔韧。

优势

- 可用各种细毛来仿造不同的皮毛。
- 皮毛颜色一致的图案，容易进行裁剪和设计。
- 与毛皮相比，柔韧而灵活的面料更容易进行缝制。
- 易于饰边或整个服装的制作。

劣势

- 对于厚的绒毛，裁剪不同的服装需要不同的技术。
- 热敏型，因此熨烫起来相当困难。
- 通常体积大，缝制起来特别慢。
- 皮毛颜色与图案必须匹配。

常用纤维成分

- 100%的改性腈纶，腈纶。
- 100%的涤纶/改性腈纶混纺。
- 改性腈纶/涤纶/锦纶/黏胶纤维混纺。

设计师责任

　　尽管人造毛皮的外观十分自然，但是必须记住，它是通过油基的纤维或其他人造纤维等一些不环保的材料制作而成。这些纤维会产生不健康的排放物和化学垃圾，而且这些纤维是不可重复利用的。

外来人造毛皮

由于人造毛皮是在纺织厂生产，它可以对所见的天然毛皮进行装饰或延伸，生产出前所未有的毛皮面料。设计师发现添加不常见的颜色到一件天然外观的人造毛皮面料中，会为设计带来极具创意的时尚元素。

发 现令人感到震惊的粉色或绿色的斑马或老虎的人造毛皮是很普遍的。这种与众不同的时尚外观已经引起了一场新的服装革命。在人造毛皮中，术语"外来的"不是指毛皮的不足，而是指用于创造一种自然界不存在的人造毛皮的颜色和后整理技术。通常，人造毛皮并不是复制自然毛皮，而是将创意理念通过毛皮来予以实现。

外来人造毛皮与在第256页中提到的常用人造毛皮的种类相同：长毛皮、中长毛皮以及特长毛皮。外来人造毛皮的关键是颜色与印染的想象。

这种中长纬平绒毛针织人造毛皮的目的是仿造斑马图案，但实际上粉色与白色的斑马线在自然界中并不存在。

斑点图案的毛皮

这是一种外来的自然色印花猫科毛皮。这种长绒毛人造毛皮非常柔软。

深紫红色烤花表面的长毛绒

这种深紫红色色调的人造毛皮，仿造染色毛皮，用于制作时尚夹克。颜色的确定则取决于设计师对服装的设计理念。

外来长毛毛皮

这种橘黑色人造毛皮是仿造狐狸毛，具有黑色镶嵌的长针毛。然而，它的颜色比天然的毛皮更加亮，超越了自然界的颜色。

人造紫黑斑马毛皮

极好的深紫色与黑色是在自然毛皮中不太常见的颜色。在人造毛皮中，设计师几乎可以实现想象中的任何颜色。

第五章
紧身性

服装设计最重要的目标之一是实现服装与人体的完美贴合。**紧身性**展现了服装如何通过面料来与人体进行贴合。

弹性纤维和纱线出现之前，合体是通过精心设计的接缝细节和缝制手段来实现的。一种合适的面料会紧密贴合人体，并且在人体运动时不会变形。发展至今，人造弹性纤维、纱线和面料极大地提高了设计师通过少量的接缝和细节设计合体服装的能力。弹性纤维的表面维持着张力而使面料紧贴人体，伴随着人体运动而相应地拉伸和收缩。运动服通过利用贴合人体的弹性设计，从而提高运动员的比赛成绩。设计所需的紧身性类型决定了织物种类的选择。

弹性的大小取决于织物所使用的弹性纱的类型和数量。

舒适弹力：氨纶纤维含量为2%~5%时可以提供柔和的紧身性并保持合体，随着人体的运动而拉伸和收缩。高克重至低克重的针织和梭织面料通常可在舒适弹力范围内。

动力弹力：氨纶纤维含量为14%~20%时会对可持续的紧身性提供动力弹力，对身体的轮廓产生抑制作用和给运动中的肌肉以力量支持。以展示身体轮廓为主要目的的内衣、运动服以及时装都用到了动力弹力面料。

紧身性的类型

面料所选择的纤维、纱线和面料的类型直接决定了达到拉伸和收缩的弹性类型会有所不同。

紧身性有三种：
- 硬质面料对身体没有挤压弹力。
- 棱纹针织面料因为其针织结构而非常合体。
- 弹性纱线梭织或针织而成的面料维系着面料表面的张力。

紧身面料

紧身面料被设计成符合身体的轮廓，如这件印花紧身服装是由氨纶混纺针织物制作而成。或者，视觉上紧贴人体，在这件紧身服装中用了强烈的提花织法，并设计了额外的加固支持。

弹性纤维、纱线和面料的创新现在是可行的，对设计师来说重要的是掌握弹性面料的更新，也要明白该如何将它们用于设计。很多运动上的设计已经跨界到日常消费的服装当中，所以新锐设计师随时了解如何运用这些创新设计显得特别重要。

关于弹性面料的注意事项

选择弹性面料用于设计是有风险的。首先，弹性面料接触到热源后，弹性会减少或消失。因此，要确保设计在生产过程中或者在消费者手中不会接触过多的热源，从而避免弹性被热源破坏。第二，应该用舒适且弹性较好的面料制作舒适度较高的服装，这样便不会对身体造成挤压。随着时间的推移，生活中穿着的服装所用的舒适弹力面料的弹性在不断地减弱。

动力弹力

舞蹈演员的专业舞蹈服需要给予他们肌肉拉伸和收缩的能力。动力弹力面料是舞蹈服和运动服进行这种幅度较大的动作的最好选择。

设计师责任

弹性纤维的创新解决了环境和染色问题。所有的涤纶虽然最初都是从石油产品中提炼生产来的，但是现在已经可以循环制造出高品质的新纤维，并由这些涤纶制造出弹性纤维和纱线。这些纤维和纱线具有越来越可靠、耐用的弹性，而且比氨纶更易染色。

紧身性

　　这款结构化的紧身胸衣巧妙地采用了饰有黑色漆皮罗纹的刚性面料，服装的胸部和臀部紧贴身体，与之形成鲜明对比的是，裙片部分用的是有流动感的面料。

紧身胸衣的设计理念基于用非弹性
面料做出可以塑造体型的内衣。

刚性面料的紧身性

使用刚性面料塑型是一种传统的塑身方法。强有力的最低克重平衡了平纹织物，也为设计师提供了一种塑造身形的方法。紧身胸衣、腰封和腰带通过挤压身体使号型变小实现了这一目的，但却常会给穿戴者带来强烈的不适感。

现在，各种弹性织物已能够满足绝大多数设计的紧身性要求。然而，一些设计师仍然会寻找一些低克重的刚性面料作为他们设计紧身服装的面料选择。有以下两个原因：

· 合体而不扩张——织物紧贴身体。
· 设计的廓型可以保持——面料不会随着身体的移动而变形。

合身是设计师使用刚性织物的一个主要原因。由于消费者多喜欢刚性面料塑身的方式，因而消费市场为了适当的合体性而偏向于选择刚性面料。弹性面料可以拉伸变形，但对于一些消费者来说，拉伸变形就意味着体型会变宽，因此弹性面料就成为一种不受欢迎的面料。然而，由于面料没有弹性，因此就需要一种非常结实的面料，大多数高克重和中等克重的面料无法承受不断施加的拉伸力。但是，低克重的纯棉或棉混纺的平纹或斜纹编织面料就可以承受这种张力。羊毛面料弹性太大，化学纤维贴身穿着则不舒适。

斑点图案的毛皮

这是一种外来的自然色印花猫科毛皮。这种长绒毛的人造毛皮非常柔软。

深紫红色烤花表面的长毛绒

这种深紫红色色调的人造毛皮，仿造了染色毛皮，多用于制作时尚夹克。颜色的确定则取决于设计师对服装的设计构想。

外来长毛毛皮

这种橘黑色人造毛皮是仿造狐狸毛，具有黑色镶嵌的长针毛。它的颜色比天然的毛皮更加亮，超越了自然界中的颜色。

实际案例

显著特征

· 刚性面料的塑型性。
· 密织的面料抗拉伸。
· 表面结构较小，会降低织物的强度。
· 一般是以棉或亚麻纤维为常用纤维成分。

优势

· 价格合理，易生产的面料。
· 易于裁剪和缝制，使用了很多接缝细节。
· 亲水纤维含量。

劣势

· 如果水洗面料会缩水，服装的合体性便会被破坏。
· 面料和接缝一旦接触皮肤可能会导致皮肤发炎不适。
· 缝制可能会变得膨大。

常用的纤维成分

· 100%棉或棉/涤纶混纺。
· 100%亚麻或亚麻混纺。
· 100%真丝。
· 100%涤纶。

紧身胸衣

　　使用刚性面料的目的是将身体塑造成一个固定的形态。穿着者是否舒适并不重要，而达到所设想的廓型才是设计师和穿着者的目标。

罗纹针织物

有弹性

　　罗纹针织物为双面纬纱结构，是在常规正反针重复交替下产生的弹性斜纹纹路织物（由正面线圈纵行与反面线圈纵行并按一定比例配置而成的）。

所　有由高的正面线圈和低的反面线圈组成的针织产品称作罗纹针织。罗纹针织有很多种，均产于不同的正反针交织。同所有的针织物一样，纱线的粗细和质地将决定织物表面的肌理。织针排列的紧密程度决定了针织物的密度。

　　在此，有以下两种方式来描述罗纹针织物。

　　计数行列数： 2×2的罗纹针织物是由两行正面线圈和两行反面线圈重复构成。3×1的罗纹针织物是由三行正面线圈和一行反面线圈所构成。

　　罗纹织物有很多品种，多数都有弹性。设计师利用弹力罗纹针织物可以用在服装衣身或领口、下摆等边缘处，从而更好地实现合体效果以及创造出更好的廓型。

　　织物的命名： 一些罗纹针织物可以作为一种面料来命名，还有一些会叫作"可怜男孩（穷小子）"或"粗平针织物"。

　　一些罗纹针织物产品利用的是其织物结构的弹性质量。袜子是证明罗纹针织物的弹性是怎样将腿包在袜子中的例子。罗纹针织物也常用于制作合体服装的设计：裙子、套头衫、羊毛衫以及像手套、帽子和围巾这样的配饰。

粗平针织物

　　粗平针织物采用了较大尺寸的纱线，通常要用毛纱纺成，编织在一个紧凑的1×1罗纹织物中。它具有良好的保温性和合体性。

高规格针织物

　　这种软的罗纹织物运用了64%的竹纤维和36%的玉米纤维。这种织物悬垂性好，但弹性回复程度不大。所以设计时应该着重于这种罗纹织物的表面，而不是适合的弹性。

金属罗纹织物

　　这种2×1罗纹针织物（两个正面纬向和一个反面纬向在织物表面）包括金属单丝纤维和羊毛短纤维纱线。紧身针织和自然弹性的羊毛纱使该织物更加贴合身体。

显著特征

- 正面线圈纵行和反面线圈纵行在重复交替的模式下创造了罗纹针法，并且形成了表面的高低外观。
- 弹力性能：有越多的罗纹纹理，就有越大的弹性。

优势：

- 织物很容易获得一个合理的价格。
- 弹力特性可以作为一个设计的元素。
- 可以在多种纹理和价格中进行选择。
- 容易生产。

劣势：

- 容易变形。
- 需要特殊的缝纫机去缝合可伸缩的缝合处。
- 罗纹表面导致织物较为笨重。

常用纤维成分

- 黏胶纤维通常混合在其中以增加柔软度。
- 100%棉或棉混纺。
- 100%羊毛和羊毛混纺。
- 100%腈纶和腈纶混纺。
- 100%涤纶和涤纶混纺。

罗纹在套头卫衣中的运用

从这件卫衣上能看到一件含有罗纹的服装能够如何贴近身体，或者使人从某种程度上更加放松。只有卫衣的底部和袖口是罗纹的，这些部分使服装更加贴合身体，进而描绘出身体的轮廓。

弹性罗纹编织带

　　弹性罗纹编织带用来设计服装的开口处，以至于它们能够更加贴合身体，或者为服装提供装饰设计的细节。设计师将特别运用罗纹修饰领口、袖口或者服装底边，使其更加贴合身体。

弹性罗纹编织带具有很好的弹力（没有氨纶成分），它所提供的功能性弹力不会因为暴露在热源下而有所降低。

　　设计师能够运用相同颜色纱线设计和加工服装，以确保织物与配饰的颜色一致。中等克重弹性罗纹编织带可以适贴合体，即使服装的衣身设计不是很合体。然而，针织的修饰也可以在颜色中形成对比。

　　针织裁剪的生产有两步。

- 首先将针织物做成管状，然后被切断成条状针织物。
- 条状针织物被织成特定的长度和宽度。
- 结构方法将决定会产生哪种类型的针织条带。

　　保罗衫（Polo）通常会被指定单独的针织项圈，所以它们总是

即使服装的衣身设计并不合体，中等克重弹性罗纹编织带也可以适贴身体。

针织带位于一个特定的长度和宽度。

管状罗纹织物被裁剪成窄带状，用于领圈、袖口、腰带以及边缘。

有着单独的织法。用于领口处、袖口处、衩口处以及衬衫底部的织带可以从织物中截取。中等重量的罗纹编织带能够在服装设计中并未进行合体设计的情况下很好地贴合身体。管状罗纹织物通常会被裁剪成窄带，用于领圈、袖口、腰头以及边缘。

高规格T恤

　　该弹性罗纹编织带在这种T恤上用了相同的纱线去制造而成，所以该装饰运用得非常适合。注意修剪方式的扩展或者在折边叠褶的接合线，否则装饰会与身体不契合。

罗纹织物的领口和袖口

　　这件保罗衫（Polo）用罗纹针织物领口和罗纹针织物袖口去搭配衬衫所用织物。罗纹针织物结构使领口和袖口容易伸展和恢复到原来的形状。

罗纹织物袖口

　　这款夹克衫的4×1罗纹结构的袖子是为具有贴身的袖子和针织条带或者底部保持塑型的夹克设计的。

实际案例

显著特征
· 织物结构紧密，接近1×1罗纹织物的紧密度。
· 具有很好的弹性以及保形性。
· 总是在特定宽度或者特定长度和宽度的织物中产生。

优势
· 非常灵活，具有很好的弹性。
· 可以根据领口、袖口、口袋的尺寸而指定长宽。
· 可以通过相同的纱线制作来匹配确切的颜色。

劣势
· 由于尺寸小，所以价格昂贵。
· 需要特定的机器以及机针编织，使织带适当地拉伸。
· 织带的纱线也许会与织物颜色不一致。

常用纤维成分
· 100%棉或棉和锦纶混纺。
· 100%羊毛和羊毛混纺。
· 100%腈纶和腈纶混纺。
· 100%涤纶和涤纶混纺。

罗纹织带在服装上的运用
该罗纹织带运用在成品服装边缘上时，通常会采用不同的方式。左图中蓝色的夹克衫用了对比鲜明的红色和蓝色织带去增加底边以及袖口设计的细节，与领口的蓝色相匹配。右图中，白色上装运用了适合颈部的织带和一个针织的领口完成了设计。

轻型舒适弹力织物

　　轻型舒适弹力织物已经改变了设计师在设计服装时的具体方式。合体的服装成为了如今最易解决的问题，因为该面料可以随人体的移动而相应地扩张和收缩。

轻型舒适弹力织物使合体问题显得不再那么重要。弹力纱线被改变了结构，能够使织物变得更精细，几乎让人感觉不到其成分是不吸水的人造纤维。如今，纱线又已经结合了舒适的吸墨性天然弹性纤维的功能。

　　比较轻质的面料不具有弹力，可采用强捻机械弹性纱或变形复丝弹力纱、氨纶单丝与其他纤维复合的复杂弹性纱线。其他轻质面料可用氨纶裸丝，具有光泽和弹性，被织入平针针织物的反面，外观效果不明显。

　　图中为一小部分的氨纶同涤纶在运动网眼经编织物中的结合。该针织物的结构使其具有延伸性，氨纶的成分更是增添了些许舒适的弹性。

　　很多轻型面料是单向拉伸，通常具有双向拉伸弹力。带有弹力的纱线有时候与非弹力纱线相比很厚重，因此在轻薄型面料中不适合采用厚重弹力纱。

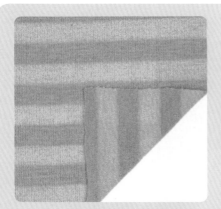

平纹单面针织弹力棉

　　平纹单面针织弹力棉是由裸露的弹性单丝线'放在'织物的背面部分织成。这是一项常见的为该面料增加弹力的手法。当弹力纱线在阳光下拉伸时，纱线可见。

弹力绒面面料

　　弹力绒面面料通常用于制作女装的女士衬衫和上装。这种色织条纹在纬纱方向混有2%氨纶的股纱，有轻微的弹性。值得注意的是，这些面料大多只在纬纱方向能够延伸。

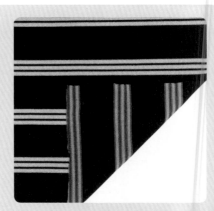

黏胶纤维弹力平纹单面针织物

　　这个时尚的纬编针织物是由96%的黏胶纤维和4%的氨纶所制成。黏胶纤维纱线非常柔软，具有悬垂性，因为氨纶的加入也使其具有了一定的弹性和抗皱性。这种色织条纹图案中，黑色的颜色非常深是由于黏胶纤维对于深色染料的吸收效果非常好的缘故。

显著特征

- 面料具有延伸性。
- 虽然面料具有保形性，但是它仍有弹力，面料可以随着身体的运动而进行扩张和收缩。
- 面料可以随人体的运动而相应地伸缩变化。

优势

- 织物容易获得。
- 很好的保形性。
- 在裁剪和缝制上，与刚性无纺布相比，变化不大。

劣势

- 与非弹性面料相比，价格较贵。
- 对热源很敏感，在热源下弹性会减弱。
- 面料也许会在裁剪和缝制过程中膨胀。
- 清洗后，织物表面的纱线可能会蓬松。

常用纤维成分

- 纯棉或者棉、涤纶、氨纶的混纺。
- 涤纶、黏胶纤维、棉、氨纶的混纺。
- 亚麻氨纶混纺。
- 真丝氨纶混纺。

弹性针织上装

  印刷针织上装含有少量氨纶，足够包紧臀部以上部位，并且避免了无氨纶成分时的松散的悬垂性。

休闲弹力机织物

休闲弹力机织物通常是棉混纺或者类似棉混纺所制成。弹性来自于复杂弹性纱线编织的织物。这些弹性纱线能够编织在直纹中(称为经弹力织物)，但更多的是在交织织物(纬弹力织物)中，又或者是同在经纬向。

从哪些方面来描述一种弹力织物的拉伸能力呢?

第一种：弹性纱线只在一条纹理的方向，所以在这个纹理所在的线上能够拉伸。一些纺织厂称之为双向拉伸织物，这源于该织物的伸缩性能。

第二种：弹力纱线在经纱和纬纱两个方向都存在，以致该织物可以在两个方向上任意拉伸。于是，一些纺织厂将这种织物叫作四向拉伸织物。

休闲弹力机织物所用纤维将大部分取自于棉纤维或者人造棉纤维，同时弹力纱线将藏在具有弹性的、明亮的氨纶单丝纤维或

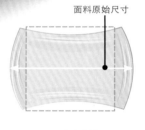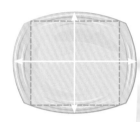

面料原始尺寸

单向拉伸　　　　　　　双向拉伸

弹力棉斜纹棉布是一种十分受欢迎的织物，它多用于制作夏季夹克、裤子、短裤和裙子。2%的氨纶成分赋予了棉布足够的轻微弹性,同时为织物添加了一些抗皱性。

者变形复丝中，并且不会反光。为了避免过高的热力与压力，服装的洗涤方法和消费者的注意是至关重要的。

弹力府绸

弹力纱线在该纬编弹力府绸中不会引起注意，只有当该织物在纬纱方向拉伸时才会显现。与相同的刚性织物相比，穿着该织物重量较轻且悬垂度更低一些。它的纤维成分含有96%的棉以及4%的氨纶。

伸展缎纹织物

伸展缎纹织物保留了其表面的光泽，它在纬纱方向包含弹性纱线，其纤维含量是97%的棉和3%的氨纶。

厚、薄弹力灯芯绒

这类割绒编织生产的织物也可以作为拉伸织物。织物表面绒毛结构不变，氨纶沉在织物底部的组织结构中。它的纤维含量是97%的棉和3%的氨纶。

实际案例

显著特征
- 一般情况下，棉中含有一定的弹力。
- 即使是在织物具有弹力的条件下，织物的编织方向也容易识别。
- 织物可随着身体的变化而收缩自如。

优势
- 休闲织物可以吸收冷却效应。
- 容易有弹性识别。
- 缝制和裁剪工艺与刚性织物几近相同。

劣势
- 织物在整个裁剪过程中会膨胀。
- 洗涤过后的织物表面会有所变化，特别是经过服装洗涤。
- 与刚性织物相比，价格更贵。
- 对热源敏感，会降低弹性。

常用纤维成分
- 棉纤维与氨纶单丝纤维。
- 一些棉纱线与涤纶的单纱、股线、弹力线结合。

弹力裤
　　注意，织物覆盖了臀部和大腿上部，其光滑的外观是拉伸弹力织物的主要特点之一。另外，裤腿处被弹性织物所支撑。

弹力牛仔布

牛仔布是当今服装上很流行的一种元素，在具有弹性以后更加流行。传统上，工作服面料和经久的耐用性，再加上弹力纱线的应用，使它在追求时尚的消费者中历久弥新。

弹力牛仔布如今是制作牛仔裤最受欢迎的面料，因为它的弹性相比刚性面料而言，能够使穿着者在牛仔裤仍然紧贴身体的情况下行动自如而不受拘束。一款不受欢迎的袋状裤使它很少有合适的地方，这是一名设计师在设计牛仔裤时会遇到的问题。几乎所有的牛仔布都是以一种方式拉伸，通常为交织的方向。

然而，弹力牛仔布具有一个与刚性面料的不同之处在于这种弹力使它更加'轻松'，以至于表面会有轻微的'不平'，以致表面没有刚性牛仔布般光滑。一些设计师不喜欢这种质感，觉得它会使穿着者看起来很胖。然而，这种贴身的弹性几乎满足和保证了所有消费者的穿着需求。一些人更喜欢适当的膨胀感，相比穿着更加舒适的牛仔裤来看，细微的不平整的表面变化是很小的问题。

更加舒适的弹力牛仔面料与非弹力的牛仔面料其实没有太大区别。只是这种弹力牛仔面料的弹性更大一些。

环形纺织弹力牛仔布

复古的环形纺织弹力牛仔布，是由交织弹性纱线生产而成，用于制作接受度更高的弹力牛仔裤。与刚性牛仔布相比，它的纤维含有98%的棉以及2%的氨纶。弹力牛仔布更容易获得消费者的喜爱。

轻型牛仔裤

轻型纤维也可以制作弹力牛仔裤，增加的弹力纱线使它们显得比原来的尺寸更加笨重。弹力纱线大都使织物变大。纤维含有98%的棉以及2%的氨纶。

浅色牛仔裤

弹性牛仔布的拉伸可以减少纤维在热水中洗涤的时间。浅色牛仔裤通常不用氨纶混纺，因为在洗涤过程中存在失去弹性的风险。

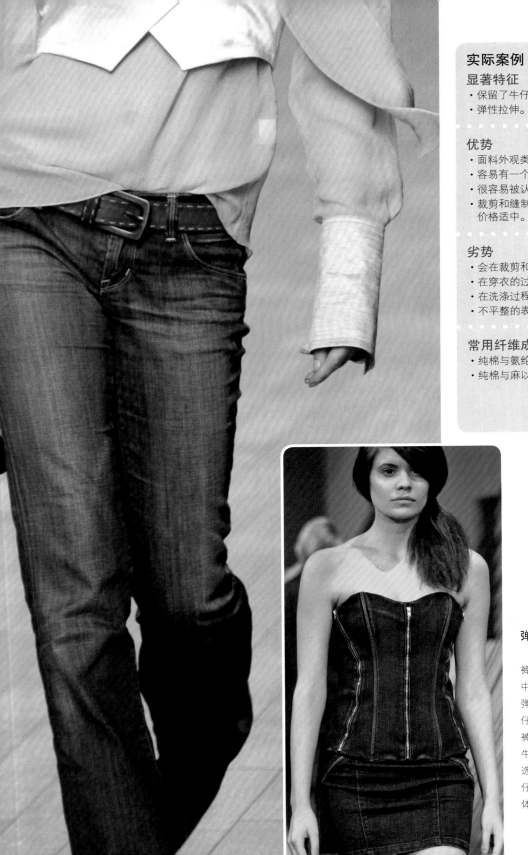

弹力牛仔裤

　　弹力牛仔裤看起来与刚性牛仔裤没有太大的区别。在这张照片中，可以通过穿着者的移动来识别弹力牛仔和刚性牛仔。相比刚性牛仔布制作而成的牛仔裤，弹力牛仔裤具有使身体更适合的弹力。弹力牛仔织物适合于胸衣和裙子的面料选择。通常，不建议使用无伸缩牛仔作为束身内衣，因为它会制约身体的运动幅度。

舒适弹力：弹力套装

　　弹力面料用于职业装和高雅时装的制作时，应赋予其一定的舒适感。将弹性纱线加入到传统套装面料中，套装就会变成比硬挺织物更具弹性的舒适服装。这类服装会使穿着者更易于活动，并且其具有的优良弹性极少会对织物造成损坏。

　　弹性纱线可以同时放置在经向和纬向两个方向，形成一种单向或双向织物。套装应采用弹性羊毛混纺面料，以创造一种新的办公室套装类型。弹力哔叽、华达呢、法兰绒现已可见。女士服装中，套装面料更具多样性，包括花岗石纹棉布、缎纹绉布、中等重量的加厚双乔其纱以及小提花织物。除此之外，更多的传统男士套装面料也在此进行了介绍。

　　此图为条纹多臂提花结构的面料，是由涤纶、黏胶纤维和2%的氨纶混纺而成。只有纬向单面弹。这种面料弹性不会限制定制西服的结构变化。

　　弹性纱线加入套装面料中有时会增加织物的体积，但是通常较细的纱线可用于弥补膨体纱、复合纱以及弹性纱使用时带来的不足。衬里织物经常用于夹克和套裙，因此也必须考虑到面料的弹性效应。于是，弹性衬里面料在弹性套装上便得以开发利用。如果弹性衬里没有得到应用，那么额外的宽松量就必须加入到衬里之中以防止套装织物拉伸时迫使衬里面料被撕裂。

弹力羊毛华达呢

　　弹力羊毛华达呢适合于制作工作制服，比传统精纺毛呢套装穿着更舒适。面料正反面外观效果相同。

多臂提花组织西服套装

　　该种花式结构面料弹性十足，服装穿着合体。面料的反面为斜纹组织，采用吸湿性好的黏胶纤维，而正面为平纹结构，采用锦纶。织物含有6%的氨纶，双向都有弹性。

弹力薄精纺呢

　　弹力薄精纺呢采用精梳羊毛与涤纶、黏胶纤维混纺纱线，更适合气温较高的环境下穿着。氨纶含量为2%，仅仅纬向有弹性，并非总是用于制作夏季西服套装。

显著特征
- 弹性面料能够保持硬挺套装面料的固有风格。
- 广泛应用于各种纤维含量和织物中。
- 非常有弹性。

优势
- 易于裁剪和缝制的面料。
- 有弹性，特别是无弹性纤维成分的面料。
- 由于弹性纱线的加入，与原来硬挺套装相比则具有较差的悬垂手感。

劣势
- 如果没有很好地缝合，无弹性的衬里面料可能会从接缝处撕裂或抽出。
- 面料在裁剪时可能会膨胀，在缝制时可能会拉紧。
- 由于织物的拉伸，缝合处的缝线可能会断裂。采用链式缝法可以将织物拉紧。

常用纤维成分
- 棉/氨纶或棉/涤纶/氨纶混纺。
- 涤纶/黏胶纤维/氨纶混纺。
- 毛/氨纶混纺。

女士弹性面料套装

当纬向使用舒适弹力纱线，面料织成后就会质地光洁，可制成修身合体型套装。如图中定制的合体型服装，织物的延伸性可以赋予面料挺括的手感。

舒适弹力：双面针织物

　　用于各种各样的织物和服装的双面针织物，为织物设计者提供了更加一致的面料品质以保持服装廓型。

由于针织结构编织法是成圈地结合在一起，穿着时服装会伸展开来。将弹性纱线加入织物中，可以形成更加稳定的服装造型，其中的弹性纱大部分置于双面针织物的背面。在购买时，消费者期望他们的针织套衫和其他针织服装能够保持同样的造型。将氨纶加入双面针织物中可以增加消费者对针织面料的满意度，鼓励设计者在设计服装时更多地选择针织面料。

　　所有类型的双面针织面料都可以通过增加弹性纱来提高性能。中等厚度的双面针织物是应用最普遍的，厚重的双面针织物由于太重而不能使用无包覆弹力纱。套头衫针织物使用了高

度变形纱就是得益于加入了弹性纱以保持织物外形。服体纱、复合纱在穿着时会从服装中伸展出来，因此加入弹性纱可以使套头衫结构在穿着过程和磨损后依然保持在一个合适的位置。

弹性羊毛针织物

　　这种羊毛面料是有弹性的，可用于制作紧身服装。羊毛面料通常是蓬松和宽松的，但是氨纶的加入可以改变它的特性。它的纤维成分为97%的涤纶和3%的氨纶。

弹性罗纹针织饰边

　　在羊毛织物的顶部，这种罗纹衣领和侧面嵌料是用来保持服装开口处与人体的贴合，弹性纱的加入使其效果更佳。罗纹饰边的纤维成分是97%的涤纶和3%的氨纶。

弹力袜护腕

　　这种短袜罗纹口将无包覆弹性纱置于面料的背侧面，以防止短袜在穿着时出现滑脱。氨纶成分织成的罗纹口上部紧贴脚踝。它的纤维成分是98%的棉和2%的氨纶。

显著特征

- 加入弹性纱后，针织物表面仍然无变化。
- 在穿着过程经磨损后仍然能保持原有的外形。

优势

- 织物容易控制。
- 可用弹性范围广，双面针织面料。
- 弹性纱针织面料更易保形。

劣势

- 由于热和摩擦力的作用，弹性纱很容易断裂或损坏。
- 裁剪时，织物经常会膨胀。
- 缝制时，织物经常会拉紧。

常用纤维成分

- 可以采用任何纤维成分。
- 通常将无包覆弹性氨纶纱置于针织面料的背面。
- 作为选择，使用复合弹性纱来生产织物。

舒适弹力服装和针织套衫

　　这种中等厚度的舒适弹力双面针织服装（左边）具有足够的重量来支撑前身的白色饰边和裙子的饰边。中等厚度的针织面料的弹性使织物可以很好地与身体贴合，可以通过增加重量来保持造型。在中等厚度的针织套衫的纬向增加少许的弹性，可以增强面料的保形性。

强弹力：运动针织物

强弹力织物都是针织物，通常为经编针织物。经编针织物在直纹方向不会有很大的伸长度，加入高弹氨纶纱后使经编针织物成为一种理想的运动针织物。

由于直纹的稳定性，氨纶纱的高度弹性能够较好地保持服装造型的稳定性，尤其当织物处于湿润的状态。游泳衣是强弹力经编针织物广泛应用的一个实例，因为当游泳衣遇水后变得十分厚重时，织物沿直纹方向仍具有很好的保形性。

高含量的氨纶将织物与人体很好地压紧，以尽可能地符合它的形状。接缝细节没必要与衣服匹配。相反，接缝的强调能够凸显出身体的轮廓。

强弹力织物通常用于制作游泳衣，在水中需要强压缩面料以保持它的弹性。不吸水的锦纶和涤纶几乎都可以用于制作游泳衣，另外，还要加入12%~14%的氨纶。

游泳衣通常会选择不吸水的纤维材料。这是因为吸水的织物容易变得厚重和不舒服，也易于擦伤皮肤。吸水的涤纶纤维可用于运动服而不是游泳衣的制作。为了提高压缩服装的舒适性，可以加入可移动的柔软衬垫进行搭配。

运动短裤面料

运动短裤的高弹性能是由于在经编针织面料的背侧面加入了至少14%的无包覆弹性纱，其纤维成分是86%的涤纶微纤维和14%的氨纶纤维。吸水涤纶微纤维有助于运动员在比赛时保持干燥的状态。

短道速滑运动面料

短道速滑运动面料具有丙纶/氨纶混纺经编针织的背面，并黏合有不渗透膜表面以御风。织物在身体上伸展开来使服装具有保暖性。织物背面的高氨纶含量和膜表面的回弹性，在穿着者运动时提供了强大的体力支持。

无缝紧身衣

无缝紧身衣是使用专门的织制无缝针织品的纬编针织设备织制而成。这种强弹力纱线提供了极好的弹性，避免了穿着后的紧身衣变得松弛。无缝紧身衣的纤维成分为85%的锦纶和15%的氨纶。

短道速滑比赛织物

　　设计者在设计强弹力服装时，首先必须考虑到服装对于运动员行动的影响。强弹力织物最关键的一点是使运动员的肌肉得到伸展，避免肌肉收缩时受到伤害。

强弹力：内衣针织物

　　针织内衣有一个平滑的表层以保护身体免受外层服装的伤害。氨纶出现前，针织内衣依靠弹性腰带使针织物保持造型并紧贴身体。如今，细的氨纶纱线使织物具有极好的延伸能力且能紧贴身体。

通常，14%~20%的氨纶含量足以提供必要的压缩力来约束身体，并能使穿着者在运动中感觉舒适。紧身衣和腰带（如今很少使用）包含这种氨纶，因为它们需要大面积地紧贴身体。这些服装通常是双层弹性针织物，里层的弹性高于外层，以防止里层在外层作用下起皱。另外，约束性小的内衣可能含有12%~14%的氨纶来保持造型，但是紧身衣的上面具有一个光滑的织物表面。有些内衣将针织物与硬挺织物相结合，形成伸缩性和弹性较好的织物，从而使身体运动更加灵活。

强弹力内衣针织物的特点是轻质、极薄以及紧贴身体而不蓬松。它是含有15%或更多氨纶的网眼针织物。

　　为了保持造型，内衣针织物应尽可能少地采用氨纶。但是，有些设计师设计内衣时采用白色而不是肤色，为了与肤色相协调，内衣的外层应采用简洁、低调的外观。

紧身衣面料

　　这款紧身经编针织物包含可回收的涤纶和氨纶，以紧贴身体、保持造型。面料中的涤纶来自可回收的塑料瓶。织物中的纤维含量为可回收涤纶/氨纶（84/16）。

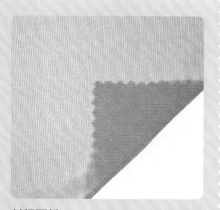

衬裙面料

　　裙装需要额外的平滑度，在弹性易脱服装中，筒型裙装衬里需要紧贴臀部和大腿。织物中的纤维成分为涤纶/氨纶（84/16）。

运动型文胸面料

　　运动型文胸面料需要具备舒适性好、吸水能力强以及能很好地紧压身体的特点。女性运动员需要专门的面料。在竞技体育中，女性运动服面料应符合女性生理结构要求。纤维含量为棉/涤纶/氨纶（55/33/12）。

显著特征

- 光滑、紧密的针织物表面。
- 略带光泽的织物表面。
- 极好的弹性和快速的回复性。
- 伸缩性好并紧贴身体。

优势

- 织物紧贴身体，体感舒适。
- 具有吸水功能的涤纶将水分从体内移送到表面。
- 如果采用的缝纫设备合适，面料极易缝制。

劣势

- 需要使用专门的缝纫设备才能保证接缝线随着织物伸缩而相应变化。
- 缝纫时，织物有时会被拉伸。
- 在这样的约束性服装中，面料很容易钩丝或损坏。

常用纤维成分

通常纤维成分（通常采用如上所述的氨纶含量）：

- 棉/氨纶混纺。
- 芯吸超细涤纶/氨纶混纺。
- 锦纶/涤纶/氨纶混纺。

连衣裙和紧身衣

　　这款连衣裙展示了强弹力针织物作为紧身衣的特点。通常，设计师会根据人体廓型来选用内衣面料。

强弹力：弹性网状物

弹性网状物是一种拉歇尔经编针织物，具有很好的舒适透气性、高弹性和伸缩性。为了满足内衣对服装保形性和紧贴身体的需求，强弹力的弹性网状物为特殊的内衣和合体的服装提供了极为重要的解决方案。

强 弹力的弹性网状物可以用在外形轮廓设计上采用一个小的图案样片。它可以与其他面料结合使用来塑造所需的轮廓外形。氨纶纤维的含量通常为18%~25%。拉歇尔经编针织物加工可以是微细涤纶复丝和锦纶纱与氨纶纱一起织制成轻薄、透气、紧贴身体的织物。由于氨纶通常很难染色，因此强弹力的弹性网状物多为中性色，如白色、米色和黑色。

这种拉歇尔经编针织物是网状物的一种，在内衣局部少量使用可以增加织物的伸缩性，或用于需要良好伸缩性的某些服装部位。

强弹力网状镶嵌物

强弹力网状镶嵌物是制作运动裤的常用面料。强弹力网状镶嵌物中的这种狭长条纹不仅可以促进空气流通，而且能够给予裤子很强的弹性。

强弹力网状紧身胸衣

仅采用硬挺机织面料制作而成的女士紧身胸衣在穿着时很不舒适。紧身胸衣中加入强弹力网状嵌条，可以使胸衣具有很强的伸展性，使穿着者穿着时更加舒适。

男士旅行内裤

强弹力网状男士旅游内裤需要干洗。这种开口网状织物在炎热的气候下穿着十分凉爽。它对人体的约束性较小，仅能满足基本的功能需求。

显著特征
· 流线型的网状外观。
· 很有弹性，紧贴人体。
· 手感挺括。

优势
· 具有开口网状结构的舒适面料。
· 容易识别。
· 有弹性，伸缩性好，质量轻。
· 缝制工艺简单。

劣势
· 需要专门的缝纫设备来确保接缝的准确
  对接和防止拉伸处的裂缝。
· 价格昂贵。
· 缝制过程中可能会伸展。

常用纤维成分
· 微纤维涤纶复丝/氨纶混纺。
· 锦纶复丝/涤纶/氨纶混纺。

设计师责任

　　目前，只有氨纶被用在这种强弹力
织物的生产之中。但是，氨纶是一种油
性基纤维，不可循环再用。推荐使用涤
纶及弹性纤维，它是一种可循环再用的
新型弹性纤维。

紧身胸衣
　　这款女士紧身胸衣在羽骨嵌条之间加
入了强弹力网状物，以形成紧贴身体的设
计。除此之外，贴花花边必须也是具有弹
性的，被缝制在紧身胸衣的外面。

强弹力：狭窄的松紧带

三种狭窄的松紧带——编织松紧带、针织松紧带、机织松紧带，它们多用于镶边、腰带、腿或胳膊的开口处，其目的是为了在服装的关键部位提供弹性伸展和伸缩。

编织松紧带的规格在3~25mm之间，多用于领口、腰身、腿部和袖口处。它通常使用涤纶和橡胶线或氨纶混纺；如果缝纫针穿过了橡胶线，那么其弹性将会降低。圆形弹性嵌线和滚边也采用了这种编织结构。注意，编织松紧带在拉伸时会变窄。

针织松紧带的用途多种多样，可设计成专门的产品，如手套、袜子、面罩带、腰带和背带等。产品在制作时需要选取合适的重量、厚度和张力以使其具有特殊的功能。

该弹性腰带可以是平码计算，或者以束带形式提前编织到带子中。

机织松紧带有直角纱交织在一起的窗格型效果。它可以表现为各种各样的宽度和图案。机织松紧带能使腰带平坦而不会从上面翻滚下来。当被拉伸时，它也不会变窄。棉纱通常与氨纶和涤纶混合制成舒适的腰带，而背带通常是由机织松紧带制成的。这种狭长的松紧带是三类生产方法中最贵的。

抽褶弹性线

这种弹性线通常是编织在橡胶线的周围。包覆的橡胶线很容易拉伸，周围的编织涤纶线会伸长，随着橡胶线的拉伸而紧缩。抽褶书弹性线多用于装饰性的褶带设计中。

网眼松紧带

网眼松紧带多用于轻型织物中。与针织松紧带相比，它不易滚边。尽管比针织松紧带更轻，但是网眼松紧带的手感更硬一些。它手感硬挺，可用作腰带，既有弹性又不会折弯。

褶皱边针织松紧带

有时针织松紧带设计会有花式饰边，如褶皱边针织松紧带。女士内衣中常使用这种弹性花边类型。另一种类型是"缎带"弹力边，包括一个毛圈边，尤其适合用于内衣肩带。

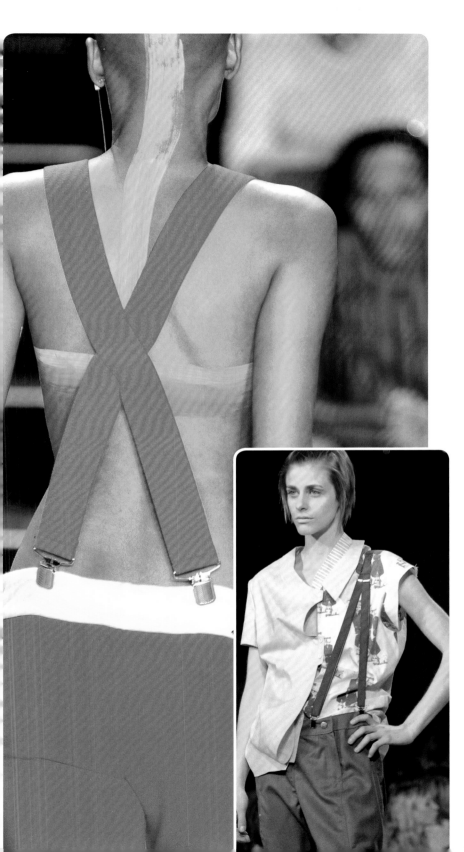

显著特征

- 在狭窄的机器上生产狭长码数的成品饰边。
- 具有很好的伸缩回复性。
- 具有挺括手感的狭长织物。

优势

- 以合理价格便可购得的狭长弹性码数织物。
- 缝制工艺简单。
- 易于裁剪与缝制工艺的进行。

劣势

- 缝纫针会降低橡胶纱的弹性。
- 过多地暴露在热环境下，其弹力会下降。
- 用于腰带外壳的针织松紧带很容易卷边。
- 除了针织松紧带外，其他类型的松紧带在伸长时都会变窄。

常用纤维成分

- 棉/涤纶/氨纶或橡胶线混纺。
- 涤纶/氨纶或橡胶线混纺。

机织弹性背带

在拉伸时，机织弹性背带依旧能够保持宽度不变。背带通常是弹性带，可根据要求设计其伸长和伸缩性。另外，它是设计的基本部分，可以通过颜色和加入金属配件来装饰服装。

图表

　　图表以一种易于阅读的格式，根据各种织物的组织结构、纤维和纱线选择以及重量等特点来总结面辅料的相关信息，以帮助设计师更加快捷、准确地进行面料选择。可以用于时装设计工作室或者纺织贸易展览会。

图表简介

此表目的是总结各种面料信息，以供纺织企业加工面料时参考。根据面料结构类型进行信息整合，进行纤维、纱线的选择设计，确定织物克重（重量），这样设计师就可以直接去特定工厂加工指定类型的面料。

工厂多使用特定的纤维和纱线。纺织设备要符合纤维、纱线的特性需求，才能有效生产出设计师需要的面料。此表按照以下面料的构成方法进行安排：

· 梭织。

· 针织。

· 无纺织物（非织造布）。

· 蕾丝花边。

针织物加工由所使用的纱线类型和织物紧密度决定。发展至今，用于制作服装的面料多采用针织结构。然而，梭织物的加工相对要复杂些，这是由织物名称和结构类型所决定的。另外，这也是梭织物的信息比针织物多的主要原因。文中信息的数量与纺织品的重要性没有必然联系。图表中的面料名称是按照颜色标识区分，分为五个部分。

P52~131	面辅料组织结构
P132~191	流动性
P192~223	装饰性
P224~259	延伸性
P260~287	紧身性

面料在图表中对应一个参考页码，会告知面料在此手册中的具体位置。这样，你可以在图表和面料的直观信息之间查阅。

此图表可指导设计师合理选择面料，面料通常用于某种特定产品或最终用途。设计师会不断挑战面料在他们设计中的使用方式，所以这份图表仅作参考。无论是针对设计工作室还是纺织品贸易展览，此图表都十分有用。怎样利用面料信息进行简便而快捷的面料选择以及如何与供应商联系，这些是你要考虑的首要问题。

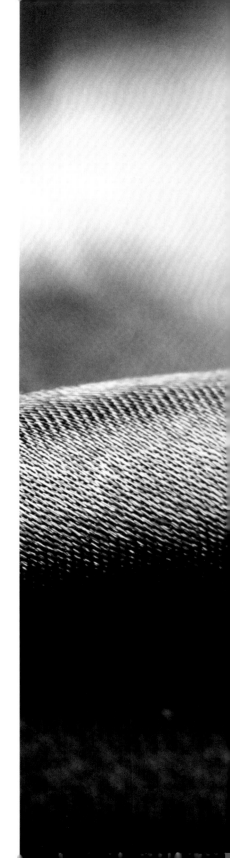

均衡平纹织物（方形织物）

织纹名称	常用的纤维成分	常用的纱线	织物名称	通常织物重量
均衡平纹组织	棉短纤维	单双股短纤纱	细麻布（p.56） 上等细亚麻布（p.56）	轻薄克重
			蝉翼纱(p.231)	轻薄克重
			马德拉斯纵条布（p.62）	轻薄克重
			方格色织布（pp.62-63） 钱布雷布（p.57） 平布（p.57）	轻薄克重
			薄亚麻织物（p.81） 阔幅平布（p.80）	轻薄或较大克重
			绒布（p.77）	中等克重
			衬布（p.232） 硬衬布（p.233）	较厚克重
	棉，羊毛或人造短纤维		钢花呢（p.84）	中等克重
	棉短纤维	高捻度纱	巴里纱（p.138） 纱布（p.139）	轻薄克重
	亚麻短纤维	单双股短纤纱 竹节花式纱	亚麻布（p.78）	轻薄或较大克重
	羊毛人造短纤维	单双股短纤纱	薄型平纹毛织物（p.148）	轻薄到中等克重
	羊毛短纤维	单双股短纤纱	法兰绒（p.76）	较大克重
	涤纶/人造长丝或丝类长丝	复丝	衬里（pp.140-141）	轻薄克重
			雪纺绸（p.136）	轻薄克重
			中国绸缎（p.140）	轻薄克重
		微复丝	高密织物（pp.58-59）	轻薄或较大克重
		高捻度花式纱	乔其纱（p.137）	轻薄克重

❶ 使用复合弹力纱几乎可以在针梭织纺织企业加工出弹性面料。需要与你的面料供应商联系查对。

❷ 人造麂皮可以在针织物、梭织物、复合纤维企业加工。

优点	缺点	通常的后整理	最终用途	章节
· 透明/悬垂性好	· 弱布（接缝处有张力） · 易缩水	· 柔软剂	上装，女士便装	● ●
· 透明/手感挺括	· 易起皱 · 舒适性差	· 轻树脂	女士衬衫	●
· 格子花纹	· 易缩水	· 柔软剂	男士衬衫，女士衬衫，短裤	●
· 便宜 · 容易获得 · 易裁剪	· 可渗色 · 易缩水	· 全部：预缩，柔软剂	男士衬衫，女士便装，裙子	● ● ●
· 易裁剪	· 易缩水	· 轻树脂	花纹设计，裤子，裙子，女士便装，陀螺裤，夹克	● ●
· 易裁剪	· 易缩水	· 拉绒处理	睡衣，婴儿服	●
· 保形性好	· 水会破坏坚挺后整理效果	· 重树脂	女帽，设计样图，裙摆	● ●
· 保形性好 · 易裁剪	· 粗糙的外观 · 较弱的耐磨性	· 缩绒/预缩	夹克，轻薄运动夹克，套装	●
· 优良的悬垂性 · 透明/手感柔软	· 较差的成衣性 · 弱布（接缝处有张力） · 易缩水	· 柔软剂	上装，女士便装，裙子	● ●
· 手感挺括 · 易裁剪 · 优良的质地	· 易起皱 · 接缝处易破损	· 捶布（增加柔软光泽）	裙子，女士衬衫，夹克，裤子，裙子，套装	●
· 悬垂性好/易裁剪	· 易起射线纹 · 接缝处可能会被拉开	· 缩绒/预缩	上装，裙子，女士便装	●
· 易裁剪 · 手感柔软	· 可能会起球 · 有些蓬松	· 缩绒/预缩	套装，夹克，女士便装，裤子	●
· 光滑，有光泽	· 接缝处有张力	· 预缩	内衬	●
· 透明，悬垂性好	· 接缝处有张力	· 柔软剂	女士衬衫，女士便装	●
· 光滑，有光泽	· 接缝处有张力	· 上浆	衬里，上装，女士便装	●
· 光滑，悬垂性好 · 耐水性好	· 价格昂贵，静电积聚	· 耐水性整理	外套，户外服装	●
· 透明，悬垂性好 · 弹性好	· 如果是黏胶纤维，湿后会缩水	· 如果需要，可以进行柔软整理	女士衬衫，女士便装	●

不均衡平纹织物（罗纹或不均衡平纹织物）

织纹名称	常用的纤维成分	常用的纱线	织物名称	通常织物重量
不均衡平纹组织	棉，人造纤维，或涤纶短纤维和丝，或人造纤维和涤纶长丝	短纤纱或复丝	宽幅布（p.60）	轻薄克重
		短纤纱或复丝	府绸（p.61）	轻薄到中等克重
	丝，涤纶或锦纶长丝	复丝	塔夫绸（pp.70~71）	中等克重
		合股复丝	菲尔绸/罗缎（p.72）	中等克重
		合股短纤纱或复丝	粗横棱纹织物（p.95）	较大克重
	丝，涤纶或人造长丝	强捻复丝	双绉（p.144~145）	轻薄克重
	丝类长丝	不规则复丝	双宫绸（p.73）	轻薄到中等克重
		竹节纱复丝	山东绸（p.73）	轻薄到中等克重

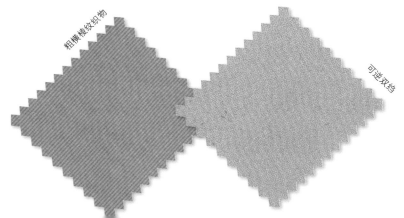

锦纶/棉府绸

阔幅棉布

粗横棱纹织物

可逆双绉

优点	缺点	通常的后整理	最终用途	章节
• 手感挺括 • 易裁剪 • 细腻的罗纹组织	• 易于与便宜的方形织物混淆 • 易起皱	• 柔软剂或增加挺爽性的树脂	西服衬衫/女士便装	●
• 手感挺括 • 易裁剪 • 细腻的罗纹组织	• 易起皱 • 罗纹表面易受磨损	• 柔软剂或增加挺爽性的树脂 • 如果需要，耐水性处理	上装，裙子，夹克，女士便装，便裤，户外运动服装	●
• 罗纹组织 • 有光泽 • 手感挺括	• 面料会发出声响 • 易起皱	• 柔软剂	晚礼服，套装	●
• 明显的罗纹表面 • 易裁剪 • 保形性好	• 罗纹需要配色 • 易起皱	• 如果需要，耐水性处理	套装，女士便装，时髦裤，夹克	●
• 易裁剪 • 很明显的罗纹表面	• 易起皱 • 较差的耐磨性	• 柔软剂	家居服，外套，套装	●
• 优良的悬垂性 • 有光泽 • 不打滑	• 成衣性差 • 缝纫时容易移动	• 上浆	男士衬衫，女士衬衫，女士便装	●
• 有纹理，有光泽 • 易裁剪	• 悬垂性较差 • 耐用性差	• 上浆	女士衬衫，上装，女士便装，裙子	●
• 有纹理，有光泽 • 易裁剪	• 悬垂性较差 • 耐用性差		上装，女士便装，裙子，夹克	●

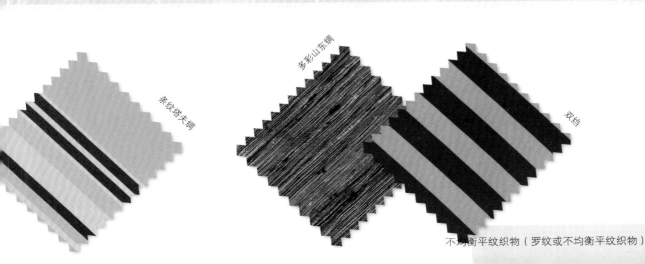

柔纹塔夫绸

多彩山东绸

双绉

花式织物（提花织物）

织纹名称	常用的纤维成分	常用的纱线	织物名称	通常织物重量
花式织物	棉，亚麻，涤纶或人造短纤维	单双股短纤纱	纱罗织物 （pp.68~69）	轻薄克重
	棉，锦纶或涤纶短纤维	单双股短纤纱	锦纶织物 （p.94）	轻薄到中等克重
	锦纶或涤纶长丝	复丝		
	黏胶纤维，涤纶或锦纶长丝	绉捻复丝	马米绉 （p.176）	轻薄到中等克重
	棉人造丝，涤纶，丝	高捻度短纤纱和高捻度复丝	双绉 （pp.146~147）	轻薄到中等克重

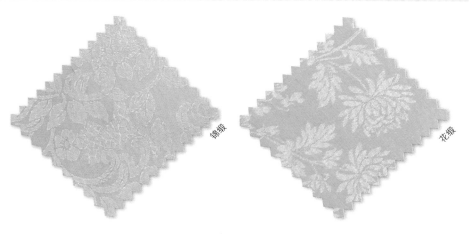

纯棉格子布

提花织物

织纹名称	通常用的纤维	通常用的纱线	织物名称	通常织物重量
提花（起绒织物/毛圈起绒织物）	丝，涤纶或人造醋酯长丝	复丝和高捻度复丝	锦缎 （pp.100~101）	轻薄到中等克重
	任何短纤维或长丝	短纤纱或复丝	绒绣 花锻 （pp.100~101）	中等或较大克重

锦缎

花锻

优点	缺点	后整理	最终用途	章节
• 机织花边外观	• 价格昂贵	• 柔软剂	男士衬衫、上装、女士便装	●
• 方格子质地 • 优良的耐磨性 • （色彩）强烈	• 织物结构限制了设计 • 织物手感硬挺	• 如有需要，可进行耐水性整理 • 如果是涤纶，可进行蜡光整理	户外产品、夹克、裤子、短裤	
• 均匀的质地表面 • 织物组织多样	• 易钩丝 • 可能会缩水	• 柔软剂	上装、裙子、女士便装	●
• 清晰的质地表面 • 有弹性 • 优良的悬垂性	• 可能会缩水 • 很难接缝	• 柔软剂	上装、裙子、女士便装	●

优点	缺点	后整理	最终用途	章节
• 漂亮的织物组织设计	• 有限的供应量	• 柔软剂	女士衬衫、女士便装、女士贴身衣裤	●
• 漂亮的织物组织设计	• 价格昂贵 • 有限的供应量	• 柔软剂 • 防沾污整理	家居服、窗帘、桌布、鞋子	●

绒绣

起绒织物

织纹名称	常用的纤维成分	常用的纱线	织物名称	通常织物重量
毛圈起绒织物	棉，竹人造丝，大麻或涤纶短纤维	单双股短纤纱	毛巾（pp.246~247）	中等到较大克重
裁剪/剪绒	棉，黏胶纤维，涤纶短纤维	单双股短纤纱	灯芯绒（pp.104、5）平绒（p.102-3）丝绒（pp.184-185）	中等到较大克重
	变性聚丙烯腈纤维，腈纶，锦纶，黏胶纤维，涤纶长丝和短纤维	种类可变	人造毛皮（pp.256-259）	中等到较大克重
	丝，黏胶纤维，锦纶，涤纶长丝	复丝	天鹅绒（pp.186-187）	较大克重

起绒织物

方平组织：均匀或不均匀

织纹名称	常用的纤维成分	常用的纱线	织物名称	通常织物重量
方平组织（可以是均衡或不均衡）	棉和涤纶短纤维	单双股短纤纱	牛津布（pp.64-65）	轻薄克重
	长绒棉	单双股短纤纱	针点牛津布（pp.64-65）	轻薄克重
	棉或羊毛短纤维	单双股短纤纱	麻纹粗黄麻袋布（p.85）	中等到较大克重
	棉或大麻/涤纶短纤，锦纶/涤纶长丝	单双股短纤纱或长丝	轻质帆布（pp.82-83）	中等到较大克重
			轻质帆布（pp.82-83）	中等到较大克重
			厚重帆布（pp.82-83）	较大克重

压花丝绒

精纺羊毛板司呢

轻质帆布

优点	缺点	通常后整理	最终用途	章节
· 优良的吸湿表面 · 保暖性 · 织物正面和反面有毛圈	· 易钩丝 · 易缩水 · 蓬松不易裁剪	· 柔软剂	毛巾，长袍，内饰	●
· 柔软，发丝般表面 · 柔软的质感	· 单面起绒表面 · 蓬松的外观	· 剪绒/拉绒整理	家居服，夹克，裤子，套装，裙子	● ● ●
· 类似真毛皮 · 种类繁多	· 较差的耐磨性 · 热敏感性	· 剪绒/拉绒整理	家居服，夹克，外套，被褥	●
· 丰满柔软的手感 · 有光泽	· 单面起绒表面 · 不能压烫 · 绒面易受压损	· 剪绒/拉绒整理	女士便装，上装，外套	●

注释：采用复合弹性纱织造的弹性面料可以织造几乎所有的机织/针织物。请查询您的面料供应商。
注释：人造麂皮可以用来织造机织/针织/集结纤维织物。

优点	缺点	通常后整理	最终用途	章节
· 细腻的表面纹理	· 易缩水	· 柔软剂或轻树脂	量身定制的衬衫	●
· 非常细腻的表面纹理 · 有光泽的外观	· 易起皱 · 可能缩水	· 柔软剂	量身定制的衬衫	●
· 粗糙的表面纹理 · 优良的耐用性	· 贴身穿着可能会不舒适 · 易缩水	· 柔软剂	量身定制的夹克、套装和裤子	●
· 优良的耐用性 · 防紫外线（如果是涤纶）	· 如果是棉，可能会发霉 · 可能会缩水	· 耐水性树脂整理	户外产品，轻便夹克，裤子，鞋类	●
· 优良的耐用性 · 防紫外线（如果是涤纶） · 比帆布偏重	· 如果是棉，可能会发霉 · 可能会缩水	· 耐水性树脂整理		●
· 优良的耐用性 · 如采用涤纶，可防紫外线 · 比粗帆布重	· 如果是棉，可能会发霉 · 可能会缩水	· 耐水性树脂整理		●

帆布雷斗津布

斜纹织物

织纹名称	常用的纤维成分	常用的纱线	织物名称	通常织物重量
斜纹组织	棉，大麻，羊毛，亚麻，竹纤维，黏胶纤维	单双股短纤纱	斜纹布（pp.86-93）	轻薄克重
	涤纶或PLA短纤维	合股纱	华达呢（p.90）	中等克重
	仅为棉短纤维	单双股短纤纱	丝光卡其棉布（p.91）	中等克重
	仅为羊毛短纤维	合股纱	哗叽（p.92）	中等克重
	棉，大麻，PLA，亚麻	单双股短纤纱	牛仔布（pp.86-89）	中等到较大克重
	棉或羊毛短纤维	合股纱	马裤呢（p.93）	中等到较大克重
	羊毛短纤维	单双股短纤纱	麦尔登呢（pp.110-111）	较大克重
	丝或涤纶长丝	复丝	斜纹软绸（p.149）	轻薄克重
斜纹织造图案	短纤维或长丝，任何纤维	种类可变	人字形斜纹（p.90）	任何克重
			犬牙格织物（p.98）	任何克重
			格伦花格呢（pp.62-63）	任何克重

人字华达呢

细条纹哗叽

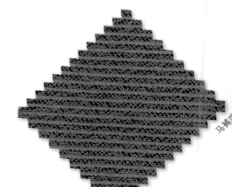

马裤呢

优点	缺点	通常后整理	最终用途	章节
• 细腻的斜纹表面	• 易起皱	• 柔软剂	量身定制的男士衬衫/女士衬衫	●
• 非常细腻的斜纹表面 • 有弹性	• 往往价格较高 • 压痕明显	• 柔软剂	西服套装，夹克，裤子，外套	●
• 粗糙的斜纹表面 • 可悬垂性	• 压痕明显 • 抗皱性较差	• 柔软剂 • 防污 • 抗皱	西装式夹克，裤子，短裤，裙子	●
• 细腻的斜纹表面 • 有弹性	• 往往很贵	• 缩绒/缩呢	西服套装，夹克，裤子	●
• 粗糙的斜纹表面 • 耐磨性	• 易缩水 • 棉干燥较慢	• 树脂整理	西装式夹克，裤子，牛仔裤，裙子，短裤	●
• 明显的斜纹质地	• 比较昂贵	• 树脂/柔软剂	西装式夹克，裤子	●
• 非常保暖 • 结构紧密	• 较蓬松	• 缩呢	外套	●
• 细腻的斜纹表面	• 易起皱	• 柔软剂	领带，女士衬衫	●
• 锯齿形外观	• 有时需搭配使用	• 种类可变	男士衬衫，女士衬衫，夹克，套装，裤子，裙子	●
• 提格布/方格布	• 有时需搭配使用	• 种类可变	男士衬衫，女士衬衫，夹克，套装，裤子，裙子	●
• 方格布	• 有时需搭配使用	• 种类可变	男士衬衫，女士衬衫，夹克，套装，裤子，裙子	●

犬牙格粗花呢

缎纹织物

织纹名称	常用的纤维成分	常用的纱线	织物名称	通常织物重量
缎纹组织 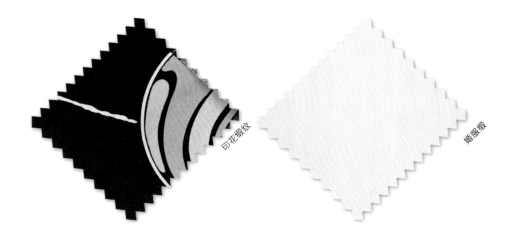	丝，涤纶，醋酯或人造长丝	单双股复丝	缎纹织物（pp.142-143）	轻薄到中等克重
		高捻度单双股复丝	查米尤斯绉缎（p.142）	轻薄克重
		高捻度纱	广东绉纱（pp.144-145）	轻薄克重
		单双股复丝	婚服缎（p.75）	中等克重
	棉，黏胶纤维或涤纶短纤维	单双股短纤纱	横贡（p.74）	轻薄到中等克重

印花缎纹

婚服缎

优点	缺点	通常后整理	最终用途	章节
· 发亮的/有光泽的表面 · 可烫压性	· 易钩丝 · 可能会起皱	· 柔软剂	女士衬衫，女士便装，女士贴身衣裤	●
· 发亮的，有光泽的 · 优良的悬垂性	· 易钩丝 · 缝制时会滑移	· 柔软剂	女士衬衫，女士便装，女士贴身衣裤	●
· 有光泽的表面 · 有弹性	· 可能会钩丝 · 价格昂贵	· 柔软剂	女士衬衫，女士贴身衣裤	●
· 有光泽的表面 · 易于裁剪性 · 手感挺爽	· 价格昂贵 · 压痕明显	· 柔软剂	正式礼服，套装	
· 有光泽的表面 · 手感挺爽	· 压痕明显 · 可能会起皱	· 柔软剂	女士衬衫，女士便装，家居服，服饰品	●

涤丝双绉　　湿法印花棉缎　　缎面丝质软缎

纬编针织物（圆筒形针织物）

针织物名称	常用的纤维成分	常用的纱线	织物名称	通常织物重量
单面针织物	棉，涤纶，锦纶，羊毛，腈纶或人造短纤维	单双股短纤纱，复合纱线	平针针织物（pp.150–151）	轻薄克重
		单双股复丝，复合复丝，单双股短纤纱和复杂短纤纱	跳花针织物（pp.154–155, 188–191）	轻薄、中等和较大克重
单双面针织物	所有的长丝，所有的短纤维			
双面针织物	棉，涤纶，锦纶，羊毛，腈纶或人造短纤维		双螺纹织物（p.152）	轻薄克重
			罗纹织物（pp.266–267）	轻薄和中等克重
		单双股短纤纱，复合短纤纱，高捻度花式复合复丝，复合复丝	网眼针织物（pp.156–157）	轻薄克重
	所有的长丝		保暖针织物（pp.168–169）	轻薄和中等克重
			双罗纹空气层组织（p.112）	较大克重
	丝或涤纶长丝	高捻度复丝	无光针织物（p.153）	轻薄和中等克重

拉舍尔跳花针织物

轻薄毛针织衣

网眼针织

优点	缺点	通常后整理	最终用途	章节
· 轻质 · 均匀表面 · 可悬垂性		· 柔软剂 · 防卷边	非裁剪上装，裙子，女士便装，裤子	●
· 不同的织物组织 · 细针到粗针隔距皆可 · 种类繁多 · 有时作为服装针织品	· 易钩丝 · 需裁剪卷边 · 易变形	· 柔软剂	连衫裤童装	●
· 硬挺针织物 · 相同的正面/反面 · 裁剪布边，但不卷边	· 易钩丝 · 织物厚重	· 柔软剂	女士贴身衣裤，衬料，背面为粘合布	●
· 有弹性 · 罗纹组织	· 价格昂贵 · 往往很蓬松	· 柔软剂	袖口布，腰带，上装，女士贴身衣裤，女士便装	●
· 轻质，通气性设计 · 可织造针织织品	· 易钩丝 · 种类不易变	· 柔软剂	陀螺裤，女士贴身衣裤，睡衣	●
· 深色织物（高/低） · 裁剪布边，但不卷边 · 保暖织物	· 易钩丝 · 失去成形性	· 柔软剂	上装，睡衣，内衣裤	●
· 有弹性且硬挺 · 易裁剪	· 价格昂贵 · 种类不易变	· 柔软剂	裤子，夹克，套装	●
· 色彩明快，可悬垂性 · 尺寸稳定，有弹性	· 不易裁剪 · 易钩丝	· 柔软剂	女士便装	●

涤纶无光针织物

纬编起绒针织物

针织物名称	常用的纤维成分	常用的纱线	织物名称	通常织物重量
毛圈起绒织物	棉，涤纶，竹人造丝，其他人造丝或大麻短纤维	单双股短纤纱 复合纱线 复丝，复合复丝	法国毛巾（pp.180-181）	轻薄和中等克重
	丝，涤纶，黏胶纤维，竹人造丝或其他人造长丝		丝绒（pp.184-185）	中等克重
裁剪/剪绒起绒织物	PET涤纶或涤纶短纤维和长丝，有时是腈纶混纺纤维	短纤纱或复丝	摇粒绒（pp.182-183）	中等到较大克重
	丝，涤纶，黏胶纤维，竹人造丝或其他人造长丝	复丝，复合复丝	平绒丝绒（pp.184-185）	中等克重
			人造毛皮（pp.256-259）	中等/较厚克重
提花纬编针织物	短纤维或长丝	种类繁多	种类繁多	所有

经编针织物（高速经编针织物）

针织物名称	常用的纤维成分	常用的纱线	织物名称	通常织物重量
特里科经编针织物	长丝	光滑膨体复丝	特里科经编针织物（pp.160-161）	轻薄克重
			网状物（pp.158-159）	轻薄克重
拉歇尔经编针织物	莱克拉，锦纶或涤纶长丝	复合弹性纱	弹力网眼针织物（pp.284-285）	轻薄克重
	丝，锦纶或涤纶长丝	单丝纱，复丝	网眼布（pp.228-229）	轻薄克重
			网眼布（pp.228-229）	轻薄克重
			六角网眼经编织物（pp.228-229）	轻薄克重
	涤纶短纤维和长丝	单纱，复丝	大众市场蕾丝（pp.164-165）	轻薄到中等克重

优点	缺点	后整理	最终用途	章节
• 毛圈组织表面 • 可悬垂性	• 仅正面有毛圈 • 易钩丝	• 柔软剂	上装，女士便装，睡衣	○
• 柔软的天鹅绒般的表面 • 可悬垂性	• 开口纤维 • 易卷边	• 剪绒/拉绒 • 防卷边	上装，女士便装，家居服，睡衣	○
• 柔软的，蓬松组织织物 • 剪边后不易起球 • 易回收	• 拉绒内表面易起球 • 蓬松不易缝制	• 剪绒/拉绒 • 抗起球 • 柔软剂	户外上装，夹克，夹克衬里，睡袍和家居服	○
• 压花的有光泽表面 • 柔软的天鹅绒般的表面	• 不规则表面 • 不易裁剪	• 剪绒/拉绒 • 起皱整理	上装，女士便装，睡袍，家居服	○
• 仿真毛皮 • 蓬松但质轻	• 较差的耐热性	• 剪绒/拉绒	外套，被褥，装饰品	○
• 种类可变	• 易钩丝	• 种类可变	上装，连衫裤童装，女士便装，家居服，睡衣	○ ○

优点	缺点	后整理	最终用途	章节
• 光滑平整 • 价格便宜 • 硬挺直条纹	• 易钩丝	• 柔软剂	女士贴身衣裤，衬料，内衣裤，上装，运动服	○
• 织物表面有气孔	• 易钩丝 • 难缝制	• 柔软剂	女士贴身衣裤，衬料，内衣裤，上装，运动服	○
• 延伸性好 • 回弹性好	• 价格昂贵 • 有时收缩严重	• 热定形	女士贴身衣裤，内衣裤，吊带，弹性衬里	●
• 蜂巢状 • 易有效利用	• 易断裂	• 树脂/柔软剂	女帽，裙子，服饰品	○
• 蜂窝组织	• 易断裂	• 树脂/柔软剂	女帽	○
• 孔眼小	• 比较纤薄	• 树脂/柔软剂	女帽，裙子，饰边，服饰品	○
• 开口、透气、手工花边 • 硬挺直条纹 • 价格便宜	• 容易钩丝	• 柔软剂	台布，窗帘，女士贴身内衣裤，上衣，内衣裤	○

经编起绒针织物

针织物名称	常用的纤维成分	常用的纱线	织物名称	通常织物重量
毛圈起绒织物	棉，涤纶竹人造丝，其他黏胶纤维或大麻短纤维	单双股短纤纱，复合纱线	法国毛巾（pp.180-181）	中等/较厚克重
	丝，涤纶，黏胶纤维，竹人造丝或其他人造长丝	复丝，复合复丝	丝绒（pp.184-185）	中等/较厚克重
裁剪/剪绒起绒织物	丝，涤纶，人造丝，竹人造丝或其他人造长丝	复丝，复合复丝	平绒丝绒（pp.184-185）	中等克重
			人造毛皮（pp.256-259）	中等/较厚克重

法国毛巾

平绒丝绒

人造毛皮

提花经编针织物

针织物名称	常用的纤维成分	常用的纱线	织物名称	通常织物重量
提花经编针织物	短纤维和长丝	种类繁多	品种可变	所有

注释：采用衬纬单丝氨纶纱或复合弹性纱织造的弹性针织面料可以织造几乎所有的针织物。详情请咨询您的面料供应商。

注释：人造麂皮可以用来织造机织/针织/集结纤维织物。

优点	缺点	通常后整理	最终用途	章节
· 毛圈组织表面 · 可悬垂性	· 仅正面有毛圈 · 易钩丝	· 柔软剂	上装，女士便装，睡衣	●
· 柔软的，天鹅绒般的表面 · 可悬垂性	· 开口纤维 · 易卷边	· 剪绒/拉绒 · 防卷边	上装，女士便装，家居服，睡衣	●
· 压花的，有光泽的表面 · 柔软的天鹅绒般的表面	· 不规则表面 · 不易裁剪	· 剪绒/拉绒 · 起皱整理	上装，女士便装，睡袍，家居服	●
· 仿真毛皮 · 蓬松，但质轻	· 较差的耐热性	· 剪绒/拉绒	外套，被褥，装饰品	●

优点	缺点	通常后整理	最终用途	章节
· 种类繁多	· 易钩丝	种类繁多	上装，连衫裤童装，女士便装，家居服，睡衣	● ●

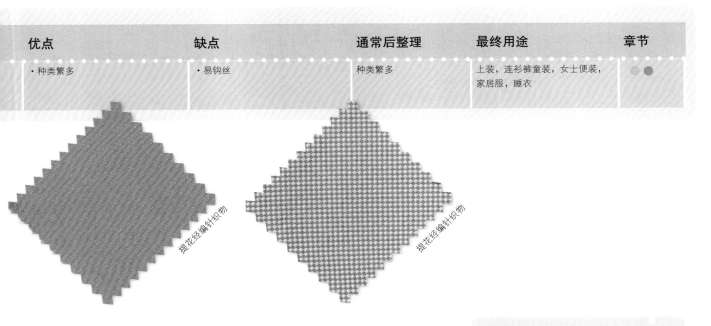

提花经编针织物

提花经编针织物

纤维型织物

集结纤维织物	常用的纤维成分	制造方法	织物名称	通常织物重量
集结纤维（纤维到织物）	羊毛，黏胶纤维或涤纶短纤维	缩呢/针刺	毛毡（pp.108-109）	中等克重
	超细纤维或涤纶短纤维/长丝	针刺	人造麂皮（pp.124-125）	较大克重
	涤纶长丝	水刺或纺粘	衬布（pp.128-131）	轻薄到中等克重
	涤纶或PET短纤维		纤维填料（pp.248-253）	中等到较大克重

纺黏纤维网

经编衬布

人造麂皮

网眼织物（机织）

针织物名称	常用的纤维成分	常用的纱线	织物名称	通常织物重量
梭芯	丝，人造长丝，羊毛腈纶或棉短纤维	复丝 单双股短纤纱	克伦尼粗梭结 （pp.162-163）	轻薄到中等克重
飞梭刺绣	丝或人造长丝，羊毛短纤维	复丝 单双股短纤纱	飞梭刺绣（pp.162-163）	轻薄到中等克重

注释：人造麂皮可以用来织造机织/针织/集结纤维织物。

优点	缺点	通常后整理	最终用途	章节
· 可塑性	· 强度较差	· 缩呢	嵌花织物，帽子，夹克，裙子	●
· 很好的人造麂皮替代品 · 织物牢固坚挺 · 易裁剪	· 价格昂贵	· 起毛整理	外套，夹克，套装，裤子	●
· 护身服装结构 · 不缩水	· 强度较差 · 易起球	· 热定形	衬布	●
· 蓬松性增加 · 热绝缘性	· 缝制困难	· 热定形	保暖絮料	●

优点	缺点	通常后整理	最终用途	章节
· 满地花纹花边设计 · 仿手工花边	· 如果是丝/毛，供应量有限	· 预缩处理 · 轻树脂	嵌花织物，饰边，陀螺裤，女士便装	●
· 绣花效应 · 丰满的外观	· 价格昂贵 · 供应量有限	· 预缩处理 · 轻树脂	嵌花织物，饰边，女士便装	●

棱芯

飞梭刺绣

术语表

Abrasion resistance: Dose not weaken when rubbed on the surface.
耐磨性: 织物表面发生摩擦时,其性能不会受到损害。

Absorbent: Takes in and holds moisture.
吸湿性: 吸收和散发水蒸气的性能。

Aesthetic finish: Adding visual appeal or texture to the fabric. Examples are adding luster, brushing, or pleating the fabric surface.
外观整理: 增加织物的视觉吸引力或结构特征。例如,在织物表面进行增光、刷绒或压褶整理。

Anti-microbial/bacteria: Dose not allow bacteria to grow on the fiber or fabric surface.
抗菌性: 不允许细菌在纤维或织物表面生长。

Balanced weave: Same number and size of warp and weft yarns within a square inch/cm.
平衡组织: 单位面积(英寸/厘米)内经纬纱线数量与规格相同。

Basketweave: Interlacing of pairs of warp and weft yarns at a 90-degree angle.
方平组织: 双经纬纱线交错成90度角。

Bast fiber: Fiber produced from plant(cellulose) stems. Hemp and flax are bast fibers.
韧皮纤维: 纤维产自植物(纤维素)的茎干。例如,大麻和亚麻纤维。

Beetling: Finishing method that will soften and sometimes add luster to the fabric.
捶布: 是一种可以使织物变柔软,有时也会增加光泽的整理方法。

Bias grain: The diagonal direction (always at a 45-degree angle between the warp and the weft yarns) across the fabric surface. Creates stretch and drape.
斜丝缕: 织物成对角线方向纹理(通常经纬方向成45°角),可增强织物的拉伸和悬垂性能。

Bicomponent fiber: Blending two or more fibers within a single manufactured fiber. Extruded as a single, blended filament fiber.
双组分纤维: 将两种或两种以上纤维通过挤压的方式混合制成一根单一的混纺人造长丝。

Bonded: Putting two fabrics together using a binding agent or heat.
黏合: 在高温下,通过黏合剂把两种面料黏合在一起。

Bottom of fabric: Designated location on the fabric that corresponds to the bottom of the garment.
织物底部: 织物上指定位置,对应于制作服装底部。

Bottom-weight fabric: Fabric weight is approximately 9-14 +oz per square yard / meter.
厚重织物: 织物重量大约在第9~14盎司/平方米或盎司)/码。

Bouclé yarn: Complex plied yarn with a looped texture.
毛圈花式纱线: 带毛圈结构的复杂合股纱。

Bulk fabric production: Textile mills producing fabric for a customer's order.
批量织物生产: 纺织厂按照客户订单生产织物。

Chemical (wet) finish: Involves the use of chemicals, water, and heat to apply the finish.
化学(湿法)整理: 整理过程中需利用化学物质、水和高温。

Chenille yarn: Complex yarn that has a cut-pile appearance.
雪尼尔纱: 有割绒外观的复杂纱线。

"Closed loop": A strategy for self-contained production and consumption; creating a means for raw materials and products to be recaptured and collected for future use.
"循环"链: 一个包含生产和消费的独立策略,创建了一种将原材料和产品重新回收利用的新方式。

Coated: Application of viscous material to a fabric that is later dried or cured to become a flexible layer on the fabric.
涂层: 将黏性材料涂抹到织物,使之干燥或固化,成为附着在织物上有弹性的一层。

Colorfastness: Ability of a colorant to remain on the fiber, yarn, fabric or garment.
色牢度: 着色剂在纤维、纱线、织物或服装上的保持能力。

Conducts heat: Does not absorb heat, but moves heat to the surface.
导热: 不吸收热量,但可以将热量传导到表面。

Converter: Textile mill that will convert the greige fabric into dyed, printed, and finished fabric.
加工厂: 将未染色的织物变成染色布、印花布和成品布的纺织厂。

Count: The diameter(thickness)of a yarn.
支数: 纱线的直径或厚度。

Crocking: Color loss from rubbing action. Can be wet or dry crocking.
摩擦脱色: 由于摩擦而导致脱色。有湿摩擦和干摩擦。

Cross-grain: Grain line is parallel to the weft direction or horizontal across the body. This grain line has little "give" when pulled.
织纹: 布纹平行于纬方向或与布身保持水平,拉伸时微弹。

Cutting waste: Material left over after the garment has been cut from the fabric.
剪裁浪费: 由织物裁剪成衣片时所剩余的织物。

Density: The number of yarns in warp and weft direction per square inch(cm).
密度: 单位面积内(平方厘米或英寸)纱线在经纬方向的数量。

Dobby weave: A combination of weaves to produce small geometric, woven-in designs.
多臂提花组织: 将小几何图案融入机织设计中的综合机织。

Drape: Ability of a fiber, yarn, or fabric to be flexible and collapse.
悬垂性: 纤维、纱线和织物在自然悬垂状态下的呈波浪屈曲的特性。

Dye: Colorant that will chemically bond to fiber.
染料: 通过化学方法与纤维结合的着色剂。

Dyeing: Adding color to fiber, yarn, fabric, or garments by immersing them in a dye bath solution.
染色: 通过将纤维、纱线、织物或服装浸泡在染浴中,给其添加颜色。

Elasticity: Ability of a fiber, yarn, or garment to expand and return to its original shape.
弹性: 纤维、纱线、织物或服装扩张和回复原来形状的能力。

Embossing: Adding surface indentations by applying heat and pressure.
压花: 通过加热加压添加浮于织物表面的压痕。

Emissions: Airborne molecules resulting from evaporation or oxidation.
排放物: 蒸发或氧化产生的以空气为载体的分子。

Fabric: Any two-dimensional, flexible surface that can be sewn.

织物：任何柔软的，可以进行缝制的二维表面。

Face of fabric: The outside of the fabric that will be shown in a garment.

织物正面：显示在服装外面的织物面。

Fiber: Small hair-like strands. May be natural or manmade.

纤维：如头发丝一般，细而长的材料。分天然纤维和人造纤维。

Fiber blending: Combination of two or more different fibers in yarn or fabric.

纤维混合：两种或以上不同的纤维混合制成纱线或织物。

Filament fiber: Fiber that is continuous in length, produced from a spinneret or by an animal such as a spider or silk worm.

长丝：有连续长度，出自喷丝孔或动物（如蜘蛛或蚕）的纤维。

Finishing: A process to add aesthetic appeal or function that may change the characteristics of the fiber, yarn, and / or fabric or garment.

整理：改善纺织品外观或赋予纺织品某种功能的加工过程，这个过程可能会改变纤维、纱线、织物或服装的性能特征。

Fulling: Finishing wool fabrics by shrinking. The finished fabric will be denser and less likely to stretch out of shape.

缩绒：使毛织物收缩的一种整理方法。整理后的织物质地更加紧密，不易变形。

Functional finish: Adding a new performance characteristic to a fabric, such as water resistance or wrinkle resistance.

功能整理：通过整理赋予织物某种新的性能，如防水性或抗皱性。

Grain line: The orientation of the pattern pieces on the fabric that will best suit the purpose of the garment design. There are three types of grain lines: straight grain, cross-grain, and bias.

布纹：织物上最能满足服装设计目的的衣片裁剪的定位依据。三种类型的布纹分别是直纹，横纹和斜纹。

Hand: The term used to describe how a fabric feels. For example, the fabric may feel crisp, soft, or stiff.

织物手感：这个术语用于描述织物的触感，如织物手感可能会挺括、柔软、硬挺。

Heat sensitive: Subject to softening, melting, or shrinking in the presence of heat.

热敏感：在高温下易软化，熔融或收缩。

Interlining: Also known as underlining, this type of fabric is added for reinforcement or shape retention. It is placed on the back of the face fabric before garment construction.

中间衬料：又称衬布，这种织物在衣服形成前附着或黏合在衣料背面，对服装起到加固或保形的作用。

Interlock knit: A weft double knit that shows only knit stitches on the face and back.

双罗纹组织：正反面都呈现正面线圈的纬编双面针织物。

Jacquard knit: Any knitted pattern-can be a curved or a geometric knitted-in design.

提花针织：针织物的一种花色组织，把纱线垫放在按花纹要求所选择的织针上编织成圈而形成。图案可以是弧形的，也可以是几何状的。

Jacquard weave: Combination of weaves to produce detailed, curved designs woven into the fabric.

提花机织：多种组织结合编织成有具体图案纹样的机织物。

Jersey knit: A weft single knit that uses a knit stitch construction on the fabric face and purl knit on the back side.

单面针织物：正面使用下针，反面用反针的纬向单面针织物。

Jobber: Sales agency that buys small amounts of leftover or defective fabrics from manufacturers, converters, or other sources at low prices and sells locally for the benefit of small designers and manufacturers.

零售商：销售商从面料制造商，加工商或其他来源以较低的价格购买小量的剩余或有残疵的织物，卖给本地的设计师和制造商以赚取小额利润。

Knit: One or more yarns looped together to create fabric.

针织：由一根或多根纱线形成线圈相互串套形成织物。

Laminating: Bonding(gluing)two fabrics together.

层压：将两种面料黏合或胶合在一起。

Landfill: Land set aside by cities and other agencies to dispose of garbage and unwanted items.

垃圾填埋厂：在城市或其他机构周边设置土地用以处理丢弃的垃圾和多余的物品。

Leaf fiber: Fiber produced from a leaf. This is a cellulose fiber.

叶纤维：从植物叶子中获得的纤维，属于纤维素纤维。

Lining: A separate fabric sewn on the inside of a garment to conceal all raw edges and help it to hang well.

里料：缝制在服装内部用以掩盖所有毛边的独立织物，便于悬挂。

Loft: An amount of air space between fibers creating volume.

空气层：纤维之间的空隙中存在一定量的空气。

Lustrous: Reflects light.

光泽：反射光线。

Manipulated fiber: Changing the shape of fiber to change its fiber characteristics.

异形纤维（差别化纤维）：通过改变纤维形状改变它的特性。

Manufactured fiber: Fiber that does not occur in nature. Can be regenerated cellulosic fiber or oil-based(synthetic)fiber. Can become staple fiber, though all manufactured fibers are produced as filament fiber first.

化学纤维：不存在于自然界，可以是再生纤维素纤维也可以是石油基（合成）纤维，所有生产出来的人造纤维均为长丝，也可以后加工成短纤维。

Massed fiber fabric: Fabric produced directly from fiber. Fibers are bound together to create a two-dimensional surface.

无纺布：由纤维直接构成的织物，纤维通过集结形成纤网结构的二维表面。

Matte: Non-lustrous (reflective) surface appearance.

暗淡色调：没有光泽（反光）的外观。

Mechanical (dry) finish: Applied without the use of chemicals or water.

机械(干法)整理：不需要使用化学品和水的整理方法。

Medium-weight fabric: Fabric that weighs approximately 4.5~8 oz per square yard / meter.

中型织物：重量约在4.5 ~ 8盎司每平方米或码的织物。

Mercerized: Chemical process applied to cotton yarn or fabric that adds luster and strength, and will improve dyeability.

丝光：用于棉纱或棉织物，增加光泽，提高强度，改善染色性能的化学整理过程。

Microfiber: Extremely fine fiber that does not exist in nature. Only manufactured fiber can be microfiber.

超细纤维：自然界中没有的极细纤维，只有人造纤维可以生产成为超细纤维。

Mildew resistant: Does not allow a type of fungus to grow on fiber or fabric.

防霉：纤维或织物具有抵抗某种类型的霉菌生长的性能。

Mill waste: Unused fiber, yarn, or fabric that is left at the fiber, yarn, or textile mill.

工厂废料：在纤维、纱线或纺织厂剩余的未经使用的纤维、纱线和织物。

Monofilament yarn: A single filament fiber is also a yarn. Spandex and metallic fiber are also monofilament yarns.

单丝纱：一根单独的长丝纤维也可以是一根纱线，如氨纶和金属纤维都属于单丝纱。

Multifilament yarn: Combining filament fiber into a yarn.

复丝：由纤维长丝结合而成的纱线。

Nano finishing: The use of extremely small(nano) molecules to apply functional finishes.

纳米整理：在功能整理中使用极小（纳米）分子。

Nap direction: The shading that occurs on brushed or cut-pile (sheared) fabrics. The nap will absorb light or reflect light, changing the color of the fabric, depending on the angle of the light.

绒毛方向：刷绒或割绒织物所产生的织物明暗效果。绒毛吸收光线或反射光线，根据反射光角度的不同改变织物颜色。

Natural fiber: Fiber from a non-synthetic source, for example, cotton, flax, silk or wool.

天然纤维：来自非合成资源的纤维，如棉、麻、丝、毛。

One-way pattern: A fabric design that can be shown in only one direction.

单向图案：只有一个布面方向的织物设计。

Performance: Sustained fiber, yarn or fabric characteristics for the intended use.

服用性能：纤维、纱线或织物对于预期用途的持久的性能特点。

Pest resistant: Ability to prevent insects from eating fiber, yarn, fabric, or garment.

抗虫性：防止纤维、纱线、织物或服装发生虫蛀现象的能力。

PET: Description of raw material used to create low-quality polyester fiber from recycled plastic bottles.

PET: 对由回收塑料瓶再造成低性能涤纶的原材料的描述。

PFD or PFP: Prepared for Dyeing or Prepared for Printing. Fabric has been scoured (cleaned) and bleached.

PFD或PFP: 经过洗涤（清洗）和漂白的、准备染色或准备印花的织物。

Piece: A roll of fabric (usually about 50 yds / meters).

布匹: 一卷布（通常约50米）。

Pigment: Colorant that does not chemically bond to fiber or fabric and requires a binding agent plus heat to remain.

颜料: 没有化学键结合纤维或织物，而是需要加热黏合剂固色的颜料。

Pile: A third dimension of depth (raised surface), usually added by inserting an additional yarn to create this dimension. Can be looped or cut.

绒毛: 通过添加组织使织物达到有深度的三维立体感。添加的纱线可以打圈或剪开。

Pleating: Arranging or creasing fabric in regular patterns to add volume and / or texture to the fabric surface or garment.

压褶: 指在服装或面料上进行压褶制作，以制造出具有褶皱效果的工艺。

Previously worn: Clothing that has been purchased and worn by the consumer. It is ready for discarding or reuse.

已经穿旧的服装: 已经被消费者购买并穿旧的服装，可以丢弃或再利用。

Printing: Colored images applied to the fabric surface.

印花: 在织物表面印彩色图案。

Progressive shrinkage: Continues to shrink.

递进缩水性: 连续收缩。

Raschel knit: A warp knitting technique that can produce a variety of lacy, open fabric designs.

拉舍尔经编针织: 可以生产各种蕾丝花边、开放织物设计的经编编织技术。

Recycling textiles or clothing: The collection of textile-related products that can be broken down to its smallest parts to produce yarn from existing fiber or for the purpose of manufacturing new fiber.

纺织品或服装回收: 收集纺织相关产品并分解，利用现有纤维生产纱线或再造成新纤维。

Regenerated cellulosic fiber: Manufactured fiber produced from plant-based raw materials. Examples are lyocell, rayon using bamboo, viscose rayon, PLA, and acetate.

再生纤维素纤维: 由植物性原料生产的人造纤维，如莱赛尔纤维、竹浆纤维、黏胶长丝、玉米纤维和醋酯纤维。

Repurposing textiles or clothing: The collection of textile-related products, either new or previously worn, that can be reused in apparel or other products.

再利用纺织品或服装: 收集纺织相关产品，无论是新的或穿旧的，在服装或其他领域重新利用。

Resiliency: Ability of a fiber, yarn, fabric, or garment to resist crushing / wrinkling.

回弹性: 纤维、纱线、织物或服装抗压、抗皱的能力。

Sales agency: A company or commercial organization that represents textile suppliers, and markets textiles to designers, manufacturers, and retailers. Includes multinational, national, and local sales companies.

销售代理: 代表纺织品供应商，向设计师、制造商和包含跨国、国家或本地销售公司出售纺织品的公司或商业组织。

Samples / sample yardage: Small fabric quantity available for immediate shipment. Textile mill produces 50-100 yds / meters as sales samples, so designers can test their designs. Designers can request small swatch samples of 3-5 yds / meters.

样品/样品码数: 可以立即使用的小批量布料。纺织厂生产50~100米作为销售样品，这样设计师可以试用他们的设计。设计师也可以要求3-5米的小批量样布。

Satin weave: Warp yarns float randomly over five or more yarns to create a lustrous or shiny fabric. Can also have weft yarns floating over warp yarns.

缎纹组织: 经（纬）纱随机浮在五根或更多纬（经）纱上，达到富有光泽的或闪亮的织物效果。

Seed fiber: Fiber produced from plant seed. Cotton fiber is a seed fiber produced in the cotton boll(cellulose).

种子纤维: 来自于植物种子。例如，棉纤维是由棉桃（纤维素）产生的种子纤维。

Selvage: The more densely woven edges of a fabric, parallel to the straight grain(warp)direction.

布边: 平行于直纹（经向），更为紧密的机织物边缘。

Sheared fabric: Cut pile, usually also brushed. Can be woven or knitted.

剪绒面料: 割绒，通常也可以刷绒。可以是机织也可以是针织。

Shrinkage: Fiber, yarn, fabric or garment is reduced in size in the presence of hot water and / or heat.

收缩: 在高温或热水中，纤维、纱线、织物或服装尺寸缩小。

Slubbed yarn: Yarn that has irregular thicknesses within the yarn.

竹节纱: 粗细不均匀的纱线。

Sourcing: Researching to find appropriate fiber, yarn and fabric for garment design and production.

采购: 为设计服装和产品寻找合适的纤维、纱线和织物。

Spinneret: Mechanism used to extrude manufactured filament fiber. Similar in concept to a shower head. Filament fiber shape can be manipulated by changing the spinneret holes.

喷丝板: 用于喷挤人造长丝的机械装置，概念上类似于淋浴喷头。通过改变喷丝孔可以改变纤维形状。

Spun yarn: Twisting(spinning)staple fibers into yarns.

纺纱: 短纤维旋转加捻成纱线。

Staple fiber: Short hair-like strands approximately 1.12~6.5cm long.

短纤维: 大约1.12~6.5厘米长的短纤维。

Static buildup: Generates static electricity.

静电积累: 产生静电。

Straight grain: Grain line that is parallel to the warp yarns, or vertical on the body. This grain line is strong, with almost no "give" when pulled.

直纹: 平行于经纱方向或与布身垂直的布纹。此方向的布纹强度大、几乎没有拉伸。

Strength: Ability of fiber, yarn, or fabric to be pulled until it breaks.

强度: 纤维、纱线和织物拉断时所能承受的最大负荷。

Sun(UV)resistance: Ability of fiber, yarn, fabric or garment to resist weakening or damage when exposed to sunlight.

抗紫外线: 纤维、纱线、织物或服装在阳光下抵制强力下降和损害的能力。

Sustainable textile supply chain: Continuous access to fiber, yarn, fabric, or garments for the future, without harm to the environment.

可持续的纺织供应链: 纤维、纱线、织物或服装在未来可持续发展，且不危害环境。

Synthetic(oil-based) fiber: Manufactured fiber produced from petroleum raw materials. Examples are nylon, polyester, spandex, olefin, and acrylic.

合成(石油基)纤维: 以石油为原材料的人造纤维，如锦纶、涤纶、氨纶、丙纶和腈纶。

Textile mill: These specialize in knitting, weaving, or other types of fabric construction.

纺织厂: 专门从事针织、机织或其他类型织物结构的工厂。

Textile supply chain: Sequence of resources used to produce fiber, yarn, fabric, and garments. This includes consuming and discarding apparel.

纺织供应链: 用于生产纤维、纱线、织物和服装的可连续的资源，包括消费和丢弃服装。

Textile trade show: Gathering of textile suppliers in one location to promote their fabrics and yarns to garment designers, manufacturers, and retailers.

纺织品贸易展: 将纺织品供应商聚集在一个地方，向服装设计师、制造商和零售商推销面料和纱线。

Texturized: Adding loft to thermoplastic (heat-sensitive)fiber or yarn by application of heat, air movement, or other means.

预缩处理: 对热塑性(热敏)纤维或纱线用以高温处理、空气流动和其他方法达到织物缩水、减小的目的。

Thermoplastic: Ability of a fiber, yarn, fabric, or garment to soften(melt)in the presence of heat.

热塑性: 纤维、纱线、织物或服装在高温下软化(融化)的能力。

Top of fabric: Designated location of the fabric that corresponds to the top of the garment.

上衣面料: 对应于服装上部的指定位置的织物。

Top-weight fabric: Lightweight fabrics that generally weigh about 1-3.5 oz per square yard / meter.

薄型织物: 轻重级面料，一般重约1~3.5盎司。

Tricot: A warp knit that is usually produced at high speed using simple multifilament yarns.

推荐书目

特里科经编：使用简单复丝高速生产的经编织物。

Tweed yarn: Spun yarn that contains flecks of color.

仿毛纱：含斑点颜色的混纺纱。

Twill weave: Type of weave where warp yarns float over 2-4 sets of weft yarns at regular intervals to create a diagonal texture on the fabric surface. Weft yarns can also float over warp yarns.

斜纹组织：每隔一定距离经（纬）纱至少浮在2~4根纬（经）纱上，织物表面呈现连续斜线纹纹的织物组织。

Virgin fiber: Fiber that has not been used in a product before.

新生态纤维：从未被用来生产产品的纤维。

Warp: These yarns extend between the front and the back of the loom. The warp grain line, parallel to the warp yarns, is considered the strongest, least flexible grain line.

经纱：沿织机正反方向延伸的一串纱，由此纱纺成织物。织物经向纹路平行于经纱线，织物经向强度高，弹性小。

Warp knit: Knitted fabric created in the warp(straight grain) direction. Dose not use knit and purl stitches to create the fabric. Very stable in the straight grain.

经编针织：经编是在经向上，不使用正反针织造的织物。在经向方向非常稳定。

Weave: The systematic interlacing of warp and weft threads at 90-degree angles.

机织：经纬纱成90度角的相互交织形成的织物系统。

Weft: The thread passing from side on the loom. Also, the threads along the width of the cloth.

纬纱：由织机一边穿到另一边的纱线，同时纬纱与布的幅宽方向平行。

Weft knit: Fabric knitted in the weft(cross grain) direction. Uses only knit and purl stitches to create the fabric. Can be hand or machine produced. Less stable in the straight grain direction than warp knits.

纬编针织：沿纬向（横纹）方向，使用正反针线圈织造的织物，可以手工编织或机器织造。经向方向不如经编织物稳定。

Weight of fabric: Lightness or heaviness of a fabric; will help determine end use.

织物的重量：织物的沉重或轻薄会影响织物的最终用途。

Wicking: Ability of a fabric to move moisture away from the skin to the outer fabric surface.

毛细作用：织物将水蒸气从皮肤转移到织物表层的能力。

Yardage: A quantity for fabric.

码数：织物的一个计量单位。

Yarn: Continuous strands composed of fiber，either staple or filament fiber.

纱线：由短纤或长丝组成的连续股线。

Yarn mill: Produces spun yarn from staple fiber or multifilament yarns from filament fiber.

纺纱厂：生产短纤混纺纱或长丝复合纱。

Yarn ply: A single strand of yarn. 2-ply yarn contains two plies of yarn.

纱线股数：单股纱，2-合股纱包含两股纱线。

Yarn twist: The spin given to a yarn to give it strength.

纱线捻度：纱线所捻成的回旋数，用以增强纱的强度。

There are many excellent books on textiles that offer detailed information on the various technical aspects of fabrics. A few are listed here to provide resources for those readers interested in further technical information. The list included here should not limit the reader to these texts, but merely provides a beginning for further investigation and study.

Technical textile books

Bowles, Melanie and Isaac, Ceri
Digital Textile Design
Lawrence King Publishing, 2009

Colussy, M. Kathleen and Greenburg, Steve
Rendering Fashion, Fabric, and Prints with Adobe Illustrator
Prentice Hall, 2007

Hencken Elsasser, Virginia
Textiles: Concepts and Principles
Fairchild Publications, Inc., 2007

Humphries, Mary
Fabric Reference
Prentice Hall, 2007

Kadolph, Sara J. and Langford, Anna L.
Textiles (tenth edition)
Prentice Hall, 2010

Fabric swatch kits

Humphries, Mary
Fabric Glossary (third edition)
Prentice Hall, 2007

Price, Arthur, Johnson, Ingrid, and Cohen, Allen C.
J.J. Pizzuto's Fabric Science
Fairchild Books, Inc., 2010

The Textile Kit: Pinnacle Edition
Atex Inc., 2010
www.thetextilekit.com

Young, Deborah
Swatch Reference Guide for Fashion Fabrics
Fairchild Books, Inc., 2011

Sustaining the textile supply chain

Hethorn, Janet and Ulasewicz, Connie
Sustainable Fashion: Why Now?
Fairchild Books, Inc., 2008

Useful websites

www.bambrotex.com
Bamboo rayon mill in China. (Note: this mill is still using the fiber name "bamboo" instead of "manufactured bamboo rayon.")

www.kenaf-fiber.com
Learn how kenaf has strong potential as a textile fiber source.

www.hemptraders.com
A source for hemp fiber fabrics.

www.naturallyadvanced.com
Learn about Crailar®, a new process that can cottonize hemp fiber quickly.

www.unifi.com
Learn about Repreve®, a fiber produced from plastic bottles, manufactured in the U.S.

www.teijinfiber.com
Learn about Teijin Fiber, Limited's new ECO CIRCLE™ Plantfiber™. A polyester fiber that is plant-based and recyclable.

www2.dupont.com/Sorona/en_US/
Learn about Sorona® triexta PTT fiber, a plant-based polyester fiber that is recyclable.

专业词汇

fabric production
  closed loop production
  environmental impact
  knitting
  lace making
  massing
  mills
  weaving
fabrics from fiber
face
faille
  faille crêpe
  faille-backed satin
faux curly lamb
faux fur
faux leather
faux pony
faux suede
feathers
  feather fringe
  fine feather trim
felt
  finely felted melton
fiber
  bi-component fiber
  fiber blending
  fiber performance
  fiber texture
  filament fiber
  impact of production
  intimate blending
  manipulating filament fiber
  manufactured fiber
  natural fiber
  natural filament fiber
  recycling
  regenerated filament fiber
  staple fiber
  synthetic filament fiber
fiber-dyed serge
fiberfill fabrics
filling
film embossed to look like denim
film fabric
fine-gauge knit
fine-gauge sweater knits
fine-gauge T-shirt
finishing
  aesthetic chemical finishes
  aesthetic finishes
  aesthetic mechanical finishes
  brushed finish
  ciré finish
  denim
  durable finishes
  finishing mills

functional chemical finishes
functional finishes
functional mechanical finishes
high-performance fabrics
metallic finish
peached finish
permanent finishes
sanded finish
semi-durable finishes
sheared and brushed finish
sueded finish
temporary finishes
flannel
flannelette
fleece
  elastic fleece knit
  polar fleece
  polyester fleece
  taffeta with polar fleece
flocked velveteen
floral pointelle
fluidity
foulard print
fox fur
French terry
fringe
  "frogs"
functional tapes
fur
  repurposed fur
fused fabrics

G
gabardine
garment care
gauge
gauze
generic "tweed" Glen plaid
georgette
  georgette jacquard
  georgette lamé
  georgette shirring
  polyester pleated georgette
gimp
gingham check
Glen plaid
gold lace
grain

H
handkerchief linen
heat-sealed seams
heat-transfer printing
heavyweight sweater knits
herringbone twill tape
high-density fabrics

high-performance fabrics
homespun
hook-and-eye trim
hook-and-loop tape
hopsacking
houndstooth check

I
icons
inkjet printing
interlining
interlock
inverted pleats
iridescent georgette

J
jacquard for cummerbund
jacquard knits
jacquard ribbon
jacquard tapestry with tricot
    lining
jacquard weaves
jersey
  matte jersey
jobbers

K
knits
  cut-pile knits
  describing knit fabrics
  jacquard knits
  jacquard warp knits
  looped pile knits
  pointelle knits
  raschel knits
  ribbed knits
  terry
  textured knits
  tricot knits
  warp knits
  weft knits
knitting

L
labor
lace
  edgings
  lace appliqués
  lace banding
  lace making
  mass-market lace
lamé
laminating fabrics
land
landfills
large-hole netting

laundry
lawn
leather
  pleated suede leather
leno dobby
light-ground challis print
lightweight lace
lightweight polar fleece
linen
  handkerchief linen
  linen hopsacking
  linen-like fabric
linings
  pleated lining fabric
  tricot lining
looped bouclé yarns
luster
lustrous organdy
lyocell gabardine

M
massed fiber (fiber to fabric)
massing
matched and unmatched plaid
matched color coating
matched plaid box pleats
matelassé effect double-knit
matte jersey
medium-weight melton
medium-weight seersucker
medium-weight sweater knits
melton
merchandising teams
mesh
  mesh elastic banding
  power mesh
metallic effect organza
metallic finish
metallic ribbed knit
metallic ribbon
metallic threads
metallic yarn fabric
metallic yarn stripes
microencapsulates
microfiber French terry
microporous laminated fabrics
mills
mitered channel quilting
mitered-stripe sewn design
momie crêpe
movement
multicolored silk shantung
muslin

N
nano-finishing

narrow closure trims
narrow trimmings
narrow yardage
netting
nylon
  nylon braid
  nylon/cotton poplin

O

organdy
  organdy color
organza
  beaded embroidery on organza
  wired organza ribbon
ornamentation
ottoman
Oxford

P

Paisley voile knife pleating
panne crinkle velour
pant yoke
passementerie
patchwork faux leather
patent leather
patterned dobby
peached finish
pearl edging
pearls
pebble satin
percale
PET polar fleece
piece
pigment-printed sateen
pigments
Pima cotton broadcloth
pin dot dobby weave suiting
    fabric
pink lamé
pinstriped serge
piping
plaids
  Glen plaid
  multicolored plaid
  plaid box pleats
  plaid broadcloth
  plaid flannel
  plaid flannelette
  plaid seersucker
plastic ring-snap tape
plastic sheets
pleating
  pleated lining fabric
  pleated silk fiber fabrics
  pleated taffeta
  polyester plain-weave pleated
    fabrics

satin crêpe pleated fabrics
  stitched pleating
plissé
point d' esprit
pointelle knits
polar fleece
polyester
  cotton/polyester sheeting
  massed polyester
  polyester crêpe de Chine
  polyester fleece
  polyester interlock
  polyester matte jersey
  polyester plain-weave pleated
    fabrics
  polyester poplin microporous
    membrane
  polyester-rayon homespun
  recycled polyester ripstop
  tightly woven polyester crêpeon
  wool-like polyester jersey
poplin 61,
  polyester poplin microporous
    membrane
  stretch poplin
power mesh
power stretch
  athletic knits
  elastic power mesh
  narrow elastic bands
  underwear knits
printed fabrics
  challis
  chiffon
  chintz
  cotton
  crêpe de Chine
  faux leather
  gauze
  georgette shirring
  lawn
  linen
  ottoman rib
  polyester matte jersey
  sateen
  satin
  square weave lining
  stretch lace
  striped poplin
  tricot
  wet-printed calico
printing
puckered surface fabrics

Q

quilted stitch design
quilting
  high-loft
  medium-loft
  minimum-loft

R

raschel herringbone
raschel knits
raschel lace edgings
raschel lace for interiors
rayon
  rayon matte jersey
  rayon stretch jersey
  rayon threads
recycling
  denim
  recycled cotton canvas
  recycled polyester ripstop
reversible knitted texture
rhinestones
ribbed knits
  elastic ribbed knit banding
  elastic ribbed knit trim
  metallic ribbed knit
  ribbed knit collar and cuff
  ribbed knit sleeve
ribbed pointelle
ribbon
  dobby design
  grosgrain and taffeta ribbon
  jacquard ribbon
  satin and velvet ribbon
ric rac
ring-spun stretch denim
ripstop fabric
roller printing
ruffle-edge knitted elastic bands

S

safety
sailcloth
sales agencies
samples
sanded finish
sateen
  stretch sateen
satin
  after-sewing error correction
  bridal satin
  satin crêpe
  satin crêpe pleated fabrics
  satin ribbon
  weighted satin
schiffli lace
scouring

screen-printing
seamless pantyhose
seersucker
selvage
sequin trim
serge
shaker knit
shantung
sheared and brushed finish
shearling
sheeting
shine
shiny dot pointelle
shirring
  elastic thread for shirring
silk
  accordion-pleated China silk
  embroidered silk crêpe de
    Chine
  multicolored silk shantung
  silk broadcloth
  silk charmeuse
  silk jacquard for cummerbund

  silk threads
ski apparel
skirt liner fabric
slubbed-yarn organdy
smart design
snowboard apparel
social responsibility
soft pile with vinyl
solid-color flannelette
solid-color gauze
solid-color organza
solid-color surah
soutache
space-dyed threads
split cowhide
sports bra fabric
spotty grosgrain
spunbonded fiber web
spunlace
stay tape
stitched design on solid fabric
stitched pleating
straight grain
stretch broadcloth
stretch denim
stretch lace
stretch poplin
stretch sateen
stretch sock cuff
stretch tropical suiting
stretch wool gabardine
stripe taffeta design
striped gauze

Structure　**Expansion**

Fluidity　**Compression**

Ornamentation

Fabric weight

 Top weight or lightweight fabrics (below 4 oz/113 g)

 Medium-weight fabrics (4 oz/113 g-below 6 oz/170 g).

 Bottom-weight fabrics (above 6 oz/170 g)

Weaves

 Balanced (square) plain weave

 Unbalanced plain weave

 Basketweave

 Twill weave

 Satin weave

 Jacquard weave

 Dobby weave

 Velvet weave

Fiber to fabric

 Fiber to fabric (massed fiber)

Weft knits

 Single knit

 Double knit

 Loop pile

Warp knits

 Raschel knit

 Tricot knit

 Loop pile

Finishes

 Brushed/sanded

 Cut (sheared) pile

 Coated finish

 Laminated

 Water-resistant

Color coding and icons.

Fold out this flap while you use this book for a quick reminder of the color coding of the chapters in the directory and the icons that appear throughout the book.

◀

致谢

Quarto would like to thank the following for supplying images for inclusion in this book:

Bextex, Limited: pp 17, 19tr, 88, 89tl and bl; Corbis: page 103; Fashion Stock: pages 62, 69, 71, 97, 103, 125, 127, 145, 147, 157, 159br, 161, 171, 173, 177, 213, 221, 223, 267, 271, 273, 279; Getty: pages 183, 247; Mark Baugh–Sasaki: page 235; Rex Features: pages 87, 207, 232, 241, 251; Science Photo Library: page 27.

All other images are the copyright of Quarto Publishing plc. While every effort has been made to credit contributors, Quarto would like to apologize should there have been any omissions or errors—and would be pleased to make the appropriate correction for future editions of the book.

Thank you to the following companies for supplying fabrics for this book:

Cloth House
www.clothhouse.com
F. Ciment (pleating) Ltd
www.cimentpleating.co.uk
MacCulloch and Wallace
www.macculloch–wallis.co.uk
The Silk Society
www.thesilksociety.com

AUTHOR'S ACKNOWLEDGMENTS
Sourcing and selecting the hundreds of fabrics photographed for this text involved the help of many individuals and suppliers. Jim Warshell, an experienced senior management executive in the apparel industry and my husband, sourced many of the fabrics. Local businesses, which continue to support the San Francisco/Bay Area fashion industry, also supplied many samples.

Babette, Inc.
Babette and Steven Pinsky
www.babettesf.com
Pleated fabrics.

Turk & Fillmore
Arsalan and Marium Usmani
www.turkandfillmore.com

In2green
www.in2green.com
Lori Slater
Recycled cotton canvas and knitted fabrics.

Paul's Hat Works, since 1918
6128 Geary Boulevard
San Francisco, CA 94121
Olivia Griffith
hatworksbypaul@com
Buckram fabric.

NI Teijin Shoji (USA), Inc.
Polyester fabrics from recycled ECO CIRCLE ™ polyester fiber.

Sal Beressi Fabrics Company
1504 Bryant Street
San Francisco, CA 94103
Heather Kilpack
Beressi.fabric@gmail.com
Silk fabrics and trimmings.

Sports Basement
1590 Bryant Street
San Francisco, CA 94103
Jon Puver
ipulver@sportwbasement.com
Outdoor apparel.

The New Discount Fabrics
201 11th Street
San Francisco, CA 94013
Linda Blake
415–495–5337
Fabrics and trimmings.

An important source of fabrics and expertise, both for my business and in education has come from my representing NI Teijin Shoji (USA), Inc., whose parent company is based in Japan. I deeply appreciate this global sales agency's willingness to support both my business strategies and educational strategies for the benefit of the future fashion industry and the new low–CO_2 economy.

NI Teijin Shoji (USA), Inc.
ECO CIRCLE ™
www.teijinfiber.com
1412 Broadway, Suite 1100
New York, NY 10018
Mr. S. Nikko, President
Mr. K. Kondo, Deputy
General Manager
212–840–6900
Mr. Y. Hamatsu, Manager
3524 Torrance Boulevard, Suite 105
Torrance, CA 90503
310–792–5700

Japan
Mr. R. Miyatake, Marketing Manager, Teijin Fibers Limited.
Mr. T. Sugimoto, Manager, NI Teijin Shoji, Osaka
Thailand
Mr. C. Fujimoto, President NI Teijin Shoji, Bangkok

Now retired:
Mr. H. Okuda, President (retired) NI Teijin Shoji (USA), Inc.
Mr. K. Fujiyama, President (retired) NI Teijin Shoji (USA), Inc.

OTHER PROFESSIONALS
Empire Sales Agency
Seoul, Korea
Mr. Ben Hur
empireag@kornet.net

Bextex, Limited
Beximco Industrial Park
Sarabo, Kashimpur
Gazipur, Bangladesh
Sardar Ahmed Khan
Chief Operating Officer
sardar@beximtex.com
www.bextex.net

Additional photography:
Mark Baugh-Sasaki
Industrialforest@gmail.com
www.industrialforest.com

Teaching designers about fabric in the design room is not too different to teaching in the classroom, so the transition to becoming an educator was smooth. However, academia is very different to private enterprise, so I am thankful for those who supported my work for this book.

Dr. Connie Ulasewicz, Associate Professor, Consumer Family Sciences/Dietetics Department, Apparel Design and Merchandising, San Francisco State University, San Francisco, USA.

Julie Stonehouse, Lead Instructor, Textiles.
Janice Paredes, Department Coordinator, Fashion Design.
David Orris, Department Coordinator, Merchandise Marketing and Merchandise Product Development.
All at The Fashion Institute of Design and Merchandising, San Francisco, USA.

Dr. T. Kimura, Professor Graduate School of Advanced Fibro–Science, Kyoto Institute of Technology, Kyoto, Japan.

Dr. Youjiang Wang, Professor School of Polymer, Textile, and Fiber Engineering, Georgia Institute of Technology, Atlanta, USA.

Dr. Margaret Rucker, Professor, Textiles and Clothing, University of California, Davis, USA

Dr. Brian George, Associate Professor, Engineering, Director of Graduate Textile Programs, School of Design and Engineering, University of Philadelphia, Philadelphia, USA.
Needle–punched fiberfill web with reused shredded plastic bag.

PERSONAL ACKNOWLEDGMENTS
There were the people who supported my writing effort; each was instrumental in making this book possible.

James B Warshell, my husband, my friend, my coach and mentor, experienced in large–scale apparel design, product development, and retail. He generously donated his own wardrobe collection and made many sourcing trips to find fabric samples.

Jim Tibbs, industry colleague and good friend, experienced in large–scale knit design, product development, and retail.

Linda Sue Baugh, author, editor, and my sister, my counselor in the world of publishing.

Arsalan Usmani, Marium and their new son, former students and now colleagues.

Maria Lamb, US Olympic speed–skating athlete.

The team at Quarto, especially Lindsay Kaubi, a saint and steady hand throughout the writing and editing process and Susi Martin, who coordinated the monumental task of photographing over 800 fabric samples on the correct side and in the straight–grain direction

▶ ◀